Staubemissionen bei der Trockenbearbeitung von Gußeisenwerkstoffen

Von der Fakultät für Maschinenwesen der
Rheinisch-Westfälischen Technischen Hochschule Aachen
zur Erlangung des akademischen Grades
eines Doktors der Ingenieurwissenschaften
genehmigte Dissertation

vorgelegt von
Diplom-Ingenieur Frank Döpper
aus Aachen

Berichter: Univ.-Prof. Dr.-Ing. Fritz Klocke
Univ.-Prof. em. Dr.-Ing. Dr.h.c.mult. Wilfried König

Tag der mündlichen Prüfung: 28. Juni 2000

D 82 (Diss. RWTH Aachen)

Fraunhofer Institut
Produktionstechnologie

Berichte aus der Produktionstechnik

Frank Döpper

Staubemissionen bei
der Trockenbearbeitung
von Gußeisenwerkstoffen

Herausgeber:

Prof. Dr.-Ing. Dr. h. c. Dipl.-Wirt. Ing. W. Eversheim
Prof. Dr.-Ing. F. Klocke
Prof. em. Dr.-Ing. Dr. h. c. mult. W. König
Prof. Dr.-Ing. Dr. h. c. Prof. h. c. T. Pfeifer
Prof. Dr.-Ing. Dr.-Ing. E. h. M. Weck

Band 20/2000
Shaker Verlag
D 82 (Diss. RWTH Aachen)

Die Deutsche Bibliothek - CIP-Einheitsaufnahme

Döpper, Frank:
Staubemissionen bei der Trockenbearbeitung von Gusseisenwerkstoffen /
Frank Döpper. Aachen : Shaker, 2000
  (Berichte aus der Produktionstechnik ; Bd. 2000,20)
  Zugl.: Aachen, Techn. Hochsch., Diss., 2000
ISBN 3-8265-7723-X

Copyright Shaker Verlag 2000
Alle Rechte, auch das des auszugsweisen Nachdruckes, der auszugsweisen
oder vollständigen Wiedergabe, der Speicherung in Datenverarbeitungs-
anlagen und der Übersetzung, vorbehalten.

Printed in Germany.

ISBN 3-8265-7723-X
ISSN 0943-1756

Shaker Verlag GmbH • Postfach 1290 • 52013 Aachen
Telefon: 02407 / 95 96 - 0 • Telefax: 02407 / 95 96 - 9
Internet: www.shaker.de • eMail: info@shaker.de

Vorwort

Die vorliegende Arbeit entstand neben meiner Tätigkeit als wissenschaftlicher Mitarbeiter am Fraunhofer-Institut für Produktionstechnologie IPT in Aachen.

Herrn Univ.-Prof. Dr.-Ing. F, Klocke, Leiter des Fraunhofer-Instituts für Produktionstechnologie und Inhaber des Lehrstuhls für Technologie der Fertigungsverfahren der Rheinisch-Westfälischen Technischen Hochschule Aachen, danke ich für die fachliche Unterstützung und wohlwollende Förderung, die ich bei der Erstellung dieser Arbeit sowie bei meiner Tätigkeit am Fraunhofer IPT erfahren habe.

Ebenso danke ich Herrn Univ.-Prof. em. Dr.-Ing. Dr. h.c.mult. Wilfried König, dem ehemaligen Leiter des Fraunhofer-Instituts für Produktionstechnologie sowie Inhaber des Lehrstuhls für Technologie der Fertigungsverfahren an der Rheinisch-Westfälischen Technischen Hochschule Aachen, für die Übernahme des Korreferats und die eingehende Durchsicht des Manuskripts.

Herrn Univ.-Prof. Dr. rer. nat. Dr.-Ing. E.h. Winfried Dahl, Lehrstuhl und Institut für Eisenhüttenkunde an der Rheinisch-Westfälischen Technischen Hochschule Aachen, danke ich für die Übernahme des 2. Korreferates. Für die Übernahme des Vorsitzes danke ich Herrn Univ.-Prof. Dr.-Ing. Joerg Feldhusen, Inhaber des Lehrstuhls und Leiter des Instituts für Allgemeine Konstruktionstechnik des Maschinenbaues.

Für die Durchsicht dieser Arbeit und Diskussion der Inhalte danke ich Reiner Borsdorf, Jens-Uwe Heitsch, Stefan Rullmann, Christoph Schippers, Ulf Westheide und meinem Vater. Ihre wertvollen Anmerkungen und Hinweise ermöglichten mir die Optimierung von Struktur und Aussage der Arbeit.

Bedanken möchte ich mich auch bei Rita Bommers, Christian Adams, Bruno Klinkner, Andreas Pesch, Stephan Pesch und Dieter Scheidt, die mich in den unterschiedlichen Phasen der Erstellung meiner Dissertation tatkräftig unterstützt haben. Andrea Groll, Heidi Peters und Hartwig Langer ermöglichten aussagekräftige REM- und Bildaufnahmen.

Mein Dank gilt auch allen Mitarbeitern des Fraunhofer-Instituts für Produktionstechnologie, die mich während meiner Institutszeit durch ihre Einsatz-, Hilfs- und Diskussionsbereitschaft unterstützt haben. Diese Arbeitsatmosphäre ist wohl als einmalig zu bezeichnen.

Danken möchte ich vor allem meinen Eltern und meinem Bruder, die meine Ausbildung und berufliche Laufbahn ermöglicht haben und von denen ich zu jeder Zeit Unterstützung erfahren habe.

Besonderer Dank gilt meiner Alexandra. Ihr Verständnis und ihre Unterstützung gaben mir den Freiraum und die Motivation, die zur Fertigstellung der vorliegenden Arbeit nötig waren.

Aachen, im Juli 2000

Inhaltsverzeichnis

0	Formelzeichen und Abkürzungen	III
	Abbildungsverzeichnis	VI
1	**Einleitung**	1
2	**Grundlagen und Stand der Erkenntnisse**	4
	2.1 Anwendungsbereiche und Bearbeitung von Gußeisenwerkstoffen	4
	2.2 Zerspanung von Gußeisenwerkstoffen	6
	2.3 Emissionen bei der Materialbearbeitung	9
	2.4 Zusammenfassung vorliegender Untersuchungen	12
3	**Aufgabenstellung und Zielsetzung**	16
4	**Analyse der Span- und Partikelentstehung**	18
	4.1 Emissionsrelevante Einflußfaktoren und Zielgrößen	18
	4.2 Spanbildung bei der Bearbeitung von Gußeisenwerkstoffen mit definierter Schneide	19
	4.3 Einflußkategorie Werkstoff	22
	4.4 Einflußkategorie Werkzeug	28
	4.5 Einflußkategorie Schnittdaten	33
	4.6 Zusammenfassung der Analyse	36
5	**Experimentelle Charakterisierung auftretender Staubemissionen**	41
	5.1 Versuchsstrategie	42
	5.2 Versuchsaufbau	45
	5.3 Korngrößenanalyse	48
	5.3.1 Meßaufbau und Versuchsdurchführung	48
	5.3.2 Granulometrische Kenngrößen	51
	5.3.3 Statistische Versuchsauswertung	57
	5.4 Partikelkonzentration	65
	5.4.1 Bedeutung und Konventionen	65

5.4.2	Meßaufbau und Versuchsdurchführung	67
5.4.3	Gravimetrische Kenngrößen und Massenkonzentrationen	69
5.4.4	Verlauf der Massenkonzentrationen	72
5.4.5	Statistische Versuchsauswertung	78
5.5	Teilchengestalt	85
5.6	Stoffliche Eigenschaften	90
5.7	Rechnerische Abschätzung relevanter Emissionskenngrößen	93
5.8	Zusammenfassung der Emissionscharakterisierung	97

6 Wirkungen auftretender Staubemissionen   **101**

6.1	Auswirkungen auf die Arbeitssicherheit	102
6.2	Wirkungen auf Sachgüter	107
6.3	Resultierender Handlungsbedarf	110

7 Emissionskontrolle   **112**

7.1	Vorsorgende Maßnahmen	112
	7.1.1 Emissionsvermeidung	113
	7.1.2 Emissionsunterdrückung	117
7.2	Nachsorgende Maßnahmen	121
	7.2.1 Erfassungs- und Abscheidetechnik	121
	7.2.2 Ergänzende Maßnahmen	124

8 Zusammenfassung und Ausblick   **125**

9 Anhang   **128**

9.1	Begriffe und Definitionen	128
9.2	Erläuterungen zur statistischen Versuchsauswertung	132

10 Literaturverzeichnis   **135**

Formelzeichen und Abkürzungen

Große Buchstaben

A_E	m²	Emissionsfläche
C_{Gesamt}	%	Gesamtkohlenstoffgehalt
DG_2	-	Dispersionsgrad 2
D_m	mm	Werkzeugdurchmesser
$D(x)$	%	massenbezogene Verteilungssumme
F_c	N	Schnittkraft
F_f	N	Vorschubkraft
F_p	N	Passivkraft
K	-	Graphitisierungsfaktor
$\dot{M}_{ES}$	kg/s	Emissionsstrom eines Schadstoffs
$Q3(x)$	%	Durchgangswert
Q_1, Q_2, Q_3	l/h	Teilvolumenströme
R_t	µm	Rauhtiefe
S_C	-	Sättigungsgrad
V	cm³	Zerspanvolumen
V_Z	mm³/min	Zeitspanvolumen
$\dot{V}_E$	m³/s	Volumenstrom der gesamten Emission
$\dot{V}_{ES}$	m³/s	Volumenstrom des Schadstoffs
$\dot{V}_{ET}$	m³/s	Volumenstrom des Trägermediums

Kleine Buchstaben

a_e	mm	radiale Schnittiefe
a_p	mm	axiale Schnittiefe
b_0, b_i	-	Regressionskoeffizienten
c_{ES}	kg/m³	Massenkonzentration von Schadstoffen in Emissionsströmen
c_{max}	mg/m³	massenbezogene Spitzenkonzentration
c_{mit}	mg/m³	massenbezogene mittlere Konzentration
d	µm	Partikeldurchmesser
d_m	µm	modaler Massendurchmesser
$d_{m,50}$	µm	medianer Massendurchmesser

f	mm	Vorschub
f_z	mm	Vorschub pro Zahn
g	kg/(m·s^2)	Erdbeschleunigung
h, h_1	mm	Spanungsdicke
h_2	mm	Spandicke
h_m	mm	mittlere Spanungsdicke
$h_{m,i}$	m	Ausgangs-Fallhöhe der Fraktion i
$h_{m,K}$	m	Ausgangs-Fallhöhe
$\dot{m}_{ES}$	kg/(m^2·s)	Emissionsstromdichte
m_{ges}	kg	Gesamtmasse der Siebeinwaage
n	1/min	Spindeldrehzahl
p	%	normierter Siebrückstand
r_n	mm	Schneidkantenradius (Hauptschneide)
t_0	s	Beginn des Schneideneingriffs
t_1	s	Ende des Schneideneingriffs
t_2	s	Abklingzeit
v_c	m/min	Schnittgeschwindigkeit
v_f	mm/min	Vorschub pro Minute
v_∞	m/s	stationäre Sinkgeschwindigkeit einer Kugel
w	-	Führungsgröße
x	-	Regelgröße
x_i	-	Variable eines Regressionspolynoms
y	-	Stellgröße
$\bar{y}$	-	Mittelwert über alle Meßwerte y einer Versuchsreihe
$\hat{y}$	-	Ergebniswert eines Regressionspolynoms
y(x)	%/μm	Verteilungsdichte
z	-	Zähnezahl des Fräsers
z	-	Störgröße

Griechische Buchstaben

ε_0	%	Verformungsgrad
ε_z	%	Bruchdehnung
γ	°	Spanwinkel
γ_0	°	Orthogonalspanwinkel

γ_p	°	Werkzeug-Rückspanwinkel
γ_f	°	Werkzeug-Seitenspanwinkel
η_L	µPas	Viksosität des Fluids
κ_r	°	Einstellwinkel
λ, λ_s	°	Neigungswinkel
ρ_L	kg/m³	Dichte des Fluids
ρ_S	kg/m³	Dichte der (sedimentierenden) Partikel
σ	-	Versuchsstreuung
φ	°	Eingriffswinkel
Φ	°	Scherwinkel

Indices

alv	bezogen auf die alveolare Fraktion
ein	bezogen auf die einatembare Fraktion
tho	bezogen auf die thorakale Fraktion

Abkürzungen

bzw.	beziehungsweise
CBN	kubisches Bornitrid
CNC	Computerized Numeric Control
CVD	Chemical Vapor Deposition
DNS	Desoxyribonukleinsäure
EDV	Elektronische Datenverarbeitung
HSC	High Speed Cutting
MAK	maximale Arbeitsplatz-Konzentration
max.	maximal
mind.	mindestens
min.	minimal
Mio.	Millionen
Mrd.	Milliarden
PVD	Physical Vapor Deposition
ROS	reaktive Sauerstoffspezies
WZM	Werkzeugmaschine
z.B.	zum Beispiel

Abbildungsverzeichnis

		Seite
Abbildung 2.1	Produktion von Eisengußwerkstoffen in Deutschland	4
Abbildung 2.2	Bedeutung spanabhebender Fertigungsverfahren sowie Werkzeugmaschinen	6
Abbildung 2.3	Eingriffsverhältnisse beim Stirn-Umfangs-Planfräsen	8
Abbildung 2.4	Einordnung umweltrelevanter Emissionen	10
Abbildung 3.1	Vorgehensweise	17
Abbildung 4.1	Staubförmige Emissionen – Einflußgrößen, Kenngrößen und Auswirkungen	18
Abbildung 4.2	Scherspanbildung bei der Zerspanung von Kugelgraphitguß	20
Abbildung 4.3	Reißspanbildung bei der Zerspanung von Grauguß	21
Abbildung 4.4	Staubpartikel bei der Zerspanung von Gußeisen	22
Abbildung 4.5	Mechanische Kennwerte von Gußeisenwerkstoffen im Vergleich zu anderen Werkstoffen	23
Abbildung 4.6	Gefüge der Gußeisenwerkstoffe GG25 und GGG40	24
Abbildung 4.7	Chemische Zusammensetzung von GG25 und GGG40	25
Abbildung 4.8	Grenzflächenbruch bei der Zerspanung von GGG40	27
Abbildung 4.9	Beschichtete Wendeschneidplatte	30
Abbildung 4.10	Werkzeugwinkel	31
Abbildung 4.11	Einfluß des Einstellwinkels	33
Abbildung 4.12	Abhängigkeit der Spanbrechung von Vorschub pro Zahn und Schnittiefe	35
Abbildung 4.13	Beispielprozeß Stirn-Plan-Fräsen von GGG40	37
Abbildung 4.14	Analogiemodell Regelkreis	39
Abbildung 5.1	Teilchengrößenbereiche von Stäuben und Aerosolen	41
Abbildung 5.2	Versuchsstrategie der Arbeit	43
Abbildung 5.3	Vollfaktorieller Versuchsplan für die Prozeßcharakterisierung	44
Abbildung 5.4	Technische Daten des Versuchsträgers	46
Abbildung 5.5	Eingesetztes Werkzeugsystem	47
Abbildung 5.6	Probengeometrie und Schnittaufteilung	48
Abbildung 5.7	Analysensiebmaschine mit eingesetztem Siebsatz	49
Abbildung 5.8	Meßaufbau zur Ermittlung der Korngrößenverteilung	50
Abbildung 5.9	Bearbeitung von GG25–massenbezogene Verteilungsdichte	52
Abbildung 5.10	Bearbeitung von GGG40–massenbezogene Verteilungsdichte	53

Abbildung 5.11	Bearbeitung von GG25-massenbezogene Verteilungssumme	54
Abbildung 5.12	Bearbeitung von GGG40-massenbezogene Verteilungssumme	55
Abbildung 5.13	Gegenüberstellung der medianen Massendurchmesser	56
Abbildung 5.14	Normierte Siebrückstände p(GG25)-Statistische Auswertung (I)	58
Abbildung 5.15	Normierte Siebrückstände p(GG25)-Statistische Auswertung (II)	59
Abbildung 5.16	Normierte Siebrückstände p(GGG40)-Statistische Auswertung (I)	60
Abbildung 5.17	Normierte Siebrückstände p(GGG40)-Statistische Auswertung (II)	61
Abbildung 5.18	Durchgangswerte der GG25-Kollektive –Statistische Auswertung	62
Abbildung 5.19	Durchgangswerte der GGG40-Kollektive –Statistische Auswertung	63
Abbildung 5.20	Medianer Massendurchmesser $d_{m,50}$(GG25)-Statistische Auswertung	64
Abbildung 5.21	Medianer Massendurchmesser $d_{m,50}$(GGG40)-Statistische Auswertung	64
Abbildung 5.22	Konventionen über einatembare, thorakale und alveolengängige Fraktion	66
Abbildung 5.23	Aufbau des Meßsensors zur Bestimmung des Massenkonzentrationsverlaufs	68
Abbildung 5.24	Meßaufbau zur Bestimmung des Massenkonzentrationsverlaufs	69
Abbildung 5.25	Belegungssummen aus den Konzentrationsmessungen	69
Abbildung 5.26	Massenbezogene Spitzenkonzentrationen und mittlere Konzentrationen gemäß EN481 bei der Bearbeitung von GG25	70
Abbildung 5.27	Massenbezogene Spitzenkonzentrationen und mittlere Konzentrationen gemäß EN481 bei der Bearbeitung von GGG40	71
Abbildung 5.28	Bandbreite der Massenkonzentrationsverläufe	73
Abbildung 5.29	Zeitlicher Verlauf der Massenkonzentrationen	74
Abbildung 5.30	Sedimentation von Gußeisenpartikeln in Abhängigkeit von der Korngröße	77
Abbildung 5.31	Einfluß der Werkstückrandzone auf die Staubkonzentrationen bei der spanenden Bearbeitung	78
Abbildung 5.32	Konzentrationshöchstwerte bei der Bearbeitung von GG25-Statistische Auswertung	80
Abbildung 5.33	Konzentrationshöchstwerte bei der Bearbeitung von GGG40-Statistische Auswertung	81
Abbildung 5.34	Mittlere Massenkonzentrationen bei der Bearbeitung von GG25-Statistische Auswertung	82
Abbildung 5.35	Mittlere Massenkonzentrationen bei der Bearbeitung von GGG40-Statistische Auswertung	82

Abbildung 5.36	Einfluß der Schnittgeschwindigkeit auf die gemessenen Spitzenkonzentrationen bei der Bearbeitung von GG25	83
Abbildung 5.37	Näherung der Antwortfläche für c_{maxein}	83
Abbildung 5.38	Einfluß des Vorschubs pro Zahn auf die Abklingzeiten bei der Bearbeitung von GGG40	84
Abbildung 5.39	Partikelformen bei der Bearbeitung von GG25 (I)	86
Abbildung 5.40	Partikelformen bei der Bearbeitung von GG25 (II)	87
Abbildung 5.41	Partikelformen bei der Bearbeitung von GGG40 (I)	88
Abbildung 5.42	Partikelformen bei der Bearbeitung von GGG40 (II)	89
Abbildung 5.43	Zweiphasige Struktur der Zerspanpartikel	90
Abbildung 5.44	Zerspantemperaturen bei der Bearbeitung von GG25 und GGG40	91
Abbildung 5.45	Einfluß des Energieeintrags auf kleine Zerspanpartikel	92
Abbildung 5.46	Vergleich gemessener und berechneter Werte für den medianen Massendurchmesser	95
Abbildung 5.47	Vergleich gemessener und berechneter Werte für die maximalen einatembaren Massenkonzentrationen	96
Abbildung 5.48	Approximation des zeitlichen Verlaufs der einatembaren Massenkonzentration	97
Abbildung 5.49	Wirkungen und Wirkrichtungen der variierten Bearbeitungsparameter auf Korngröße und Konzentration der Partikelemissionen	99
Abbildung 6.1	Negative Auswirkungen von Stäuben am Arbeitsplatz auf Mensch und Sachgüter und resultierende betriebliche Aufwendungen	101
Abbildung 6.2	MAK-Werte der Legierungsbestandteile von GG25 und GGG40	103
Abbildung 6.3	Darstellung der Wirkungspotentiale von GG25- und GGG40-Stäuben	104
Abbildung 6.4	Tribologischer Einfluß von Zerspanpartikeln auf Bewegungsführungen	108
Abbildung 7.1	Maßnahmenzirkel der Emissionskontrolle	112
Abbildung 7.2	Optimumsuche mit Hilfe der Methode des steilsten Anstiegs	115
Abbildung 7.3	Korrelationen zwischen emissionsbezogenen und technisch-ökonomischen Zielsetzungen bei einer Prozeßoptimierung	116
Abbildung 7.4	Massenbezogene Konzentrationen bei der Bearbeitung ohne und mit Einsatz einer Minimalmengenkühlschmierung	120
Abbildung 7.5	Gegenüberstellung der ermittelten Verteilungsdichten und geeigneter Abscheidetechniken	122
Abbildung 9.1	Darstellung der Ergebnisse der statistischen Versuchsauswertung	134

1 Einleitung

„Alle Dinge sind Gift, und nichts ist ohne Gift;
allein die Dosis macht es, daß ein Ding kein Gift ist."
(Paracelsus, 1493-1541 n. Chr.)

Obwohl zu den Zeiten von *Paracelsus* noch keine Fertigungstechniken im heutigen Sinn bekannt waren, besitzt das angeführte Zitat im Hinblick auf umweltbezogene Fragestellungen der modernen industriellen Produktion durchaus Relevanz und Aktualität. So äußerte die Mehrheit der Experten, welche im Rahmen einer Delphi-Studie im Jahr 1998 befragt wurden, die Befürchtung, daß wachsende Umweltprobleme die Gesundheit der meisten Menschen im Zeitfenster der Jahre 2003 bis 2015 beeinträchtigen werden. Eine besondere Bedeutung ist in diesem Zusammenhang produzierenden Unternehmen beizumessen, da diese durch die Verknüpfung einer Vielzahl verschiedenartiger und gleichzeitig umfangreicher Stoffströme gekennzeichnet sind. Die Verknüpfung materieller Ströme erfolgt mit Hilfe von Fertigungsprozessen. Hierbei ist die Umweltrelevanz der einzelnen Prozesse abhängig von Art und Menge der eingesetzten Ressourcen sowie den entstehenden Abfällen und Emissionen. Nach einer Studie des Fraunhofer-Institut für Produktionstechnologie IPT sehen sowohl produzierende Unternehmen als auch beratende Institutionen zukünftige inhaltliche Schwerpunkte des produktionsintegrierten Umweltschutz in der Entwicklung und Umsetzung emissionsarmer Prozesse /PAR37, EVE90, EVE96, KLO96a, DEL98, IPT99a, IPT99b/.

Aus einer Betrachtung der heute eingesetzten Fertigungsverfahren wird deutlich, daß insbesondere die Zerspantechnik eine weite Verbreitung erfahren hat. Die spanabhebende Formgebung mit definierter sowie undefinierter Schneide stellt vor allem in den Bereichen Maschinenbau, Automobil- und Konsumgüterindustrie eine Querschnittsaufgabe dar. So betrug der Anteil der spanenden Werkzeugmaschinen in Deutschland im Jahr 1995 mit insgesamt 6,7 Mrd. DM mehr als zwei Drittel des Gesamtumsatzes aller produzierten Werkzeugmaschinen und Fertigungssysteme. Bezogen auf den Gesamtbestand an Werkzeugmaschinen in Deutschland entfallen sogar über 80 % auf solche, die zerspanenden Bearbeitungsverfahren zuzuordnen sind. Haupteinsatzbereich spanender Werkzeugmaschinen ist hierbei die Bearbeitung metallischer Werkstoffe. Bedingt durch die spezifischen Vorteile spanabhebender Verfahren, wie beispielsweise die große Variationsbreite der erzeugbaren Formen, die hohe erreichbare Formgenauigkeit und die Vielfalt der bearbeitbaren Materialien, ist in absehbarer Zeit kaum mit einer Substitution von Zerspantechniken zu rechnen /SPU94, VDW95, VDM96/.

Der konventionelle Zerspanprozeß geht in der Regel von einer sogenannten Naßbearbeitung unter Einsatz von Kühlschmiermitteln aus. Diese Prozeßführung wird jedoch bei der Bearbeitung von Metallen in zunehmendem Maße kritisch hinterfragt. Ursachen hierfür sind zum einen die bedeutenden Kosten, die mit einer Naßbearbeitung verbunden sind, zum anderen Umweltbelastungen, welche durch diese Prozeßführung bedingt werden:

- In der Automobilindustrie wurde der Anteil der Fertigungskosten bei der Zerspanung, die durch Kühlschmierstoffe bedingt werden, zu etwa 18 % ermittelt /AWK96/.

- Aus arbeitshygienischen Untersuchungen geht hervor, daß 30 % der schweren Hauterkrankungen bei Mitarbeitern metallverarbeitender Betriebe auf den Einsatz von Kühlschmierstoffen zurückzuführen sind /BG93/.

- Die Menge der zu entsorgenden Kühlschmierstoffe - wassermischbare und nichtwassermischbare - betrug allein in Deutschland im Jahr 1996 insgesamt 580.125 t /BFW96/.

Sowohl in wirtschaftlicher wie auch in umweltbezogener bzw. arbeitshygienischer Hinsicht besteht somit Handlungsbedarf, der durch die bereits gegebene und zunehmend strengere Gesetzeslage deutlich unterstrichen wird. Bisher verfolgte Lösungsansätze reichen von einer Optimierung des Kühlschmierstoffeinsatzes über den Einsatz einer Minder- oder Minimalmengenkühlschmierung bis hin zum konsequenten und vollständigen Verzicht auf derartige Medien bei der Trockenzerspanung. Dieser letztgenannte Ansatz bietet die größten Rationalisierungspotentiale. Vor dem Hintergrund eines sich verschärfenden globalen Wettbewerbs - insbesondere im produzierenden Bereich - ist zwangsläufig davon auszugehen, daß diese Potentiale in Zukunft systematische erschlossen werden. Aktuelle Prognosen gehen davon aus, daß 20 bis 60% aller industriellen Zerspanoperationen innerhalb der nächsten zehn Jahre eine Umstellung auf eine trockene Bearbeitung erfahren haben werden. Für den Bereich der Zerspanung mit definierter Schneide, die als weitgehend erforscht galt, ergibt sich hieraus eine neue wissenschaftliche Herausforderung. Bisher durchgeführte sowie laufende Forschungsaktivitäten auf dem Gebiet der Trockenzerspanung metallischer Werkstoffe konzentrieren sich auf die Untersuchung der technischen Machbarkeit, die erzielbare Bauteilqualität sowie eine wirtschaftliche Umsetzbarkeit dieser Prozeßführung. Im Gegensatz zu den genannten Aspekten finden mögliche umweltrelevante Auswirkungen der Trockenzerspanung bisher wenig Berücksichtigung /AWK96, KLO96b, TÖN96, KLO97, KWA97, GÖT98, OPH98, KEN99/.

Dies betrifft insbesondere die Freisetzung staubförmiger Partikel, die charakteristisch für die trockene Zerspanung sprödbrüchiger Werkstoffe ist. So werden beispielsweise Gußeisenwerkstoffe oder faserverstärkte Kunststoffe traditionell trocken bearbeitet. Im Unterschied zur Naßbearbeitung werden Späne und kleinere Abtragpartikel hierbei nicht durch Kühlschmiermedien gebunden und aus dem Maschinenarbeitsraum abgeführt. Abhängig von der stofflichen Zusammensetzung, der Gestalt und der Konzentration der freiwerdenden Partikel können diese bezogen auf Sachgüter sowie in arbeitsmedizinischer Hinsicht ein schädigendes Potential besitzen:

- Bereits während der Bearbeitung ist die Gefahr von Staubexplosionen und -bränden zu berücksichtigen /BIA82, BIA87, ZH1/10/.

- Das Eindringen von Zerspanpartikeln in Bewegungsführungen kann zudem zu einem erhöhten Maschinenverschleiß führen /CAM91, KWA96, JOH99/.

- Aus arbeitsmedizinischen Untersuchungen ist bekannt, daß Staubpartikel auch auf den menschlichen Organismus schädlich wirken können; die Effekte reichen hierbei von Reizungen bis hin zu Krebserkrankungen /ORD58, BRU98, MAK98/.

Im Gegensatz zur Trockenbearbeitung wurden bei anderen Fertigungsverfahren zum Teil umfangreiche Untersuchungen hinsichtlich ihrer Auswirkungen auf die Umwelt durchgeführt. Stellvertretend seien an dieser Stelle die Lasermaterialbearbeitung, das Schleifen unter Kühlschmierstoffeinsatz, die Gefährdungen durch Kühlschmierstoffe allgemein sowie die Belastungen durch Lärm und Staub bei der Holzbearbeitung genannt. Allen genannten Beispielen ist gemeinsam, daß erst beim Auftreten von emissionsbedingten Problemen nach Ursachen und Lösungsmöglichkeiten gesucht wurde. Oft ist eine Problemlösung dann jedoch nur durch technisch aufwendige und folglich kostenintensive End-of-Pipe-Ansätze zu erreichen /KÖN85, DIT87, BAA93, HBG94, SAF95, BMWI97, PRE97, MAK98/.

Die Trockenbearbeitung metallischer Werkstoffe steht dagegen erst an der Schwelle zu einer breiten industriellen Umsetzung. Hier bietet sich somit die Möglichkeit einer ganzheitlichen Technikentwicklung unter Einbeziehung technischer, wirtschaftlicher und umweltbezogener Zielsetzungen.

Vor diesem Hintergrund soll die folgende Arbeit durch eine eingehende Untersuchung von Partikelemissionen, die bei der Trockenbearbeitung von Gußeisenwerkstoffen entstehen, einen Beitrag zu einem prozeßintegrierten Umweltschutz leisten. Neben der Ermittlung von Art und Menge der erzeugten staubförmigen Partikel steht hierbei die Bestimmung von Wirkzusammenhängen zwischen Bearbeitungsparametern und resultierenden Prozeßemissionen im Vordergrund. Die im Rahmen der Arbeit gewonnenen Erkenntnisse und verfolgte systematische Vorgehensweise sollen darüber hinaus als Basis für die Untersuchung weiterer Zerspanverfahren und Werkstoffe sowie die Auslegung von Maschinenkomponenten im Hinblick auf eine Vermeidung von Gesundheits- und Sachschäden dienen.

2 Grundlagen und Stand der Erkenntnisse

2.1 Anwendungsbereiche und Bearbeitung von Gußeisenwerkstoffen

Eisengußwerkstoffe lassen sich in Stahlguß und Gußeisen unterteilen. Eine Zuordnung erfolgt anhand des Kohlenstoffgehalts der jeweiligen Legierung. Als Gußeisen werden hierbei Eisen-Kohlenstoff-Legierungen mit einem Anteil von mindestens 2 % Kohlenstoff sowie weiteren Legierungselementen, wie beispielsweise Silizium, Mangan oder Phosphor, bezeichnet. Die Erzeugung von Gußeisen erfolgt durch das Zusammenschmelzen sogenannter Einsatzstoffe im Kupol- oder Elektroofen. Zu den Einsatzstoffen zählen Roheisen, Gußbruch, Kreislaufeisen sowie eventuell Stahlschrott und weitere Zusätze. Für bestimmte Anwendungen werden zudem legierte Gußeisensorten und Sondergußeisen hergestellt. Als legiert bezeichnet man Gußeisen, das außer Eisen und Kohlenstoff sowie den üblichen Gehalten an Silizium und Mangan weitere Legierungsbestandteile enthält, um die Gebrauchseigenschaften des Werkstoffes sowie seine Bearbeitbarkeit zu verbessern. Zu diesen Legierungselementen gehören Phosphor, Schwefel, Nickel, Chrom, Molybdän und Aluminium. In Abhängigkeit von der Art der Einlagerung des Kohlenstoffs im Werkstoffgefüge sowie den Legierungsbestandteilen unterscheidet man zwischen Gußeisen mit Lamellengraphit, Gußeisen mit Kugelgraphit, Gußeisen mit Vermiculargraphit, Temperguß, austenitischem Gußeisen und verschleißfestem, hochlegiertem Gußeisen /DOM64, BRU78, KNO90, GRA91/.

Obwohl in einigen Einsatzbereichen, wie zum Beispiel der Automobilindustrie, der Einsatz von Leichtmetallen, Kunststoffen und Verbundwerkstoffen in den vergangenen Jahren zugenommen hat, besitzt Gußeisen im Bereich der Konstruktionswerkstoffe immer noch eine große und in manchen Bereichen sogar zunehmende Bedeutung. Mit weltweit mehr als 35 Mio. t überstieg im Jahr 1994 allein die Menge des produzierten Gußeisens mit Lamellengraphit die Gesamtproduktion aller sonstigen metallischen Gußwerkstoffe. In Deutschland beträgt der Anteil von Gußeisen mit Lamellengraphit sowie Kugelgraphit an der gesamten Eisengußproduktion insgesamt über 90 %. Hauptabnehmerbereiche für Eisengußprodukte sind der Straßenfahrzeugbau, der Maschinenbau sowie die Rohrindustrie, wie **Abbildung 2.1** verdeutlicht /SIE96, DGV98, CAE98/.

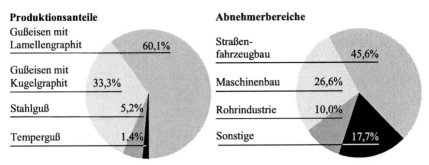

Abbildung 2.1: Produktion von Eisengußwerkstoffen in Deutschland /DGV98/

Darüber hinaus bietet die Urformtechnik nennenswerte Rationalisierungspotentiale. Mit Urformverfahren lassen sich Werkstoffausnutzungsgrade von bis zu 95 % verwirklichen, während bei den Bauteilen, die aus dem Vollen gespant werden, ein maximaler Werkstoffausnutzungsgrad von etwa 50 % erreicht wird. Weiterhin reduziert sich, je nach zu erzeugendem Bauteil, der Energiebedarf bei Anwendung von Near-Net-Shape Verfahren um bis zu 80 %. Eine endkonturnahe Herstellung von Bauteilen durch Urformverfahren bedeutet somit bei gleichzeitiger Minimierung des Zerspanaufwands eine erhebliche Einsparung an Material und Energie. Hinzu kommt, daß Gußerzeugnissen insbesondere in den letzten Jahren durch werkstofftechnische Weiterentwicklungen und optimierte Verfahren zusätzliche Einsatzgebiete erschlossen wurden, die ihnen bisher aufgrund ungenügender Werkstoffeigenschaften oder Bauteilgenauigkeiten vorenthalten waren. So läßt sich bei der Gußerzeugung eine bedeutende Zunahme hochkomplexer, multifunktionaler und meist dünnwandiger Gußteile für hohe Beanspruchungen im Fahrzeug- und Maschinenbau erkennen. Die Spanne der Bauteile, die mittels der modernen Urformtechnik wirtschaftlich hergestellt werden können, reicht von Teilen im Grammbereich bis zu Produkten, die mehrere hundert Tonnen wiegen. Zusammenfassend kann somit festgestellt werden, daß Eisengußwerkstoffen eine große Bedeutung innerhalb der Konstruktionswerkstoffe beizumessen ist /SPU81, FRI85, WÜB89, KÖN92, KET97/.

Dem eigentlichen Gießprozeß schließt sich in der Regel eine Nachbearbeitung der Gußstücke an. Hierbei kann zwischen den Schritten Gußputzen sowie weiteren Nachbearbeitungsvorgängen unterschieden werden. Das Gußputzen umfaßt das Entfernen von Formstoffresten und Kernen vom Werkstück, das Abtrennen von Angüssen und Speisern sowie gegebenenfalls die Beseitigung von Gießgraten. Bei Bedarf erfolgt weiterhin die Durchführung von Wärmebehandlungen zur Verbesserung der Werkstückeigenschaften. Eine abschließende Qualitätskontrolle umfaßt die Überprüfung der Oberflächengüte, Festigkeit, Maßhaltigkeit sowie der Fehlerfreiheit im Gußinnern. Abhängig von den Qualitätsanforderungen und dem angewandten Urformverfahren kann das Gußstück bereits nach dem Putzen im einbaufertigen Zustand vorliegen, wie dies zum Beispiel bei Feingußteilen der Fall ist. In der Regel ist jedoch eine weitere Nachbearbeitung erforderlich, um geforderte Geometrien, Oberflächenqualitäten oder Paßgenauigkeiten zu erreichen. Dabei steht die spanende Endbearbeitung im Vordergrund /BRU78, SPU81, AMB84, KÖN90/.

Die Bedeutung der Zerspanung als Bearbeitungsverfahren wird aus den in **Abbildung 2.2** dargestellten Angaben deutlich. Ein Vergleich der Entwicklung der jährlich anfallenden Menge an Eisen- und Stahlspänen mit der jeweiligen Gesamtproduktion an Eisen und Stahl in Deutschland zeigt, daß eine rückläufige Tendenz des Späneschrottanfalls zu verzeichnen. Dies läßt zunächst auf einen zunehmenden Einsatz von Near-Net-Shape Techniken im Bereich der Fertigung schließen. Gestützt wird diese Annahme durch die in der Abbildung dargestellte Entwicklung der produzierten Stückzahlen von Metallbearbeitungsmaschinen in Deutschland. Insbesondere in den Jahren 1991 bis 1996 ist ein nennenswerter Rückgang im Bereich der spanabhebenden Formgebung zu verzeichnen. Ursächlich für diese Entwicklungen sind jedoch nicht allein technische Veränderungen sondern auch wirtschaftliche Randbedingungen. Betrachtet man nämlich die Umsatzentwicklungen der deutschen Werkzeugmaschinenbranche im gleichen Zeitraum so ist festzustellen, daß der mit Abstand größte Umsatzanteil, trotz eines Einbruchs in den Jahren 1992 bis 1994, auf spanende Werkzeugmaschinen entfällt. Wie die Aufschlüsselung der in 1997 erzeugten Maschinen zeigt, kommt Bearbeitungszentren sowie Fräsmaschinen mit einem Anteil von zusammen 40 % eine besondere Bedeutung zu /SBA98, VDM98/.

Eisen- und Stahlspäneschrott

▒ Gesamtproduktion
Eisen undStahl
(100% = 30,989 Mio. t)

■ Schrottanfall
Eisen- und Stahlspäne
(100% = 1,415 Mio. t)

(Angaben für Deutschland)

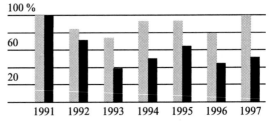

Spanende Werkzeugmaschinen

Aufschlüsselung der
Umsatzanteile in Deutschland

Gesamtumsatz:
8,185 Mrd. DM

(Angaben für 1997)

Bearbeitungszentren	31%
Fräsmaschinen	9%
Drehmaschinen	23%
Bohrmaschinen	3%
Sägen	4%
Sonstige	30%

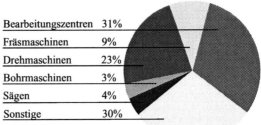

Werkzeugmaschinen
Entwicklung der produzierten Stückzahlen und des Umsatzes in Deutschland

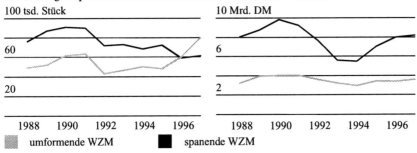

▒ umformende WZM   ■ spanende WZM

Abbildung 2.2: Bedeutung spanabhebender Fertigungsverfahren sowie Werkzeugmaschinen /SBA98, VDM98/

2.2   Zerspanung von Gußeisenwerkstoffen

Für die Bearbeitung von Gußeisen eignen sich prinzipiell die üblichen spanenden Verfahren, wie zum Beispiel Drehen, Schleifen, Fräsen, Bohren oder Räumen. Die Wahl des einzusetzenden Verfahrens ist abhängig von der Geometrie und den Anforderungen an die Oberflächenqualität des Werkstücks sowie den Werkstoffeigenschaften. Mit Ausnahme rotationssymmetrischer Teile, wie beispielsweise Bremsscheiben oder Zylinderlaufbüchsen, und Teilen mit geforderten hohen Oberflächengüten, bei denen Schleifverfahren zum Einsatz kommen, hat sich das Fräsen bei einer Vielzahl von Bearbeitungsaufgaben als das günstigste Verfahren erwiesen. Im Vergleich zu den konkurrierenden Verfahren erlaubt das Fräsen eine höhere Abtragleistung bei einem gleichzeitig geringeren spezifischen Energiebedarf pro zerspantem Werkstoffvolumen. Insgesamt besitzt das Fräsen als Nachbearbeitungsverfahren für Gußeisenteile deshalb eine besondere Bedeutung /AMB84, KÖN90, ABE90, KÜM91/.

Gußeisenwerkstoffe werden im allgemeinen als leicht zu bearbeiten beschrieben, was sich vor allem auf ihre Zerspanbarkeit bezieht. Ursache hierfür ist insbesondere die charakteristische Gefügestruktur der Gußeisenwerkstoffe. Im Gegensatz zu Stahl, dessen Gefüge als homogen bezeichnet werden kann, handelt es sich bei Gußeisen um einen zweiphasigen Werkstoff. Die Matrix besteht aus Ferrit, Perlit oder einer Mischung aus beiden. Eingelagert in diese metallische Matrix sind Graphitteilchen. Von der Form, Ausbildung und Menge des eingelagerten Graphits werden die mechanischen und somit speziell die zerspanungstechnischen Eigenschaften maßgeblich beeinflußt. Grauguß ist gekennzeichnet durch lamellenartige Graphiteinlagerungen. Diese wirken in werkstoffmechanischer Hinsicht wie Kerben und führen zu Spannungsspitzen bei mechanischer Beanspruchung. Bei Gußeisen mit Vermiculargraphit liegen die Graphiteinlagerungen in Form von einzelnen länglichen Partikeln vor, die an ihren Enden keulenförmig ausgebildet sind. Im Vergleich zu Grauguß resultieren hieraus bessere mechanische Eigenschaften. Bei Kugelgraphitguß schließlich sind kugelförmige (sphärolitische) Graphitteilchen in die metallische Matrix eingelagert. Durch das Zufügen bestimmter Legierungselemente in die Schmelze, wie zum Beispiel Magnesium oder Nickel, sowie eine entsprechende Prozeßführung bei der Gußeisenerzeugung ist eine gezielte Beeinflussung der Graphiteinlagerungen möglich /VIE59, ZGV88, KNO90, KÖN90, RÖH91, LÖF96/.

Aus den genannten Gründen unterscheidet sich die Zerspanung von Gußeisen in mehrfacher Hinsicht von der Stahlbearbeitung. Bedingt durch die Graphiteinlagerungen ergeben sich bei der Gußeisenzerspanung in der Regel kurzbrechende Späne sowie niedrigere spezifische Schnittkräfte. Darüber hinaus sind die zu zerspanenden Aufmaße der Werkstücke gleichmäßig und meist geringer. Zu nennen ist ebenfalls eine geringere thermische Belastung und Gratbildung, die guten werkstoffspezifischen Dämpfungseigenschaften im Hinblick auf Werkstückschwingungen sowie die schmierende Wirkung des eingelagerten Graphits bei der Zerspanung. Als gußeisenspezifische Besonderheit ist zudem die Randzone von Gußeisenwerkstücken, die auch als Gußhaut bezeichnet wird, zu berücksichtigen. Bedingt durch die am Werkstückrand höheren Abkühlgeschwindigkeiten ist in diesem Bereich ein verändertes Werkstoffgefüge festzustellen. Dies bezieht sich sowohl auf die metallische Matrix als auch die Ausbildung der Graphiteinlagerungen. Zudem finden sich in dieser Randzone häufig nichtmetallische Einschlüsse, die auf chemische Reaktionen und nachfolgendes Festbrennen von Formstoffpartikeln zurückzuführen sind. Diese Einschlüsse beeinflussen die Bearbeitung der Werkstückrandzone, die insbesondere von einem höheren abrasiven Verschleiß und einer veränderten Spanbildung gekennzeichnet ist /VIE59, COP63, ABE90, KÖN90, HAS96, LÖF96, SIE96/.

Die einsetzbaren Schneidstoffe reichen von Schnellarbeitsstahl über Hartmetalle bis hin zu Keramik. Eine besondere Bedeutung kommt den Hartmetallen zu, da Schnellarbeitsstähle eine vergleichsweise geringere Warmhärte sowie Verschleißfestigkeit aufweisen und die zur Verfügung stehenden keramischen Schneidstoffe eine geringere Bruchzähigkeit besitzen, was bei einer Bearbeitung im unterbrochenen Schnitt als negativ zu bewerten ist. Innerhalb der Hartmetalle haben sich die Schneidstoffe aus der ISO-Gruppe K als besonders gut geeignet zur Bearbeitung kurzspanender Werkstoffe erwiesen. Eine Verbesserung der Verschleißeigenschaften kann zudem durch eine Beschichtung erreicht werden. Als Schichtwerkstoffe werden hierbei Aluminiumoxid, Titannitrid sowie Titankarbid eingesetzt, die auch in Kombination als

Mehrlagenbeschichtung auf ein Hartmetallsubstrat aufgebracht werden können /AMB84, KÖN90, TIK93, LÖF96, KMH98/.

Die zerspanungstechnischen Eigenschaften der Gußeisenwerkstoffe sowie der Einsatz hochtemperaturfester Schneidstoffe, wie zum Beispiel beschichteter Hartmetalle, ermöglichen einen vollständigen Verzicht auf Kühlschmiermedien bei der Gußeisenbearbeitung. Hierdurch ergeben sich vor allem beim Fräsen technologische Vorteile. Charakteristisch für jeden Fräsprozeß sind periodische Schnittunterbrechungen, aus denen thermische und dynamische Wechselbeanspruchungen für das Werkzeug resultieren. Durch den Einsatz von Kühlschmierstoffen bei der Zerspanung werden die auftretenden Temperaturschwankungen und somit die thermischen Wechselbeanspruchungen des Werkzeugs prozeßbedingt vergrößert. Dies kann zur Bildung von Kammrissen und schließlich zu einem verfrühten Werkzeugversagen führen. In der Regel wird deshalb eine trockene Zerspanung bevorzugt. Kühlschmiermedien werden lediglich in Ausnahmefällen, wie zum Beispiel bei hohen Anforderungen an die Oberflächenqualität oder zur Vermeidung der Ausbreitung von Gußstaub, eingesetzt. Technische Potentiale einer Minimalmengenschmierung sind zudem im Bereich des Hochschwindigkeitsfräsens ab einer Schnittgeschwindigkeit von etwa 1000 m/min zu sehen /SHA84, KÖN90, SPU94, SAN95, NGS96, KEN96, CHR96, FRI97, KLO97/.

Neben dem zu bearbeitenden Werkstoff sowie dem eingesetzten Schneidstoff wird ein Zerspanprozeß insbesondere durch die Eingriffsverhältnisse bei der Bearbeitung charakterisiert. Bezogen auf die Vor- oder Schruppbearbeitung von Gußeisenbauteilen stellen Stirnfräser, insbesondere Messerkopffräser, die am häufigsten eingesetzten Werkzeuge dar. Im folgenden werden deshalb die Eingriffsverhältnisse beim Fräsen anhand eines Stirn-Umfangs-Planfräsprozesses gemäß **Abbildung 2.3** erläutert /AMB84/.

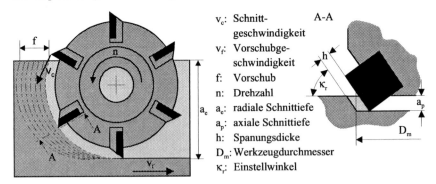

v_c: Schnittgeschwindigkeit
v_f: Vorschubgeschwindigkeit
f: Vorschub
n: Drehzahl
a_e: radiale Schnittiefe
a_p: axiale Schnittiefe
h: Spanungsdicke
D_m: Werkzeugdurchmesser
κ_r: Einstellwinkel

Abbildung 2.3: Eingriffsverhältnisse beim Stirn-Umfangs-Planfräsen

Stirnfräsprozesse sind dadurch gekennzeichnet, daß die radiale Schnittiefe a_e wesentlich größer ist als die axiale Schnittiefe a_p. In Abhängigkeit des Verhältnisses zwischen dem mittleren Werkzeugdurchmesser D_m und der radialen Schnittiefe a_e kann zwischen den Varianten Stirn-Planfräsen ($a_e > D_m$) und Stirn-Umfangs-Planfräsen ($a_e < D_m$) unterschieden werden. Der Einstellwinkel κ_r beträgt bei Messerköpfen in der Regel zwischen 45° und 75°. In diesem Bereich werden die Umfangsschneiden als Hauptschneiden bezeichnet, während die Werkstückoberfläche durch die Nebenschneiden an der Stirnseite des Fräsers erzeugt wird. Als vorteilhaft hat sich in der Praxis insbesondere das Gleichlauffräsen erwiesen, bei dem die Vorschubrichtung des Werkstücks mit der Drehrichtung des Fräsers in der Schnittzone übereinstimmt. Ursachen hierfür sind die günstige große Spanungsdicke beim Schneideneingriff, die geringere Wärmeentstehung im Vergleich zum Gegenlauffräsen sowie die Neigung der Schnittkräfte, das Werkstück zum Fräser hin zu ziehen /KÖN90, SPU94, SAN95/.

Die Schnittgeschwindigkeit kann mit Hilfe des Werkzeugdurchmessers D_m sowie der Spindeldrehzahl n bestimmt werden zu:

$$v_c = \pi \cdot n \cdot D_m \qquad (2.1)$$

Bei Kenntnis der Zähnezahl z des Werkzeugs sowie des Vorschubs pro Zahn f_z ergibt sich der absolute Vorschub zu:

$$f = z \cdot f_z \qquad (2.2)$$

Der Vorschub pro Minute v_f ist definiert als:

$$v_f = f \cdot n \qquad (2.3)$$

Als weitere wesentliche Größe errechnet sich die Spanungsdicke h unter Berücksichtigung des Vorschub pro Zahn f_z, des Eingriffswinkels φ sowie des Einstellwinkels κ_r zu:

$$h = f_z \cdot \sin(\varphi) \cdot \sin(\kappa_r) \qquad (2.4)$$

Das Zerspanvolumen pro Zeiteinheit V_Z ergibt sich schließlich zu:

$$V_Z = a_p \cdot a_e \cdot v_f \qquad (2.5)$$

Bei der Bearbeitung von Grauguß oder Kugelgraphitguß mit einem mit Wendeschneidplatten bestückten Messerkopf werden je nach Werkzeughersteller Höchstwerte für axiale Schnittiefen $a_{p\,max}$ zwischen 4 mm und 10 mm angegeben. Für die radiale Schnittiefe a_e werden Werte, die dem 0,7- bis 0,75-fachen des Werkzeugdurchmessers D_m entsprechen, empfohlen. Übliche Vorschübe pro Zahn bei der Zerspanung von Grauguß oder Kugelgraphitguß mit beschichteten Hartmetallwendeschneidplatten liegen zwischen 0,1 und 0,3 mm. Je nach Werkzeughersteller werden für die Bearbeitung von GG25 Schnittgeschwindigkeitsbereiche zwischen 100 und 700 m/min sowie für die Bearbeitung von GGG40 zwischen 100 und 500 m/min angegeben /SAN95, WAL96, KEN97, KIE97, ISC98/.

2.3 Emissionen bei der Materialbearbeitung

Eine Vielzahl industrieller Prozesse ist durch die Freisetzung von Emissionen gekennzeichnet. Als Emissionen werden Luftverunreinigungen, Geräusche, Strahlen, Wärme, Erschütterungen oder ähnliche Erscheinungen bezeichnet, welche von einer Anlage oder Prozessen an die Umwelt abgegeben werden. Eine Einordnung derartiger Emissionen ist anhand der in **Abbildung 2.4** wiedergegebenen Kriterien möglich /BIG86, UBA92, BAN95, BRA96a/.

Bezogen auf den Ursprung einer Emission wird zwischen natürlichen und technischen Emissionsquellen differenziert. Die unterschiedlichen Eigenschaften dieser beiden Quellenarten werden aus einer Betrachtung der folgenden Gleichung deutlich, welche den Emissionsstrom eines Schadstoffes definiert /BRA96b/:

$$\dot{M}_{ES} = \dot{m}_{ES} \cdot A_E \qquad (2.6)$$

mit: $\dot{M}_{ES}$ Emissionsstrom eines Schadstoffes [kg/s]
   $\dot{m}_{ES}$ Emissionsstromdichte [kg/(m²·s)]
   A_E Emissionsfläche [m²]

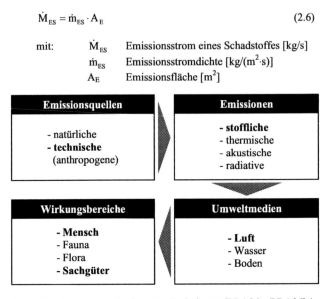

Abbildung 2.4: Einordnung umweltrelevanter Emissionen /BRA96a, BRA96b/

Kennzeichnend für natürliche Emissionsquellen ist in der Regel eine kleine Emissionsstromdichte bei einer gleichzeitig sehr großen Emissionsfläche. Im Gegensatz dazu sind technische Emissionsquellen meist durch eine große Emissionsstromdichte und eine wesentlich kleinere Emissionsfläche charakterisiert. Ein signifikantes Schädigungspotential besteht somit insbesondere in der unmittelbaren Umgebung von technischen Emissionsquellen. Die Ermittlung eines Schadstoffemissionsstroms ist ebenfalls mit Hilfe der folgenden Formel möglich /BRA96b/:

$$\dot{M}_{ES} = \dot{V}_E \cdot c_{ES} = \left(\dot{V}_{ET} + \dot{V}_{ES}\right) \cdot c_{ES} \qquad (2.7)$$

mit: c_{ES} Massenkonzentration des Schadstoffes [kg/m³]
   $\dot{V}_E$ Volumenstrom der gesamten Emission [m³/s]
   $\dot{V}_{ET}$ Volumenstrom des Trägermediums [m³/s]
   $\dot{V}_{ES}$ Volumenstrom des Schadstoffes [m³/s]

Bezogen auf stoffliche Emissionen technischer Anlagen sind meistens spezifische Konzentrationsgrenzwerte einzuhalten. Der Volumenstrom des Trägermediums ist deshalb in der Regel sehr groß im Vergleich zum Volumenstrom bzw. Massenstrom des Schadstoffes. Hierdurch ergibt sich ein großer Schadstoffemissionsstrom mit einer geringen Schadstoffkonzentration. Die Einhaltung vorgegebener Konzentrationsgrenzwerte ist somit gegeben. Zu berücksichtigen ist jedoch, daß Luftverunreinigungen von industriellen Anlagen, im Gegensatz zu natürlichen Quellen, oft kontinuierlich freigesetzt werden. Darüber hinaus können sich Schadstoffe in Lebewesen auch über einen längeren Zeitraum anreichern. Als maßgebender Faktor für die Beurteilung des Gefährdungspotentials einer Emissionsquelle ist somit - insbesondere im Hinblick auf resultierende Gefahren für Gesundheit als auch Sachgüter - nicht ausschließlich die Schadstoffkonzentration sondern zusätzlich der Schadstoffemissionsstrom zu betrachten. Mit Hinblick auf das eingangs angeführte Zitat von Paracelsus kann festgehalten werden, daß Schadstoffemissionen aus technischen Quellen grundsätzlich einer Reduzierung bedürfen, damit eine schädigende Wirkung der Schadstoffdosis auf Lebewesen und Sachgüter ausgeschlossen werden kann /BRA96a, BRA96b/.

Bei der Zerspanung metallischer Werkstoffe sind insbesondere stoffliche Emissionen zu berücksichtigen, die an das Umweltmedium Luft abgegeben werden. Eine Einteilung ist entsprechend ihres physikalischen Aggregatzustands möglich. Man unterscheidet hierbei zwischen Gasen, Dämpfen, Aerosolen und Stäuben. Gase sind elementare oder molekulare Stoffe, die bei normalen Raumluftbedingungen weit von ihrem Kondensationspunkt entfernt sind und sich frei im Raum bewegen können. Kennzeichnend für Gase ist das Bestreben, den ihnen zur Verfügung stehenden Raum gleichmäßig auszufüllen. Dampf bezeichnet den gasförmigen Aggregatzustand eines Stoffes, bei welchem die Gasphase im Gleichgewicht mit der flüssigen bzw. festen Phase des Stoffes steht. Der Übergang in die Gasphase erfolgt durch Verdampfen bzw. Sublimieren, die Umkehrung durch Kondensieren. Als Aerosole werden fein verteilte flüssige und feste Schwebstoffe in der Luft bezeichnet. Hierzu zählen Nebel, Rauche. Ein wesentliches Merkmal von Aerosolen ist die lange Verweilzeit der enthaltenen kleinen Teilchen in der Luft, die eine großräumige Verteilung zuläßt. Zur Beschreibung der Teilchengröße wird häufig der aerodynamische Durchmesser herangezogen. Nebel sind Aerosole mit flüssigen Schwebstoffen; neben der flüssigen Phase liegt gleichzeitig auch die Dampfphase vor. Als Rauche werden disperse Verteilungen feinster fester Stoffe in einem Gas, insbesondere in Luft, bezeichnet. In der Industrie werden Rauche vor allem durch thermische und chemische Prozesse freigesetzt. Der aerodynamische Durchmesser der Schwebstoffpartikel in Nebeln und Rauchen ist überwiegend kleiner als 0,1 µm /SCH77, BIA85, UBA92, MAK98/.

Ein vollständiger Verzicht auf Kühlschmiermedien bei der Metallzerspanung führt, je nach bearbeitetem Material, zur Freisetzung von Stäuben. Als Stäube werden disperse Verteilungen fester Stoffe in Gasen bezeichnet, wobei die Größe der enthaltenen Teilchen von etwa 0,1 µm bis zu etwa 500 µm reicht. Stäube können grundsätzlich organische Bestandteile, wie Pollen oder Haarpartikel, und anorganische Bestandteile, wie Sand oder metallische Partikel, enthalten. Im industriellen Bereich ist ihre Entstehung in der Regel durch mechanische Prozesse, wie zum Beispiel Zerspanen, Mahlen, Zerkleinern oder durch Abrieb und Aufwirbelung bedingt. Im Gegensatz zu Gasen und Dämpfen ist bei einer Beurteilung der Gesundheitsgefahren durch Stäube neben der Schadstoffkonzentration und der Expositionszeit auch die Partikelgröße und -form zu berücksichtigen. Bei Industriestäuben handelt es sich meist um polydisperse Mischstäube, die sowohl hinsichtlich der Partikelgröße als auch ihrer stofflichen Zusammensetzung inhomogen sind /HOE82, BIA85, MAK98, VDI2263/.

Je nach Emissionsart und betroffenem Umweltmedium können Emissionen eine oder mehrere Wirkungsbereiche beeinflussen. Im Zusammenhang mit der Einwirkung von Emissionen, auch als Immission bezeichnet, kommt den Luftverunreinigungen eine besondere Bedeutung zu, da sowohl Lebewesen als auch Sachgüter in der Regel von Luft umgeben sind. Ihr Zustand ist deshalb in nennenswertem Maß von der Beschaffenheit dieses Umweltmediums abhängig. Die in Abbildung 2.4 dargestellten Wirkungsbereiche, welche unmittelbar durch die Freisetzung stofflicher Emissionen bei der Trockenzerspanung betroffen werden, sind der Mensch sowie Sachgüter in Form von industriellen Maschinen und Anlagen. Die Auswirkungen von Stäuben bezogen auf den menschlichen Organismus reichen von Belästigungen und Reizungen bis hin zu ernsten Krankheiten, wie beispielsweise der Silikose. Das Atemsystem stellt hierbei den Hauptaufnahmeweg dar, analog zu gasförmigen oder flüssigen Schadstoffen können jedoch auch staubförmige Luftverunreinigungen über die Haut oder nach Verschlucken über den Verdauungstrakt absorbiert werden /SCH77, UBA92, BIA96, BRA96a, BIA98/.

Zum Schutz der Beschäftigten wurden in der Industrie deshalb Grenzwerte für Luftverunreinigungen am Arbeitsplatz festgelegt. Die beiden wesentlichen Gefahrstoffgrenzwerte für Arbeitsplatzluft in der Bundesrepublik Deutschland sind die MAK- (maximale Arbeitsplatz-Konzentrationen) sowie TRK-Werte (technische Richt-Konzentrationen). Der MAK-Wert ist definiert als die höchstzulässige Konzentration eines Arbeitsstoffes als Gas, Dampf oder Schwebstoff in der Luft am Arbeitsplatz, die nach dem gegenwärtigen Stand der Kenntnis im allgemeinen die Gesundheit der Beschäftigten nicht beeinträchtigt und diese nicht unangemessen belästigt. Ausgegangen wir hierbei von einer wiederholten und auch langfristigen, in der Regel täglich achtstündigen Einwirkung, wobei jedoch eine durchschnittliche Wochenarbeitszeit von 40 Stunden eingehalten wird. Für eine Reihe krebserzeugender und erbgutverändernder Arbeitsstoffe können keine MAK-Werte ermittelt werden. Deshalb werden für solche Stoffe sogenannte TRK-Werte erarbeitet, die lediglich als Anhaltswerte für zu treffende Schutzmaßnahmen sowie Arbeitsplatzüberwachungen heranzuziehen sind. Die Einhaltung der TRK-Werte am Arbeitsplatz soll das Risiko einer Beeinträchtigung der Gesundheit vermindern, vermag diese aber nicht vollständig zu unterbinden. Bei Existenz von Gefahrstoffen in der Luft am Arbeitsplatz besteht deshalb grundsätzlich eine gesetzliche Verpflichtung des Arbeitgebers zur Ermittlung des Gefährdungspotentials. Durch eine Überwachung sowie gegebenenfalls einzuleitende Schutzmaßnahmen ist zudem der Erhalt der Gesundheit der Beschäftigten sicherzustellen /TRGS900, GSV93, ASG96, BIA98/.

Bezogen auf kurzfristige Effekte besteht grundsätzlich die Gefahr von Bränden und Explosionen, sofern ein zündfähiges Gemisch aus Partikeln und Umgebungsluft vorliegt und eine Zündquelle vorhanden ist. Neben Personen können hierbei auch Sachgüter zu Schaden kommen. Darüber hinaus kann mittel- bis langfristig die Funktionsfähigkeit von Maschinen und Anlagen durch Staubpartikel beeinträchtigt werden. Probleme können sich zum Beispiel aus der elektrischen Leitfähigkeit oder der abrasiven Wirkung von Partikeln auf Maschinenkomponenten ergeben. Insgesamt ist somit die genaue Kenntnis freiwerdender Emissionen eine notwendige Voraussetzung für die Einleitung geeigneter Maßnahmen zur Vermeidung von Staubschäden /LEM81, HER91, BIA96/.

2.4 Zusammenfassung vorliegender Untersuchungen

Im Bereich der industriellen Materialbearbeitung wurden bislang Untersuchungen zur Freisetzung von Emissionen bei Urformverfahren sowie thermischen Füge- und Trennverfahren durchgeführt. Zahlreiche Arbeiten beschäftigen sich zudem mit gas- und partikelförmigen Emissionen bei der Lasermaterialbearbeitung. Die vorliegende Arbeit korrespondiert dagegen mit Forschungsvorhaben, die sich mit Emissionen bei der spanabhebenden Materialbearbeitung befassen. Zu unterscheiden sind hierbei grundsätzlich Untersuchungen, die sich auf Emissionen bei der Naßbearbeitung beziehen, sowie solche, die sich auf trockene Zerspanprozesse beziehen. Auf die Schwerpunkte bisher vorliegender Untersuchungen wird im folgenden eingegangen /VIN90, DEL92, UHL92, FUC93, WIT93, ENG95, DIE96, ZHO96, HAM97, PRI97/.

Bei der Naßbearbeitung können durch den Einsatz von Kühlschmierstoffen Emissionen in Form von Dämpfen und Nebeln verursacht werden. Nach *Dittes* bzw. *Jäckel* beruhen diese Emissionen auf Sublimation, Kondensation sowie Dispersion der eingesetzten Kühlschmierstoffmedien. Hohe Prozeßtemperaturen führen hierbei zunächst zum Verdampfen eines Anteils des Kühlschmierstoffstroms. Durch Kondensation bildet sich aus diesem Dampf Nebel. Darüber hinaus können Nebel direkt durch mechanische Einwirkungen entstehen, beispielsweise wenn der Kühlschmierstoff mit hohem Druck auf das Werkstück oder das rotierende Werkzeug auftrifft und in feine Partikel zerstäubt wird. Aus Untersuchungen von *Geretzki* an Naßschleifarbeitsplätzen geht hervor, daß der Durchmesser emittierter Kühlschmierstoffpartikel in der Regel unter 2 µm liegt und somit eine Lungengängigkeit dieser Teilchen gegeben ist. Auch *Hörner* und *Buß* untersuchten die Nebel- und Dampfentstehung bei der spanenden Bearbeitung. Hierbei stellten sie fest, daß die überwiegende Anzahl der emittierten Ölnebelteilchen eine Größe von etwa 1 µm besitzen. Gerade für Teilchen dieses Größenbereichs ist nach *Reiter* eine gesteigerte Retention durch das menschliche Atemsystem gegeben. Nach *Hartung* und *Minkwitz* bestehen Kühlschmierstoffe aus bis zu mehreren hundert verschiedenen Komponenten, von denen eine nicht unerhebliche Anzahl ein gesundheitsschädigendes Potential besitzen können. Konkrete arbeitsmedizinische Grenzwerte für Kühlschmierstoffe konnten deshalb bisher nicht aufgestellt werden; es ist lediglich ein Summenwert für Dampf- und Aerosolkonzentrationen von 10 mg/m^3 festgesetzt worden. Eine Beurteilung der spezifischen Wirkung eines Kühlschmierstoffs erfordert jedoch eine arbeitsmedizinische Betrachtung der einzelnen enthaltenen Komponenten. Epidemologische Untersuchungen von *Jäckel* und *Bolm-Audorff* deuten darauf hin, daß in der spanenden Metallbearbeitung durch Kühlschmierstoffe ein erhöhtes Lungenkrebsrisiko gegeben ist, wobei ein Gefährdungspotential insbesondere von nichtwassermischbaren Kühlschmierstoffen ausgeht /REI67, JÄC74, KNO80, HAR83, MIN83, DIT87, GER87, HÖR88, IGM90, NCF90, BAA93, BOL95, JÖC95, MAK98, TRGS900/.

Abgesehen von der Art und Menge des eingesetzten Kühlschmierstoffes sind die stofflichen Emissionen bei der Naßzerspanung zudem abhängig von dem angewendeten Zerspanverfahren sowie dem bearbeiteten Werkstoff. Betrachtung fanden hierbei vor allem die Werkstoffgruppen Keramik sowie Metall. Beim Schleifen keramischer Werkstoffe werden aus technologischen Gründen ausschließlich Naßschleifverfahren eingesetzt. Die Freisetzung von keramischen Stäuben, die insbesondere als faserförmige Partikel kanzerogen wirken können, wird somit weitgehend verhindert. *Obenaus* führte Untersuchungen zur Freisetzung von Partikeln beim Flachschleifen von SiC-whiskerverstärktem Al$_2$O$_3$-Keramiken durch. Eine Analyse der aus Suspensionsrückständen gewonnenen Abtragpartikel ergab jedoch, daß nur ein sehr geringer Anteil der erzeugten SiC-Partikel in Form von Faserstaub anfällt. Bei der Naßzerspanung metallischer Werkstoffe ist nach *König* die Anreicherung von Schadstoffpartikeln, wie zum Beispiel Kobalt, Nickel oder Chrom, aus dem Werkstoffabtrag zu berücksichtigen. Diese können als Aerosole in die Arbeitsumgebung gelangen. Hartmetalle sowie Nickellegierungen stellen, bedingt durch ihr gesundheitsschädigendes Potential, einen Schwerpunkt innerhalb der Schadstoffuntersuchungen dar. Schadstoffe können jedoch auch durch Reaktionen zwischen Kühlschmierstoffen und bearbeitetem Material entstehen. Nach *Betz* konnte bei der Bearbeitung von Sphäroguß unter Einsatz von wasserhaltigen Kühlschmierstoffen Phosphin nachgewiesen werden. Von der Entstehung dieser hochtoxischen Substanz, die auf eine Reaktion von Wasser mit Phosphiden, welche bei der Gußzerspanung gebildet werden, zurückzuführen ist, wird auch in weiteren Quellen berichtet /HAR81, ARN84, KÖN85, BET86, NOR91, CAS93, OBE94/.

Bei einer vollkommen trockenen Zerspanung ist ein Auftreten von kühlschmierstoffbedingten Emissionen ausgeschlossen. Jedoch können bei dieser Prozeßführung Staubemisionen freigesetzt werden, da entstehende Zerspanpartikel nicht durch ein flüssiges Medium erfaßt und abgeführt werden. Bisherige Emissionsuntersuchungen beziehen sich dabei im wesentlichen auf die Werkstoffgruppen Holz, Keramik, Kunststoffe sowie die metallischen Werkstoffe.

Wie aus verschiedenen Untersuchungen hervorgeht, ist die Holzzerspanung, die in der Regel trocken durchgeführt wird, durch eine Freisetzung von gesundheitsgefährlichen Staubemissionen in nennenswertem Umfang gekennzeichnet. Die Verbreitung industrieller Bearbeitungsverfahren und zunehmende Bearbeitungsgeschwindigkeiten begünstigen hierbei die Entstehung kleinerer Abtragpartikel. *Wolf* weist auf das kanzerogene Potential des Staubes von Eichen- und Buchenholz hin. Da auch die Stäube weiterer Holzarten im Verdacht stehen, ein krebserzeugendes Potential zu besitzen, wurde in Deutschland für Holzstaub ein allgemeiner TRK-Wert von 2 mg/m^3 (Gesamtstaub) eingeführt. Zu berücksichtigen sind darüber hinaus die Brand- und Explosionsgefahren beim Umgang mit Holzstaub. Ausführliche Untersuchungen zur Reduzierung von Emissionen beim Drehen und Fräsen von Holzwerkstoffen durch nachgeschaltete Maßnahmen wurden von *Westkämper* durchgeführt /WES91, GHK94, WOL94, TRGS553, ZH1/10/.

Beim laserunterstützten Drehen von Siliziumnitrid-Keramik ermittelte *König* Staubkonzentrationen zwischen 80 und 135 mg/m^3 in der Nähe der Bearbeitungsstelle. Ausgehend von den gemessenen lungengängigen Partikeln im Größenbereich zwischen 0,2 und 1 µm ist eine Maschinenkapselung und Emissionsabsaugung bei derartigen Prozessen aus arbeitsmedizinischer Sicht erforderlich. Wie aus Untersuchungen von *König* bzw. *Camacho* zur Fräsbearbeitung von Graphit hervorgeht, ist die Entstehung von Staubemissionen auch für eine Bearbeitung von sprödbrüchigen Werkstoffen mit definierter Schneide charakteristisch /CAM91, KÖN95, KÖN96/.

In Abhängigkeit von den Werkstoffeigenschaften sowie eventuellen Füll- und Verstärkungsstoffen ist auch die Zerpanung von Kunststoffen durch die Entstehung von Emissionen belastet. Nach *Kobayashi* sowie *Spur* entstehen insbesondere beim Drehen, Bohren und Fräsen duroplastischer Werkstoffe, welche überwiegend spröde und häufig zudem mit Zusatzstoffen versehen sind, Reißspäne sowie Staubpartikel in nennenswerter Menge. Aus Untersuchungen von *Holländer* zum Fräsen von glas- und aramidfaserverstärkten Kuntsstoffen geht hervor, daß die auftretenden Staubemissionen durch einen sehr hohen Grobstaubanteil gekennzeichnet sind. Der Anteil des Feinstaubs, das heißt von Partikeln mit einem aerodynamischen Durchmesser von weniger als 5 µm, am Gesamtstaub betrug lediglich 1-5 %, wobei jedoch werkstoffbedingt auch lungengängige Faserstäube freigesetzt wurden. Einflußgrößen auf die Feinstaubentstehung sind nach Holländer der Schneidstoff, die Werkzeuggeometrie sowie die Prozeßführung. *Rummenhöller* führte Emissionsmessungen beim Fräsen kohlenstoffaserverstärkter Kunststoffe durch, wobei ein Verhältnis zwischen Feinstaubanteil und Gesamtstaubanteil von 1 zu 10 ermittelt wurde. Die Messungen zeigten, daß die Menge des freigesetzten Feinstaubs mit zunehmender Schnittgeschwindigkeit und abnehmenden Vorschub pro Zahn ansteigt. Höhere Emissionswerte stellten sich zudem beim Einsatz von Messerkopffräsern im Vergleich zu Schaftfräsern ein. Aufbauend auf den Arbeiten von *Rummenhöller* vertiefte *Würtz* die Analyse von Staubemissionen bei der Zerspanung von Faserverbundkunststoffen, wobei primär eine Betrachtung der einatembaren Fraktionen erfolgte /SCH65, KOB67, SPU80, HOL91, BLU96, RUM96, WÜR99/.

Bezogen auf die Metallbearbeitung ermittelte *König*, daß vor allem bei groben, trocken durchgeführten Schleifoperationen, wie zum Beispiel dem Trenn- oder Bandschleifen von Metallen mit hohem Nickelgehalt sowie dem Schleifen mit handgeführten Werkzeugen, erhebliche Mengen Staub entstehen. Wie Emissionsmessungen beim Bandschleifen von Metallen mit hohem Nickelgehalt ergaben, liegt der größte Staubanteil als Grobstaub vor. Der Feinstaubanteil sinkt zudem mit zunehmender Zähigkeit des bearbeiteten Werkstoffs sowie prozeßbedingt höheren Temperaturen. In Gußputzereien stellt das Schleifen nach *Gärtner* mit rund 60 % die am häufigsten ausgeführte Tätigkeit dar, wobei der manuellen Bearbeitung aufgrund der Zugänglichkeit der Bearbeitungsstelle oder der Größe des Gußteils eine besondere Bedeutung zukommt. Als wesentliche Belastungen für die Beschäftigten in diesen Bereichen nennt *Scholz* die ständige Lärmeinwirkung, Vibration und insbesondere Staubexposition. In arbeitsmedizinischer Hinsicht vermag nach *Dittes* eine Vielzahl von Metallen, wie beispielsweise Blei, Cadmium, Chrom, Nickel und Mangan, in Form von Stäuben und Rauchen den menschlichen Organismus zu schädigen. Darüber hinaus können auch Sachgüter geschädigt werden. Bei der Zerspanung von Magnesium enstehen Staubpartikel, die als brand- oder gar explosionsgefährlich einzustufen sind. Aus der Einwirkung abrasiver Gußpartikel resultiert nach *Kwanka* ein stärkerer Verschleiß der Führungsbahnen von Werkzeugmaschinen /SCH78, KÖN85, DIT87, GÄR88, KWA96, BIA82/.

Zusammenfassend kann festgestellt werden, daß im Vordergrund bisheriger Untersuchungen meist eine Analyse der auftretenden Emissionen beziehungsweise ihres Gefährdungspotentials stand. Im Gegensatz dazu erfolgt im Rahmen der vorliegenden Arbeit eine Analyse der Emissionsentstehung selbst, mit dem Ziel einer Identifizierung von Wirkzusammenhängen zwischen Prozeßstellgrößen und resultierenden Staubemissionen. Die Kenntnis dieser Wirkzusammenhänge ist die wesentliche Voraussetzung für die Einleitung prozeßintegrierter Lösungsansätze, welche im Vergleich zu nachgeschalteten Maßnahmen zur Erfassung und Abscheidung von Partikelemissionen bisher kaum Berücksichtigung fanden. Vorliegende Emissionsuntersuchungen im Bereich der Erzeugung und Bearbeitung von Gußeisenwerkstoffen konzentrieren sich zudem auf Urformprozesse sowie auf das Putzen von Gußteilen. Systematische Untersuchungen zur Freisetzung von Partikeln bei der spanenden Endbearbeitung liegen bislang nicht vor.

3 Aufgabenstellung und Zielsetzung

In der Materialzerspanung wird der Einsatz von Kühlschmierstoffen, bedingt durch ihre aufwendige Pflege, Wartung und Entsorgung, zu einer immer größeren wirtschaftlichen wie auch umweltbezogenen Herausforderung. Mögliche Lösungsansätze reichen von einer Optimierung des Kühlschmierstoffeinsatzes über die Anwendung einer Mindermengen- oder einer Minimalmengenkühlschmierung bis hin zu einem vollständigen Verzicht auf derartige Medien bei einer komplett trockenen Prozeßführung. Die letztgenannte Alternative stellt den konsequentesten Ansatz dar und bietet gleichzeitig das größte Potential. Zu ihrer Umsetzung ist jedoch eine entsprechende Anpassung der eingesetzten Schneidstoffe, Werkzeuge, Maschinen sowie Zerspanungsparameter erforderlich. In Abhängigkeit von Werkstückstoff und Verfahren gilt die Trockenbearbeitung bereits als technisch beherrscht und wird in zunehmendem Maße in der industriellen Fertigung umgesetzt /TÖN96, KLO97, KLO98, OPH98, WEI98/.

Insbesondere die trockene Zerspanung spröder Werkstoffe, zu denen auch die Gußeisenwerkstoffe gezählt werden, ist neben der Entstehung von definierten Spänen mit einer Freisetzung von kleinen und kleinsten Partikeln verbunden. Diese werden, anders als bei einer Naßbearbeitung, nicht von einem flüssigen Medium erfaßt und abgeführt. Über die Entstehungsmechanismen und Eigenschaften dieser Prozeßemissionen existieren bisher keine systematischen Untersuchungen.

Vor diesem Hintergrund ist es das Ziel dieser Arbeit, die Partikelemissionen bei der Trockenbearbeitung spröder metallischer Werkstoffe am Beispiel des Fräsens von Gußeisenwerkstoffen zu charakterisieren. Insbesondere sollen relevante Wirkzusammenhänge zwischen Prozeßstellgrößen und Emissionskenngrößen identifiziert und basierend hierauf prozeßintegrierte Ansätze zur Beeinflussung der Art und Menge freiwerdender Partikel aufgezeigt werden. Die abgeleitete Vorgehensweise gliedert sich in mehrere, inhaltlich aufeinander aufbauende Schritte, die in **Abbildung 3.1** zusammenfassend dargestellt sind. Den einzelnen Arbeitsschritten sind jeweils die erforderlichen Eingangsinformationen sowie die eingesetzten technischen und methodischen Instrumente zugeordnet.

Die Ausgangsbasis für die vorgesehenen Untersuchungen bildet eine qualitative Analyse der Span- und Partikelentstehung. Identifiziert werden sollen hierbei die Größen, welche einen Einfluß auf die bei der Trockenbearbeitung entstehenden Emissionen ausüben. Mit Hinblick auf die Zielsetzung, prozeßintegrierte Ansätze für eine Emissionskontrolle zu identifizieren, liegt der Schwerpunkt auf Einflußgrößen, deren Veränderung weitgehend unabhängig von anlagen- und maschinenspezifischen Randbedingungen ist. Grundsätzlich kann hierbei zwischen den Bereichen Werkstoff, Werkzeug und Schnittdaten unterschieden werden. Dieser qualitativen Analyse schließt sich eine experimentelle Charakterisierung der bei der Trockenzerspanung von Eisengußwerkstoffen auftretenden Partikelemissionen an. In Anbetracht der Komplexität der Themenstellung ist hierbei neben der vorgesehenen werkstoff- sowie verfahrensbezogenen Abgrenzung des Untersuchungsraums insbesondere die Verfolgung einer systematischen Vorgehensweise bei der Planung, Durchführung und Auswertung der experimentellen Versuchsreihen erforderlich. Im Rahmen der Praxisuntersuchungen wird deshalb auf Prinzipien und Instrumente der statistischen Versuchsmethodik zurückgegriffen. Unter Anwendung gravimetrischer und photometrischer Meßtechniken sowie Partikelanalysen im Labor wird eine Bestimmung der Partikelfraktionen und -konzentrationen durchgeführt. Eine Analyse der Partikelmorphologie erfolgt zusätzlich mit Hilfe der Mikroskopie. Aufbauend auf der Charakterisierung der Partikelemissionen werden die Wirkzusammenhänge zwischen Einflußfaktoren auf den Zerspanprozeß und relevanten Zielgrößen mit Hilfe statistischer Methoden untersucht.

Kapitel 3: Aufgabenstellung und Zielsetzung -17-

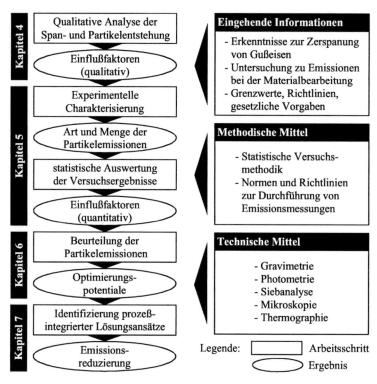

Abbildung 3.1: Vorgehensweise

Die vorgenannten Arbeitsschritte stellen die Grundlage für eine Beurteilung der Partikelemissionen und Bewertung ihrer Auswirkungen dar. Berücksichtigung finden hierbei sowohl Aspekte der Arbeitssicherheit als auch Beeinflussungen von Sachgütern durch die freiwerdenden Partikel. Eine Beurteilung des Schädigungspotentials der Emissionen wird durch einen Abgleich der im Versuch ermittelten Kenndaten mit bestehenden Grenzwerten sowie werkstoffspezifischen arbeitsmedizinischen Erkenntnissen möglich. Somit werden Schwerpunkte für eine emissionsbezogene Prozeßoptimierung aufgezeigt. Im Anschluß werden Potentiale zur Reduzierung der Partikelemissionen bzw. ihrer negativen Auswirkungen untersucht. Der Fokus liegt auf der Identifizierung von prozeßintegrierten Lösungsansätzen. Unter Einsatz der statistischen Versuchsmethodik wird hierfür zunächst eine Parameteroptimierung durchgeführt. Darüber hinaus werden unterschiedliche Bearbeitungsstrategien analysiert und diskutiert. Die Effektivität der identifizierten Ansätze wird im Rahmen von Vergleichsmessungen validiert.

Insgesamt stellen die Untersuchungen einen Beitrag zur Realisierung einer wirtschaftlich, technisch und umweltbezogen optimierten Trockenzerspanung von Gußeisenwerkstoffen dar. Die im Rahmen der Arbeit gewonnenen Erkenntnisse bilden zudem die Grundlage für eine analoge Untersuchung weiterer Zerspanverfahren und Werkstoffe.

4 Analyse der Span- und Partikelentstehung

Im Rahmen von Kapitel 4 und Kapitel 5 erfolgt eine eingehende Untersuchung der bei der Gußeisenzerspanung freiwerdenden Partikelemissionen und der zugrunde liegenden Entstehungsmechanismen. Eingeleitet werden die Betrachtungen durch die qualitative Analyse derjenigen Einflußfaktoren, welche die Entstehung partikelförmiger Emissionen bedingen. Diese bildet die Grundlage für eine quantitative Charakterisierung freiwerdender Partikelemissionen anhand von Zerspanuntersuchungen (Kapitel 5).

4.1 Emissionsrelevante Einflußfaktoren und Zielgrößen

Die Entstehung sowie die Ausbreitung staubförmiger Emissionen bei Zerspanoperationen ist von einer Vielzahl von Einflußgrößen abhängig. Für die folgende systematische Analyse ist deshalb eine Strukturierung der Gesamtheit aller Faktoren notwendig. Hierbei bietet sich eine Unterscheidung der Kategorien „Werkstoff", „Werkzeug", „Schnittdaten" sowie „Maschine" an. Mit Hilfe eines Mind-Map kann der grundsätzliche Zusammenhang zwischen Einflußgrößen, Kenngrößen und Auswirkungen bezogen auf freiwerdende Partikelemissionen bei der Zerspanung verdeutlicht werden (**Abbildung 4.1**).

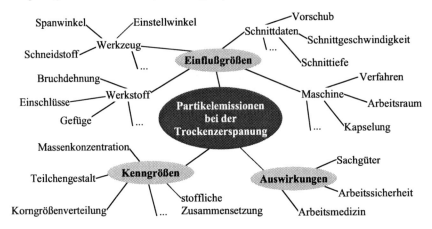

Abbildung 4.1: Staubförmige Emissionen – Einflußgrößen, Kenngrößen und Auswirkungen

Eine vollständige Charakterisierung freiwerdender Partikelemissionen bei der Zerspanung von Gußeisenwerkstoffen ist anhand der Kriterien Partikelkonzentration, Korngrößenverteilung, stoffliche Zusammensetzung sowie Teilchengestalt möglich. Im Hinblick auf einen emissionsoptimierten Prozeß bzw. eine Reduzierung schädlicher Auswirkungen freiwerdender Emissionen gilt es, diese Kenngrößen optimal einzustellen. In Analogie zur Regelungstechnik können diese Größen als Zielgrößen aufgefaßt werden, deren Ausprägung durch eine Veränderung der bereits genannten Einflußgrößen beeinflußt werden kann. Eine Minimierung der Emissionen beziehungsweise der sich ergebenden Gefahren setzt somit eine gezielte Variation von Einflußgrößen voraus /ORD58, NEG74/.

In diesem Zusammenhang ist weiterhin zu berücksichtigen, daß Maschinen zur spanabhebenden Bearbeitung von Gußeisenwerkstoffen in einer großen Vielfalt existieren und sich sowohl hinsichtlich des Maschinenkonzepts als auch der Anlagenperipherie nennenswert unterscheiden. Veränderungen des zur Verfügung stehenden Maschinenparks sind meist mit erheblichen wirtschaftlichen und organisatorischen Aufwendungen verbunden. Eine kurzfristige und vor allem aufwandsminimierte Einflußnahme über die Faktoren aus der Einflußkategorie „Maschine" ist folglich nicht gegeben. Aus den genannten Gründen und insbesondere auch in Hinblick auf die Allgemeingültigkeit und Übertragbarkeit der Erkenntnisse werden im folgenden lediglich Einflußgrößen betrachtet, deren Variation weitgehend unabhängig von maschinen- und anlagenspezifischen Randbedingungen ist /AMB84, SAN95/.

Im Vordergrund der sich anschließenden Systemanalyse stehen deshalb die Kategorien „Werkstoff", „Werkzeug" sowie „Schnittdaten". Ziel der Analyse ist es, die relevanten Einflußgrößen innerhalb der einzelnen Kategorien zu erarbeiten. Damit wird die Basis für zielgerichtete zerspanungstechnische Untersuchungen geschaffen. Eingeleitet wird die Analyse durch eine eingehende Betrachtung der Spanbildung bei der Bearbeitung von Gußeisenwerkstoffen mit definierter Schneide.

4.2 Spanbildung bei der Bearbeitung von Gußeisenwerkstoffen mit definierter Schneide

Ausgehend von der langen Tradition sowie der weiten Verbreitung der spanenden Bearbeitung metallischer Werkstoffe stellte die empirische Untersuchung von Zerspanprozessen den Gegenstand zahlreicher Arbeiten dar. Hierbei wurden verschiedene Theorien zur Erklärung der Spanbildung erarbeitet, wobei der Scherebenentheorie die größte Bedeutung beizumessen ist; nicht zuletzt, da dieses Modell eine schlüssige Erklärung aller auftretenden Phänomene ermöglicht. Nach dieser Theorie dringt bei der spanenden Bearbeitung ein Schneidkeil durch Einwirken einer äußeren Kraft (Zerspankraft) in die Randzone eines Werkstücks ein. Durch die eindringende Schneidkante wird der Werkstückstoff elastisch und plastisch deformiert. Bei Überschreiten einer werkstoffspezifischen maximal zulässigen Schubspannung tritt ein Fließen des Werkstoffes in einer Scherebene genannten Fläche, die von der Schneidkante bis zur Werkstückoberfläche reicht, auf. Aus dem verformten Werkstückstoff bildet sich ein Span, der über die Spanfläche des Werkzeugs abläuft. Die Werkstofftrennung kann bei spröden Werkstoffen bzw. ausreichend hoher plastischer Verformung bereits in der Scherebene erfolgen, bei größerer Verformungsfähigkeit findet eine Werkstofftrennung dagegen unmittelbar vor der Schneidkante statt /VIE59, SPU80, KÖN90, SAN95, KÖN96/.

Das Modell verliert seine Gültigkeit bei der Zerspanung von Werkstoffen, die unter äußerer Beanspruchung ein nahezu ideal linear-elastisches Verhalten aufweisen. Zu nennen sind hier beispielsweise Graphit sowie Ingenieurkeramiken. Eine erfolgreiche Erklärung bzw. Modellierung der Spanbildung bei diesen Werkstoffen wird mit Hilfe von Ansätzen der Bruchmechanik möglich. Bei der linearen Bruchmechanik wird davon ausgegangen, daß jedes Material von vornherein mit Rissen behaftet ist. Hierbei handelt es sich meist um stationäre Risse, die ihre Größe nicht ändern. Durch Einwirken einer äußeren Kraft auf das Material kann jedoch eine kritische Belastung bewirkt werden, die schließlich zu einer Rißausbreitung führt. Der hierdurch eingeleitete Bruchvorgng ist erst dann beendet, wenn die Ausbreitung des Risses zum Stehen gekommen ist. Bei einem Zerspanungsprozeß ist dies in der Regel durch die vollständige Abtrennung eines oder mehrerer Teile vom Werkstück gegeben. Für die Zerspanung von Grauguß sowie Kugelgraphitguß im Bereich konventioneller Schnittbedingungen läßt sich feststellen, daß in der Regel eine Abbildung und Erklärung der Spanbildung unter Anwendung der Scherebenentheorie möglich ist. Nach Untersuchungen von *Kümmel* jedoch sind für die Erklärung der Scherspanbildung bei der Bearbeitung von Grauguß, insbesondere bei hohen Schnittgeschwindigkeiten, Gesetzmäßigkeiten der Bruchmechanik zu berücksichtigen. Im Rahmen der nachfolgenden Betrachtungen ist deshalb zu prüfen, welcher Ansatz für die beobachteten Phänomene bezogen auf freiwerdende Partikelemissionen eine schlüssige Erklärung liefert /VIE59, KÜM90, GRO91, LÖF96, KLO93, KÖN96, SIP99/.

Im Gegensatz zu den dargestellten konkurrierenden Spanbildungstheorien ergibt sich aus den vorliegenden empirischen Untersuchungen ein einheitliches Bild bezüglich der Spanarten und -formen bei der Gußeisenbearbeitung. Bei den Spanarten wird allgemein zwischen Fließ-, Lamellen-, Scher- und Reißspänen differenziert. Die jeweils auftretende Spanart ist abhängig von der Verformungsfähigkeit des bearbeiteten Werkstoffes sowie dem Verformungsgrad. Voraussetzung für die Entstehung von Fließspänen ist ein kontinuierlicher Spanbildungs- bzw. Scherungsprozeß mit überwiegend plastischer Scherverformung ohne Rißbildung. Bedingung hierfür ist eine ausreichende Verformungsfähigkeit sowie ein vollkommen homogener Gefügeaufbau des Werkstoffes, der darüber hinaus keine Versprödungserscheinungen aufweisen darf. Wird durch die Verformung des Werkstoffes seine Festigkeit gemindert oder liegt ein ungleichmäßiges Gefüge vor, so bilden sich Lamellenspäne /VIE59, COP63/.

Charakteristisch für die Zerspanung von Gußeisenwerkstoffen ist dagegen eine diskontinuierliche Spanbildung. Ursache hierfür sind hauptsächlich die stark unterschiedlichen Festigkeiten der beiden Gefügekomponenten Eisen und Graphit und die sich hieraus ergebende geringe Verformungsfähigkeit. Auch andere Materialinhomogenitäten sowie bestimmte Schnittdatenkombinationen tragen hierzu bei. Bei äußerer Beanspruchung durch die Werkzeugschneide resultiert somit eine plastische Verformung bis zum Werkstoffversagen, an die sich eine Rißbildung anschließt. Durch diese Prozeßausprägung wird maßgeblich die Form, Art und Größe der entstehenden Späne beeinflußt. Wie **Abbildung 4.2** verdeutlicht, ist bei der Bearbeitung von Kugelgraphitguß die Entstehung von Scherspänen zu beobachten.

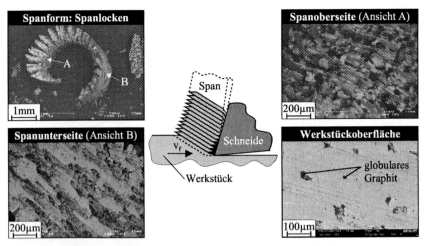

Abbildung 4.2: Scherspanbildung bei der Zerspanung von Kugelgraphitguß

Scherspäne setzen sich aus Spanteilen zusammen, die in der Scherebene zunächst vollständig getrennt werden, durch ein Abgleiten über die Spanfläche des Werkzeuges jedoch wieder miteinander verschweißen können. Eine solche Verschweißung der Spansegmente ist lediglich punktuell gegeben. Bedingt durch ihre hohe kinetische Energie, ihre Abkühlgeschwindigkeit sowie entstehende Eigenspannungen an der Spanunterseite sind Scherspäne deshalb oft als labil zu bezeichnen; die Spansegmente werden nach Ablaufen über die Spanfläche wieder getrennt. Die Spanbildung bei Kugelgraphitguß kann gut durch das Kartenschema nach *Piispanen* beschrieben werden: Der Werkstoff schert in Form dünner Lamellen ab, welche bei weiterem Eindringen der Schneide über die Spanfläche geschoben werden. Ausgehend von den beobachteten Verschweißungen einzelner Spansegmente erweiterten *Shaw* und *Sanghani* das Modell um eine Zone entlang der Spanfläche, in der ein plastisches Fließen des Spanmaterials gegeben ist /DOH74, WAR74, SHA84, KÜM90, KLO93, LÖF96/.

Die Zerspanung von Gußeisen mit Lamellengraphit ist dagegen in der Regel gekennzeichnet durch die Entstehung von Reißspänen. Bei Reißspänen handelt es sich nicht um Späne im eigentlichen Sinn, sondern vielmehr um Bruchstücke des zerspanten Werkstoffs. Eine Trennung erfolgt an den Graphitlamellen bevor die metallische Phase eine nennenswerte plastische Verformung erfährt. Einem kurzen Stauchvorgang schließt sich hierbei eine Spantrennung entlang einer Fläche an, die definiert wird durch den geringsten Trennwiderstand der in der Werkstückrandschicht vorliegenden Graphitlamellen. Jedoch ist auch an den einzelnen Segmenten zum Teil eine Fließzone an der Unterseite zu erkennen. Die Entstehung derartiger Zerspanpartikel konnte im Rahmen der vorliegenden Arbeit durch rasterelektronenmikroskopische Untersuchungen auch für die Fräsbearbeitung von Lamellengraphitguß nachgewiesen werden (**Abbildung 4.3**). Bedingt durch die wahllose Anordnung der Graphitlamellen entstehen somit regellose Bruchstücke; auf der Werkstückoberfläche bilden sich entsprechende Ausbrüche /VIE59, WAR74, SHA84, KLO93, LÖF96/.

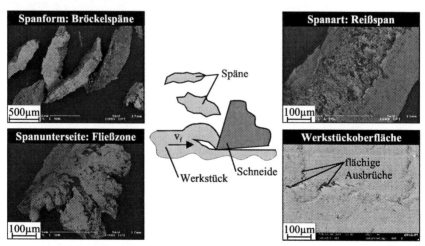

Abbildung 4.3: Reißspanbildung bei der Zerspanung von Grauguß

Neben der Spanart lassen sich Späne zudem hinsichtlich der Spanform unterteilen. Bei der Gußzerspanung fallen in der Regel kurzbrüchige Späne an. Spanlocken oder Bröckelspäne sind typisch für die Bearbeitung von Grauguß, bei Kugelgraphitguß können auch Spiralspäne entstehen. Bei Bearbeitungsaufgaben mit eingeschränktem Spanraum sowie im Hinblick auf die Abführung der Späne aus dem Maschinenarbeitsraum sind die genannten Spanformen als vorteilhaft zu bezeichnen /VIE59, KÖN90, LÖF96/.

Insgesamt bleibt somit festzuhalten, daß die Zerspanung von Gußeisen mit Lamellen- sowie Kugelgraphit durch einen diskontinuierlichen Prozeßablauf gekennzeichnet ist. Als Folge hiervon entstehen grundsätzlich segmentierte kurzbrüchige Späne, wobei im Extremfall kein Span im eigentlichen Sinn sondern vielmehr regellose Werkstoffbruchstücke vorliegen. Im Hinblick auf ihre Größe sind diese Bruchstücke zum Teil den staubförmigen Partikeln zuzurechnen (**Abbildung 4.4**). Während hinsichtlich der Arten und Formen der größeren Späne zahlreiche Untersuchungen durchgeführt wurden, erfolgte eine eingehende Charakterisierung der erzeugten kleineren Bruchstücke, insbesondere der Staubpartikel, bisher nicht. Dies gilt sowohl für die Trockenzerspanung von Gußeisenwerkstoffen, die Untersuchungsgegenstand der vorliegenden Arbeit sind, als auch für praktisch alle weiteren metallischen Werkstoffe. Als Voraussetzung für eine derartige Analyse werden im folgenden die bereits genannten Einflußkategorien Werkstoff, Werkzeug und Prozeßparameter einer näheren Betrachtung unterzogen.

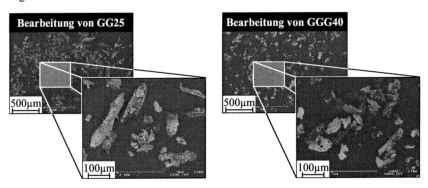

Abbildung 4.4: Staubpartikel bei der Zerspanung von Gußeisen

4.3 Einflußkategorie Werkstoff

Als Zerspanbarkeit wird die Gesamtheit aller Eigenschaften eines Werkstoffes bezeichnet, welche einen Einfluß auf eine spanabhebende Bearbeitung desselben ausüben. Es handelt sich hierbei nicht um eine exakt definierte oder quantifizierbare Größe, sondern vielmehr um eine qualitative materialspezifische Bewertungsgröße; diese setzt sich aus den Kriterien Werkzeugstandzeit, Schnittkraft, Oberflächengüte des bearbeiteten Werkstücks sowie Spanbildung zusammen. Die Spanbildung und die ihr zugrunde liegenden Werkstoffeigenschaften sind ebenfalls mit Hinblick auf die Entstehung von Zerspanpartikeln, deren geometrische Abmessungen weit unterhalb der üblicherweise betrachteten Späne liegen, von Interesse. Aus diesem Grund empfiehlt sich eine nähere Betrachtung der Bearbeitungseigenschaften von Gußeisenwerkstoffen /VIE59, COP63, KÖN90/.

Obwohl die Zerpanbarkeit eines Materials lediglich einen qualitativen Charakter aufweist, werden die dieser Größe zugeordneten Kriterien dennoch durch konkrete Werkstoffeigenschaften bedingt. In **Abbildung 4.5** sind wesentliche mechanische Kennwerte verschiedener Gußeisenwerkstoffe wiedergegeben und ausgewählten Vergleichswerkstoffen gegenübergestellt. GGV30 ist im Gegensatz zu den Gußeisen mit Lamellen- oder Kugelgraphit gekennzeichnet durch wurmförmige Graphitausscheidungen, die auch als Vermikulargraphit bezeichnet werden /BRU78, RÖH91, SAN95, KÖN96, DEI97, WER99, EN1561, EN1563, EN10083/.

	EK 82	GG 25	GGV 30	GGG 40	C 45[1]
Dichte [g/cm³]	1,73	7,2	7,0	7,1	7,85
E-Modul [kN/mm²]	11	110	130-160	165	210
Härte [HB]	50[3]	180-220	130-190	140-190	207[2]
Zugfestigkeit [N/mm²]	-	min. 250	min. 300	400	620
Biegefestigkeit [N/mm²]	45	450	600	-	-
Druckfestigkeit [N/mm²]	-	950	500	800	-
Bruchdehnung [%]	-	0,8-0,3	3-8	17	14
0,2%-Dehngrenze [N/mm²]	-	165-228[4]	min. 240	250	340
Vorwiegendes (Grund-)Gefüge	-	Perlit	Ferrit	Ferrit	-
Materialverhalten	linear-elastisch				plastisch

Legende: [1] normalgeglüht   [2] weichgeglüht   [3] Härtewert in Shore   [4] 0,1%-Dehngrenze

Abbildung 4.5: Mechanische Kennwerte von Gußeisenwerkstoffen im Vergleich zu anderen Werkstoffen /BRU78, KÖN96, EN1561, EN1563, EN10083/

Deutliche Unterschiede zwischen den einzelnen Werkstoffen sind zunächst hinsichtlich des Elastizitätsmoduls zu erkennen. Mit einem E-Modul von 210 kN/mm² liegt der Qualitätsstahl C45 signifikant über den Werten der dargestellten Gußeisenwerkstoffe. Der entsprechende Wert des Feinkorngraphit EK82 liegt mit 11 kN/mm² dagegen weit unter denen der Gußeisen. Ein Vergleich der Zugfestigkeiten ergibt eine analoge Abstufung, wobei GGG40 dem dargestellten Stahlwerkstoff am nächsten kommt. Schließlich liegt auch die 0,2%-Dehngrenze des C45 weit über den Werten der Gußeisenwerkstoffe. Lediglich bezogen auf seine Bruchdehnung erreicht der Gußeisenwerkstoff mit Kugelgraphit GGG40 einen leicht höheren Wert als C45. Insgesamt wird hieraus ersichtlich, daß der Stahlwerkstoff im Vergleich zu Gußeisen ein eher plastisches Materialverhalten aufweist. Für die Zerspanung des Stahls ergibt sich deshalb eine höhere erforderliche Trennarbeit, höhere Zerspantemperaturen sowie längere, unter fertigungstechnischen Aspekten gesehen ungünstige Späne. Die Zerspanbarkeit von Gußeisenwerkstoffen ist im Vergleich als besser zu bezeichnen. Hierfür sprechen vor allem die charakteristischen kurzbrüchigen Späne sowie die - im Vergleich zu anderen Eisenguß- und Stahlwerkstoffen - niedrigeren Zerspankräfte und höheren Werkzeugstandzeiten. Die erwartungsgemäß niedrigsten Zerspankräfte stellen sich bei der Bearbeitung des Feinkorngraphits ein. Jedoch stehen einer insgesamt guten Zerspanung die Entstehung schwer erfaßbarer, abrasiver und zudem elektrisch leitfähiger Bruch- beziehungsweise Staubpartikel sowie ein verhältnismäßig hoher Werkzeugverschleiß entgegen /KLO93, LÖF96, KÖN96/.

Wie die Gegenüberstellung der Werkstoffe zeigt, weisen die Werkstoffe GG25 und GGG40 bezogen auf den Bereich der Gußeisenmaterialien deutliche Unterschiede hinsichtlich ihres Aufbaus und ihrer Eigenschaften auf. Hinzu kommt, daß beiden Werkstoffen sowohl im Hinblick auf die jährlich produzierten Mengen als auch auf ihr Einsatzspektrum eine große Bedeutung beizumessen ist. Aus diesen Gründen sowie einer, durch die Vielzahl von Gußeisenwerkstoffen bedingten, Notwendigkeit zu einer materialbezogenen Einschränkung stehen die Werkstoffe GG25 und GGG40 im Fokus der nachfolgenden Untersuchungen.

Die diskutierten mechanischen Kennwerte alleine reichen für eine vollständige Erklärung der Spanbildung von Gußeisenwerkstoffen nicht aus. Sie sind vielmehr das Resultat der jeweiligen physikalischen und chemischen Werkstoffeigenschaften. Im folgenden wird deshalb explizit auf die Eigenschaften aus beiden Bereichen eingegangen, die für die Spanbildung und somit auch die Entstehung staubförmiger Abtragpartikel relevant sind.

Bereits in Kapitel 2.2 wurde auf den charakteristischen, grob zweiphasigen Gefügeaufbau der Gußeisenwerkstoffe eingegangen, wobei die Zerspanbarkeit durch die spezifischen Ausprägungen beider Phasen determiniert wird. Eine vorhandene metallische Grundphase wird unterbrochen durch eingelagerte Ausscheidungen freien Graphits. Aufgrund der gegensätzlichen Festigkeiten des eher harten, stahlähnlichen Grundgefüges und des verhältnismäßig weichen Graphits resultiert eine geringe Verformungsfähigkeit der Gußeisenwerkstoffe, weshalb sie auch als spröde bezeichnet werden. Wesentlich für die mechanischen Eigenschaften eines Gußeisens ist die Ausbildungsform der Graphitausscheidungen. Beim Grauguß liegen die Graphitausscheidung in Form von Lamellen vor. Bei Kugelgraphitguß besitzen die enthaltenen Graphitpartikel nahezu vollständig kugelige Form. Eine Zwischenform, sowohl hinsichtlich der Graphitform als auch der resultierenden mechanischen Eigenschaften, stellt das bereits genannte Gußeisen mit Vermikulargraphit dar. Die in **Abbildung 4.6** dargestellten rasterelektronenmikroskopischen Aufnahmen geben den Aufbau der Gußeisen GG25 und GGG40 wieder /KÖN90, KÜM90, LÖF96/.

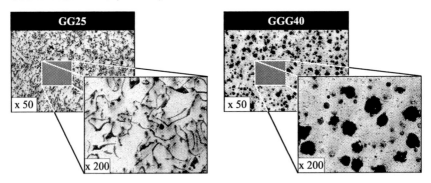

Abbildung 4.6: Gefüge der Gußeisenwerkstoffe GG25 und GGG40

Eine Einflußnahme auf die Form und Anordnung der Graphitausscheidungen ist vor allem über eine Variation der Erstarrungsgeschwindigkeit, der Keimzahl in der Schmelze sowie der chemischen Zusammensetzung möglich. Gemäß EN 1561 bzw. EN 1563 ist die genaue chemische Zusammensetzung sowohl von Gußeisen mit Lamellen- als auch Kugelgraphit dem jeweiligen Gußhersteller überlassen. Dieser hat lediglich sicherzustellen, daß die jeweilige Gußsorte die Anforderungen der Norm erfüllt. Die in **Abbildung 4.7** angegebenen prozentualen Anteile der Legierungsbestandteile von GG25 und GGG40 sind deshalb als Anhaltswerte zu verstehen und können je nach Gußhersteller gewissen Schwankungen unterliegen /BRU78, KÜM90, RÖH91, KLO93, EN1561, EN1563/.

	Chemische Zusammensetzung in %							
	C	Si	Mn	P	S	Ni	Cu	Mg
GG 25	3,44	1,78	0,56	0,079	0,087	0,030	0,105	-
GGG 40	3,63	2,97	0,089	0,019	0,008	0,050	0,046	0,049

Abbildung 4.7: Chemische Zusammensetzung von GG25 und GGG40 /BRU78, KÜM90/

Wie die in Kapitel 4.2 durchgeführte Analyse der Spanbildung zeigt, besitzt das Werkstoffgefüge eine große Bedeutung für die Art und Form der entstehenden Zerspanpartikel. Im folgenden wird deshalb näher auf die Gefügeentstehung bei der Gußeisenerzeugung eingegangen.

Bei Kenntnis der chemischen Zusammensetzung der Schmelze ist die rechnerische Ermittlung des sogenannten Sättigungsgrades möglich. Dieser ist ein Kennwert für den Erstarrungsverlauf und somit für die Erzielung einer bestimmten Struktur, insbesondere des Grundgefüges. Er bezeichnet das Verhältnis des gesamten Kohlenstoffgehalts der Schmelze zum Kohlenstoffgehalt einer streng eutektischen Zusammensetzung und errechnet sich zu /BRU78, COP63/:

$$S_c = \frac{C_{Gesamt}}{(4,26 - 0,31 \cdot Si - 0,27 \cdot P - 0,4 \cdot S - 0,74 \cdot Cu + 0,312 \cdot Cr + 0,027 \cdot Mn)} \quad (4.1)$$

Mit einem Sättigungsgrad S_{GG25} von etwa 0,95 ist GG25 als untereutektische Legierung zu bezeichnen. Bei der Erstarrung dieses Gußwerkstoffes bilden sich zunächst Austenitkristalle in Form von Dendriten aus. Die Kohlenstoffkonzentration der Schmelze liegt jedoch über dem Lösungsvermögen des sich bildenden Austenits, woraus eine Kohlenstoffanreicherung der verbleibenden Restschmelze resultiert. Sobald die Restschmelze einen Sättigungsgrad von eins erreicht hat, folgt eine eutektische Erstarrung. Hierbei wachsen die Ausscheidungen des freien Graphits ausgehend von sogenannten Keimen zu verästelten, skelettartigen Gebilden heran, die im Gefügeschliff als Graphitlamellen zu erkennen sind. Die Graphitbildung wird gefördert durch die Legierungselemente Silizium, Nickel, Kupfer oder Aluminium. Durch eine Variation der Wärmeentzugsgeschwindigkeit wird die Graphitanordnung bestimmt. Charaktersitisch für eine unterkühlte Schmelze, die sowohl durch eine rasche Temperaturabsenkung, beispielsweise in der Randzone eines Gußwerkstücks, als auch durch einen Mangel an Kristallisationskeimen bedingt sein kann, ist die Entstehung sogenannten interdendritischen Graphits. Bei geringer Unterkühlung kommt es zur Bildung von reinem Lamellen- oder Rosettengraphit /VIE59, COP63, BRU78, SAN95/.

Bei GGG40 liegen die Graphitausscheidungen überwiegend als kugelförmige, vollkommen von metallischem Grundgefüge umschlossene, Teilchen vor. Voraussetzung für die Entstehung des sogenannten Kugelgraphits ist eine nahezu schwefelfreie Schmelze mit Schwefelgehalten unter 0,08 %. Durch Beigabe von Magnesium wird eine zusätzliche Entschwefelung der Schmelze erreicht. Eine Magnesiumbehandlung bewirkt eine Erhöhung der Oberflächenspannung zwischen Graphit und Schmelze; dies führt schließlich, zusammen mit einer angepaßten Führung des Schmelzprozesses und Abkühlung, zur Ausscheidung kugelförmiger Graphitpartikel. Der Sättigungsgrad wird bei Kugelgraphitguß üblicherweise naheutektisch oder leicht übereutektisch eingestellt und beträgt für die in Abbildung 4.7 wiedergegebene chemische Zusammensetzung S_{GGG40} = 1,1. Bei einem zu geringen Prozentsatz an Magnesium sowie den Fall, daß die behandelte Schmelze vor dem Vergießen einer zu langen Abstehzeit unterworfen ist, kann es zur Bildung von Vermikulargraphit kommen. Die Bildung dieser Zwischenform kann jedoch auch bewußt durch eine Cer-Behandlung eingestellt werden /VIE59, BRU78, RÖH91, KLO93/.

Von entscheidender Bedeutung sind die jeweiligen Graphiteinlagerungen für das Materialverhalten beziehungsweise -versagen bei der spanenden Bearbeitung und somit letztendlich Größe und Gestalt entstehender Zerspanpartikel. Aus der Unterbrechung der metallischen Matrix durch die eingelagerten Graphitteilchen ergibt sich eine Kerbwirkung auf das Gesamtgefüge. Bei Aufbringen einer äußeren Last stellen die Graphitteilchen Hindernisse für sich ausbreitende Versetzungen dar, es kommt zu Spannungskonzentrationen im Matrixgefüge. Makroskopisch betrachtet resultiert hieraus eine geringe plastische Verformbarkeit der Gußeisenwerkstoffe; der zugrunde liegende mikroskopische Trennvorgang wird wesentlich von der Form der Graphitteilchen bestimmt /KÜM90, LÖF96/.

Bedingt durch die Teilchengeometrie treten bei Lamellengraphit unter äußerer Belastung im Vergleich zu Kugelgraphit wesentlich höhere Spannungsspitzen auf. Hinzu kommt, daß ein Zusammenhalt der Graphitlamellen senkrecht zu ihren Basisebenen lediglich durch van der Waals'sche Bindungskräfte gegeben ist. Bereits bei niedrigen Spannungen entstehen deshalb Risse im Graphit. Dies führt zunächst zu einer Aufweitung der Einlagerungsräume und bei der Zerspanung letztendlich zu einer Werkstofftrennung entlang einer Trennfläche, die sich, entsprechend des geringsten Trennwiderstands, an den in der Werkstückrandschicht vorhandenen Graphitlamellen orientiert. Es entstehen die in Abbildung 4.3 dargestellten charakteristischen Reißspäne. Die erzeugte Werkstückoberfläche weist folglich einen entsprechend rauhen Charakter mit Ausbrüchen oder Poren auf /COP63, WAR74, KÜM90, KLO93, LÖF96/.

Dagegen ist die von den eingelagerten Teilchen ausgehende Kerbwirkung bei Kugelgraphitguß wesentlich geringer. Zudem besitzen die Graphitteilchen selbst aufgrund ihrer Form eine größere Stabilität. Durch Aufbringen einer äußeren Last erfährt hier zunächst das metallische Grundgefüge eine plastische Verformung. Analog zu Grauguß führt dies zu einer Aufweitung der Einlagerungsräumen, wobei jedoch Hohlräume an der Grenzschicht zwischen den globularen Graphitteilchen und dem Matrixgefüge entstehen und sich keine Risse in den eingelagerten Teilchen bilden. Eine Erhöhung der Belastung des Werkstoffes führt zunächst zu einer Vergrößerung der Hohlräume; die zwischen den Hohlräumen verbleibenden Stege werden verkleinert, eingeschnürt und schließlich zertrennt. Wie **Abbildung 4.8** verdeutlicht, bleiben die Kugelgraphitteilchen hierbei grundsätzlich erhalten. Dieses im Vergleich zum Grauguß tendenziell plastischere Materialverhalten führt zur Bildung von Scherspänen (Abbildung 4.2), die erzeugten Oberflächen weisen zudem eine bessere Qualität auf /WAR74, KÜM90, KLO93/.

Wie bereits aus den bisherigen Ausführungen deutlich wurde, werden die mechanischen Eigenschaften von Gußeisen sowohl von den Graphitausscheidungen als auch der Beschaffenheit des metallischen Grundgefüges bestimmt. Letztere ist primär von der Einstellung der Kohlenstoff- und Siliziumgehalte abhängig. Diese beiden Legierungsbestandteile beeinflussen hauptsächlich die Neigung eines Gußeisenwerkstoffes, Kohlenstoff als freien Graphit auszuscheiden. Als entsprechender Kennwert kann für Lamellengraphitguß der Graphitisierungsfaktor gemäß der folgenden Formel ermittelt werden /COP63, BRU78, KLO93/:

$$K = \left(\frac{4}{3}\right) \cdot Si \cdot \left(1 - \frac{5}{(3 \cdot C + Si)}\right) \quad (4.2)$$

Für GG25 ergibt sich ein Faktor K_{GG25}=1,505 unter Berücksichtigung der chemischen Zusammensetzung aus Abbildung 4.7. Mit Hilfe des Graphitisierungsfaktors K_{GG25} sowie des bereits ermittelten Sättigungsgrad S_{GG25}=0,95 kann aus dem Gußeisendiagramm nach *Laplanche* entnommen werden, daß der Werkstoff GG25 durch ein perlitisches Matrixgefüge gekennzeichnet ist. Dieses gleichmäßige Gefüge besteht überwiegend aus harten Zementit- sowie weichen Ferritlamellen und verfügt somit insgesamt über eine geringe Verformungsfähigkeit. Im Hinblick auf eine spanende Bearbeitung sind die resultierenden kurzbrüchigen Späne positiv zu bewerten. Als Nachteil ist jedoch die starke Verschleißwirkung des harten und abrasiven Zementits zu berücksichtigen. Festzustellen ist zudem ein erkennbarer Anteil staubförmiger Partikel (vgl. Abbildung 4.4) /VIE59, KÖN90/.

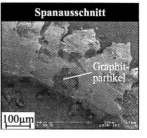

Werkzeug: Messerkopffräser, 6-schneidig, d = 80 mm, $\kappa_r = 45°$

Schnittdaten: v_c = 315 m/min
f_z = 0,1 mm
a_p = 0,5 mm
a_e = 0,75 *D_m

Abbildung 4.8: Grenzflächenbruch bei der Zerspanung von GGG40

Bei GGG40 liegt im Gegensatz dazu ein Grundgefüge aus kohlenstoffarmem Ferrit vor. Dieser besitzt lediglich einen geringen Verformungswiderstand, wobei jedoch die Dehnung sehr große Werte annehmen kann. Zur Erzielung eines ferritischen Gefüges dürfen nur geringe Mangangehalte vorliegen, zusätzlich wird das Werkstück meist nachträglich einer Glühbehandlung unterzogen. Bezogen auf eine spanende Bearbeitung erweisen sich insbesondere die hohe Klebneigung des Ferrits sowie seine hohe Verformungsfähigkeit als nachteilig. Dennoch ist die Bearbeitbarkeit des Ferrit insgesamt als besser im Vergleich zu einem perlitischen Gefüge zu bewerten /VIE 59, BRU78, KÖN90, KÜM90, KLO93, LÖF96/.

In der Regel bestehen Gußeisenwerkstoffe nicht ausschließlich aus den bisher genannten Gefügebestandteilen, sondern sie weisen eine mehr oder weniger große Anzahl von Einschlüssen auf. Zu unterscheiden ist zwischen exogenen Fremdbestandteilen, welche von außen in die Schmelze gelangen, sowie endogenen Einschlüssen, die erst in der Schmelze durch metallurgische Behandlung oder chemische Reaktionen entstehen. Eine Sonderstellung in Bezug auf exogene Einschlüsse nimmt die als Gußhaut bezeichnete Werkstückrandzone ein (vgl. Kapitel 2.2). In dieser Schicht finden sich, ausgeprägt bei Sandguß, zahlreiche nichtmetallische Einschlüsse. Die Einlagerung mineralischer Stoffe in der Randzone wird hierbei durch chemische Reaktionen der Metallschmelze mit der Formstoffwand unter Einwirkung von Sauerstoff begünstigt. In der Schmelze vorhandene Verunreinigungen können zudem aufschwimmen und sich am Werkstückrand verstärkt anlagern. Bedingt durch die höhere Abkühlgeschwindigkeit in dieser Zone stellt sich ein mehr perlitisches Grundgefüge ein. Auch jenseits der Randzone von Gußwerkstücken können Einschlüsse vorliegen. Eingelagerte Carbide sind in zerspanungstechnischer Hinsicht als schlecht zu bezeichnen. Die Entstehung dieser äußerst harten und abrasiven Metall-Kohlenstoff-Verbindungen, zu denen beispielsweise der Zementit (Fe_3C) zählt, wird durch die Elemente Chrom, Cobalt, Mangan, Molybdän sowie Vanadium gefördert. Eine nennenswerte Steigerung des Werkzeugverschleißes ist ab einem Anteil freier Carbide von etwa 5 % gegeben. Positiv hingegen sind Mangansulfideinschlüsse zu bewerten, da diese, analog zu Graphit, beim Zerspanungsprozeß eine Schmierwirkung ausüben und somit die Reibung zwischen Werkzeug und Werkstück und folglich die Zerspantemperatur reduziert werden kann. Darüber besitzen diese Einschlüsse eine spanbrechende Wirkung /VIE59, COP63, BRU78, KÖN90, KÜM90, KLO93, SAN95, LÖF96/.

Im Hinblick auf die Entstehung staubförmiger Partikel bei der Trockenzerspanung von Gußeisenwerkstoffen können aus den bisherigen Überlegungen konkrete Schlußfolgerungen bezüglich des Werkstoffeinflusses gezogen werden. Gußeisenwerkstoffe weisen aufgrund des durch Graphitausscheidungen unterbrochenen, zweiphasigen Gefüges im Vergleich zu anderen, homogenen Metallen einen spröden Materialcharakter auf. Bei der spanenden Bearbeitung wird hierdurch die Entstehung kurzbrechender Scher- oder Bröckelspäne sowie eines noch zu bestimmenden Anteils wesentlich kleinerer oder sogar staubförmiger Teilchen bedingt. Bezogen auf die beiden repräsentativen und im folgenden näher untersuchten Sorten GG25 und GGG40 ist dieses spröde beziehungsweise linear-elastische Werkstoffverhalten aufgrund der Graphitform wie auch der Beschaffenheit des Grundgefüges bei GG25 stärker ausgeprägt; dies läßt insgesamt einen größeren Anteil entstehender Staubpartikel bei der Trockenzerspanung von Grauguß erwarten.

4.4 Einflußkategorie Werkzeug

Auf die Bedeutung des Werkstückstoffes im Zusammenhang mit der Entstehung von Emissionen bei der spanenden Bearbeitung wurde bereits in Kapitel 4.3 eingegangen. Darüber hinaus werden Art und Menge entstehender Zerspanpartikel durch verschiedene Werkzeuggrößen bestimmt. Bei der Bearbeitung mit definierter Schneide werden heute überwiegend Werkzeuge eingesetzt, die mit Wendeschneidplatten bestückt sind. Zu den Größen, mit denen ein derartiges Werkzeug vollständig beschrieben werden kann, zählen der Schneidstoff, der Werkzeugdurchmesser, die Schneidenanzahl sowie die Geometrie des Schneidteils. Eine Betrachtung der Einflüsse dieser Größen auf die Span- und Partikelentstehung wird im folgenden durchgeführt /HAS96, KÖN90/.

Schneidstoffe für die Trockenbearbeitung müssen sich allgemein durch eine hohe Warmhärte, geringe Wärmeleitfähigkeit, einen geringen Reibwert sowie niedrige Eigenspannungen auszeichnen. Für die Bearbeitung von Gußeisenwerkstoffen im nicht unterbrochenen Schnitt haben sich vor allem Oxidkeramiken als geeignet erwiesen. Eine mechanische Wechselbeanspruchung der Schneide, wie sie beim Fräsen gegeben ist, führt bei diesen Schneidstoffen zu einem vorzeitigen Versagen durch Sprödbruch. Bei der Zerspanung im unterbrochenen Schnitt haben sich deshalb Hartmetalle der ISO-Gruppe K bewährt. Diese weisen einen Wolframcarbidanteil von über 90 % bei vergleichsweise geringen Zusätzen von Titancarbid und Tantalcarbid auf. Der Anteil der Kobaltbindephase liegt bei den Sorten K05, K10 und K20 dagegen lediglich bei etwa 6 %. Aus dieser Zusammensetzung resultiert eine hohe Verschleißfestigkeit sowie eine geringe Warmfestigkeit, weshalb diese Schneidstoffe insbesondere für kurzspanende Werkstoffe, wie zum Beispiel Gußeisen mit Lamellen- und Kugelgraphit, Kokillenguß, Stahl niedriger Festigkeiten oder auch Nichtmetalle, eingesetzt werden /VIE59, KÖN90, KMH93, TIK93, HAS96, OPH98/.

Durch eine Beschichtung der Schneidengrundkörper mit Hartstoffschichten ist zusätzlich eine wesentliche Steigerung der Verschleißfestigkeit und somit eine Standzeitvergrößerung um den Faktor 10 bis 20 möglich. Eine Abstimmung der jeweiligen Hartstoffschicht auf den speziellen Anwendungsfall erfolgt durch den Einsatz unterschiedlicher Schichtwerkstoffe, wie z.B. Titannitrid, Titankarbid, oder Aluminiumoxid, sowie die Variation der Schichtdicke oder eine Kombination mehrerer Schichten unterschiedlicher Werkstoffe. Bei den Beschichtungsverfahren überwiegen das CVD- sowie das PVD-Verfahren. Eine Leistungssteigerung durch Stützwirkung konnte bei einigen Untersuchungen selbst bei lokalem Schichtversagen sowie für den Fall, daß die Kolktiefe die Schichtstärke übersteigt, beobachtet werden /SHA84, KÖN90, TIK93, SAN95, LÖF96/.

Eine Beschichtung kann auch eine Veränderung der Spanbildung bewirken, da mit zunehmender Schichtdicke eine Verrundung der Schneidkante bzw. eine Vergrößerung des Schneidkantenradius r_n einhergeht. Die Folge dieser verminderten Schneidenschärfe ist eine veränderte Werkstoffbeanspruchung während des Zerspanprozesses. Beeinflußt wird die Form und Ablaufrichtung der Späne durch den Schneidkantenradius. Eine bedeutende Rolle im Vergleich zum Einstellwinkel κ_r kommt dem Schneidkantenradius jedoch lediglich dann zu, wenn die Schnittiefe a_p in der Größenordnung von r_n liegt. Bei der Graphitzerspanung wurde für diesen Fall eine Zunahme der Werkstoffzerrüttung beobachtet, die zu einem höheren Feinstaubanfall führte. Bei den Schnittiefen, die in der industriellen Praxis bei der spanenden Bearbeitung von Gußeisenwerkstoffen üblich sind, ist die Bedeutung des Schneidkantenradius im Vergleich zu anderen Größen jedoch zu vernachlässigen. Über eine Veränderung der Reibungsverhältnisse zwischen Werkzeug und abfließendem Span durch eine Beschichtung ergeben sich zudem deutliche Auswirkungen auf die Spanform sowie das Spanbruchverhalten. Aus den niedrigen Reibwerten der Schichtwerkstoffe resultiert eine geringere Spanstauchung /SAN95, RUM96, KÖN96, OPH98/.

Abbildung 4.9 zeigt die Beschichtung sowie die Schneidkante einer Wendeschneidplatte, wie sie für die Gußeisenzerspanung eingesetzt wird. Der Grundkörper der Schneidplatte besteht aus Hartmetall der Sorte K15, die sich bei der spanenden Bearbeitung von Kugelgraphitguß bewährt hat; als Hartstoff wurde Titannitrid per CVD-Verfahren aufgebracht /KÖN90, TIK93, HAS96, WAL99/.

Bezogen auf die Werkzeuggeometrie richtet sich der Werkzeugdurchmesser D_m in erster Linie nach der Geometrie des zu bearbeitenden Bauteils sowie der Leistung der eingesetzten Maschine. Beim Planfräsen besteht ein Zusammenhang zwischen der Position des Werkzeugs bzw. dessen Durchmesser und den Ein- sowie Austrittswinkel der Schneiden. Im Hinblick auf vorteilhafte negative Eintrittswinkel sollte der Werkzeugdurchmesser mindestens um 25 % größer gewählt werden als die einzustellende radiale Schnittiefe a_e. Gegebenenfalls ist eine Bearbeitung in mehreren Überläufen zu erwägen, um dieser Forderung gerecht zu werden /SAN95, KEN96/.

Bei der Bearbeitung von Gußeisenwerkstoffen, die durch das Auftreten von kurzbrechenden Spänen gekennzeichnet ist, sind keine großen Spanräume zwischen den einzelnen Werkzeugschneiden erforderlich. Im Hinblick auf das Erreichen großer Vorschübe wird bei derartigen Werkstoffen deshalb eine große Zähnezahl beziehungsweise eine enge Teilung gewählt. Durch eine entsprechend enge Teilung wird auch der Forderung Rechnung getragen, daß stets mindestens zwei Schneiden eines Werkzeugs im Eingriff befindlich sein sollen. Andernfalls kann es zu Drehzahlschwankungen kommen, wenn das Werkzeug kurzzeitig ohne Schnittlast rotiert; dies führt in der Regel zu einer nennenswerten Verringerung der Lebenserwartung der Schneiden. Als Nachteil einer engen Werkzeugteilung sind die resultierenden höheren Schnittkräfte und die erforderliche höhere Maschinenleistung zu nennen. Im Zusammenhang mit der Vermeidung von Schwingungen und Rattererscheinungen bei der Zerspanung hat sich darüber hinaus eine Differentialteilung, bei der ungleichmäßige Abstände zwischen den einzelnen Schneiden vorliegen, bewährt /SAN95, KEN96/.

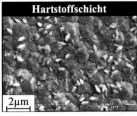
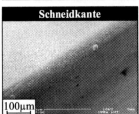

Schneidstoff
Bezeichnung: HM K 15 C
Substrat: Hartmetall ISO K 15
Hartstoffschicht: Titannitrid (TiN)
Beschichtungsverfahren: CVD
Schichtstärke: 1-2 µm

Eigenschaften Substrat
Härte: 1600 HV 30
Elastizitätsmodul: 625 GPa
Zusammensetzung: 92 % WC, 2 % TiC+TaC, 6 % Co

Eigenschaften Hartstoffschicht
Härte: 2450 HV 01
Wärmeleitfähigkeit: 38 W/mK

Abbildung 4.9: Beschichtete Wendeschneidplatte

Eine Vielzahl von Untersuchungen zu grundlegenden Zerspanmechanismen beschränkt sich auf die Betrachtung des Orthogonalschnitts; bei diesem wird die Spanbildung als zweidimesionaler Vorgang in einer Ebene zur Schneide betrachtet, die Richtung des Schnittgeschwindigkeitsvektors bzw. der Rotationsachse des zu zerspanenden Werkstücks stehen im rechten Winkel zur Schneidkante. Die Geometrien der in der industriellen Praxis eingesetzten Werkzeuge sind jedoch meist wesentlich komplexer. Die jeweils eingesetzte Geometrie ist abhängig von Schneidstoff, Werkstückstoff, Schnittbedingungen und der Werkstückgeometrie. So wird bei Fräswerkzeugen die Position der Wendeschneidplatten beziehungsweise des Schneidteils im eingebauten Zustand durch verschiedene Winkel bestimmt. Zu den wesentlichen Werkzeugwinkeln mit Einfluß auf die Spanbildung zählen der (Werkzeug-)Einstellwinkel κ_r, der Neigungswinkel λ_s sowie der Spanwinkel γ. Der Einfluß der genannten Winkel auf die Schneidenausrichtung wird aus **Abbildung 4.10** deutlich /VIE59, SHA84, KÖN90, SAN95, DIN6581/.

Konventionell wird zur Definition der Schneidenposition der Werkzeug-Orthogonalspanwinkel γ_0 und der Werkzeug-Neigungswinkels λ_s angegeben. Bei Fräswerkzeugen kann alternativ zu diesen beiden funktionalen Winkeln die Angabe des Werkzeug-Rückspanwinkels γ_p und des Werkzeug-Seitenspanwinkels γ_f als Konstruktionswinkel erfolgen. Bei Planfräsern wird zwischen Hauptgeometrien anhand der Werte der beiden genannten Konstruktionswinkel γ_p und γ_f unterschieden. Fräser mit einer doppelt-positiven Geometrie weisen einen positiven Werkzeug-Rück- und -Seitenspanwinkel auf, entsprechend kommen hierbei einseitige positive Schneidplatten zur Anwendung. Diese Geometrie erlaubt auch die Bearbeitung von dünnwandigen und instabilen Werkstücken oder auf Maschinen mit geringer Antriebsleistung. Als günstig ist darüber hinaus die Spanabfuhr zu bezeichnen, die vom Werkstück weggerichtet ist. Schließlich haben sich Fräswerkzeuge mit einer positiv-negativen Geometrie etabliert. Durch den vorliegenden positiven Werkzeug-Rückspanwinkel γ_p wird bei dieser Geometrie eine gute Spanformung sowie durch den negativen Werkzeug-Seitenspanwinkel γ_f eine hohe Bruchfestigkeit des Schneidteils gewährleistet. Hierdurch wird eine Zerspanung mit großen Vorschüben und Schnittiefen begünstigt. Der Spanwinkel ist neben dem Werkstückstoff primär bestimmend für den Grad der Spanverformung. Grundsätzlich ist zu beobachten, daß mit zunehmendem Spanwinkel ein gleichmäßigerer Prozeß und die Tendenz hin zu einem kontinuierlichen Span einhergeht. In der Praxis sind jedoch meist andere Aspekte für die Optimierung des Spanwinkels ausschlaggebend als die günstigste Spanform. Als Beispiel sei die Schneidenstabilität genannt, an die insbesondere aufgrund der impulsartigen mechanischen Belastung des Schneidteils beim Fräsen besondere Anforderungen gestellt werden. Aus diesem Grund kann durch sogenannte Spanleitstufen als sekundäre Maßnahme kontrolliert Einfluß auf die Spankrümmung und somit den Spanbruch genommen werden /VIE59, SPU80, SHA84, SAN95, KEN96, DIN6581/.

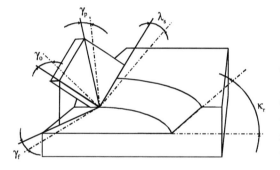

γ_o: Werkzeug-Orthogonalspanwinkel
γ_p: Werkzeug-Rückspanwinkel
γ_f: Werkzeug-Seitenspanwinkel
λ_s: Werkzeug-Neigungswinkel
κ_r: Werkzeug-Einstellwinkel

Abbildung 4.10: Werkzeugwinkel nach /DIN6581/

Kleine oder negative Spanwinkel γ_0 führen, ähnlich wie bereits im Zusammenhang mit dem Schneidkantenradius r_n beschrieben, zu einer höheren Druckbeanspruchung des Werkstückstoffes und somit einer erhöhten Spanstauchung bzw. plastischen Verformung. Liegt ein nicht zu zäher Werkstoff vor, so wird hierdurch die Brüchigkeit der Späne erhöht, was bezogen auf die Spanform und -abfuhr positiv zu bewerten ist. Insbesondere bei verhältnismäßig kleinen Schnittiefen a_p haben große Schneidkantenradien einen analogen Effekt. Als Folge dieser plastischen Verformung bei der Bearbeitung von Gußeisen mit Lamellengraphit ist eine stärkere Fließschicht an der Spanfläche zu erkennen. Entsprechend verschiebt sich die Spanart von Reiß- oder Bröckelspänen mehr in Richtung labiler Scherspäne. Bei einer Bearbeitung mit positivem Spanwinkel γ_0 treten dagegen kaum plastische Verformungen auf und die Stärke der Fließschicht verringert sich entsprechend. Bei der Zerspanung von Graphit führt eine Verkleinerung des Spanwinkels γ_0 zu einer Behinderung der Rißausbreitung im Werkstückstoff; hierdurch ergibt sich eine Zunahme der Werkstoffzerrüttung und somit ein erhöhter Anteil von Feinstaub unter den Zerspanpartikeln /VIE59, SPU80, SAN95, WAR74, KLO93, KÖN96, LÖF96/.

Durch den Neigungswinkel λ_s sowie den Einstellwinkel κ_r ist festgelegt, wie die Hauptschneide in das Werkstückmaterial eintritt und in welche Richtung die entstehenden Späne abgeleitet werden. Der Anschnitt des Werkstückes im unterbrochenen Schnitt birgt für die Schneidkante Gefahren durch besonders hohe und impulsartige mechanische Belastung. Von Vorteil sind deshalb negative Neigungswinkel λ_s, die bewirken, daß ein Anschnitt nicht an der Schneidkante selbst als schwächster Stelle des Schneidteils erfolgt sondern in Richtung der Schneidenmitte. Insbesondere bei der Bearbeitung von Guß- und Schmiedeteilen sowie bei Vorhandensein von Schlackeeinschlüssen hat sich dieser Ansatz bewährt. Aufgrund der resultierenden hohen Passivkräfte bei negativen Neigungswinkeln sind jedoch höhere Anforderungen an die Maschinensteifigkeit beziehungsweise an die Stabilität des Werkstückes selbst zu stellen /VIE59, KÖN90, SAN95/.

Der Einstellwinkel κ_r wird begrenzt durch die zu bearbeitende Werkstückoberfläche sowie die Hauptschneide. Im Hinblick auf eine Beeinflussung der Form und Ablaufrichtung der Späne kommt dem Einstellwinkel κ_r wie auch dem Vorschub eine wesentlich größere Bedeutung zu als dem Spanwinkel oder dem Schneidkantenradius. Eine Verminderung von κ_r führt, bei gleichbleibendem Vorschub, zu einer abnehmenden Spandicke und zunehmenden Spanbreite. Hierbei reduziert sich gleichzeitig die spezifische Schneidenbelastung, weshalb kleine Einstellwinkel κ_r beispielsweise bei der anspruchsvollen Schwerzerspanung häufig vorzuziehen sind. Jedoch steigt gleichzeitig die Passivkraft und somit die axiale Belastung des Werkzeugs an, wodurch die Gefahr von Ratterschwingungen erhöht wird. Auch liegt aufgrund eines Anstiegs der tangentialen Schnittkraft bei kleinem κ_r die erforderliche Zerspanleitung um bis zu 10 % höher als bei einem Eckenfräser (κ_r=90°). Die maximal zulässige Schnittiefe verringert sich zudem. Fräswerkzeuge mit Einstellwinkeln von 45° oder 60° sind deshalb besonders für die Bearbeitung auf antriebsschwächeren Maschinen, die Schwerzerspanung oder die Bearbeitung kurzspanender Werkstoffe geeignet, wobei sie in der Regel über eine positiv-negative Geometrie verfügen. Mit größer werdenden Einstellwinkeln nimmt dagegen auch die Spanungsdicke zu, was zu einer überhöhten Spanverformung und somit kurzbrüchigeren Spänen führt. Im Vergleich zu kleinen eingestellten Werten von κ_r sind große Schnittiefen möglich und es liegt eine niedrigere Axialbelastung des Werkzeugs vor, während der Spanfluß ungünstiger ist. Darüber hinaus kann die angestrebte Werkstückform große Einstellwinkel κ_r erforderlich machen. Fräswerkzeuge mit Einstellwinkeln von 75° sind somit geeignet für allgemeine Bearbeitungsaufgaben und verfügen je nach Anwendung über eine doppelt-negative oder doppelt-positive Geometrie /VIE59, SPU80, KÖN90, SAN95/.

Die große Bedeutung des Einstellwinkels κ_r für die Spanbildung wird deutlich, wenn man die mittlere Spanungsdicke h_m rechnerisch ermittelt. Wie aus Gleichung 2.4 hervorgeht, besteht für alle Fräsverfahren eine Abhängigkeit der Spanungsdicke h vom Eingriffswinkel φ. Da die Spanungsdicke h eine variable Größe darstellt, die bei Fräsprozessen oft nur schwer zu bestimmen ist, wurde zusätzlich die sogenannte mittlere Spanungsdicke h_m als Vergleichswert eingeführt. Für das Stirnfräsen kann h_m errechnet werden zu /KÖN90, SAN95/:

$$h_m = \frac{\sin(\kappa_r) \cdot 100 \cdot a_e \cdot f_z}{\pi \cdot D_m \cdot \arcsin\left(\frac{a_e}{D_m}\right)} \qquad (4.3)$$

Zur Ermittlung von h_m ist somit lediglich die Kenntnis des Einstellwinkels, der radialen Schnittiefe, des Werkzeugdurchmessers sowie des Vorschubs pro Zahn erforderlich. Wie bereits erläutert wurde, wird aufgrund empirischer Erfahrungen ein bestimmter proportionaler

Zusammenhang zwischen a_e und D_m gefordert. Da der Werkzeugdurchmesser selbst sowohl durch die angestrebte Soll-Geometrie des Werkstücks sowie die zur Verfügung stehende Maschinenleistung bestimmt wird, kann über diese Größe kein nennenswerter Einfluß auf die Spanungsdicke ausgeübt werden. Abgesehen von der Stellgöße f_z, auf die im Zusammenhang mit weiteren Schnittdaten im folgenden Kapitel näher eingegangen wird, verbleibt somit als wichtigste und veränderbare Werkzeuggröße im Hinblick auf eine Optimierung der Spanbildung der Einstellwinkel κ_r. Die Auswirkungen einer Veränderung von κ_r sind in **Abbildung 4.11** zusammengefaßt.

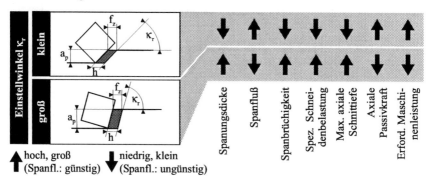

Abbildung 4.11: Einfluß des Einstellwinkels

Zusammenfassend ist festzustellen, daß innerhalb der Einflußkategorie Werkzeug von einem bedeutenden Einfluß der beiden Größen Einstellwinkel und Spanwinkel auf die Entstehung von Zerspanpartikeln auszugehen ist. Während der Einstellwinkel weitgehend unabhängig von der jeweiligen Bearbeitungsaufgabe - mit Ausnahme des Eckenfräsens ($\kappa_r = 90°$)- über einen großen Bereich verändert werden kann, bestehen für den zu wählenden Spanwinkel in Abhängigkeit des Werkstückmaterials sowie auch der zu erzielenden Bauteilqualität empirisch ermittelte Richtwerte. Analog hierzu wird der Werkzeugdurchmesser in der Regel durch die Sollgeometrie des Bauteiles wie auch die Maschinenleistung bestimmt.

4.5 Einflußkategorie Schnittdaten

Während Werkstückmaterial, -geometrie und die zu erzielenden Bauteilgenauigkeiten durch die Konstruktion fest vorgegeben sind, bestehen in den Bereichen Werkzeug bzw. Schnittdaten Freiheitsgrade im Hinblick auf eine emissionsorientierte Prozeßoptimierung. Wie aus den bisherigen Ausführungen hervorgeht, haben sich aus zahlreichen wissenschaftlichen Untersuchungen und praktischen Einsatzerfahrungen bestimmte Schneidstoffe und Schneidteilgeometrien als besonders geeignet für die Zerspanung von Gußeisenwerkstoffen erwiesen. Je nach zu erzeugender Endkontur und Leistungsfähigkeit der eingesetzten Maschine bzw. des genutzten Werkzeugs verbleiben somit insbesondere im Bereich der Schnittdaten Potentiale im Hinblick auf eine Prozeßoptimierung. Auf die Abhängigkeit der Spanbildung von den Schnittdaten soll deshalb als Grundlage für die vorgesehenen Zerspanuntersuchungen im folgenden näher eingegangen werden.

Bezogen auf die Schnittgeschwindigkeiten erstreckt sich der konventionelle Bereich bei der Gußbearbeitung mit Hartmetallen von 50 bis etwa 350 m/min. Hierbei kommen in der Regel die bereits erwähnten Schneidstoffe, welche auch über eine verschleißmindernde Hartstoffbeschichtung verfügen können, zum Einsatz. Jenseits einer Schnittgeschwindigkeit v_c von etwa 350 m/min liegt ein Übergangsbereich, während ab Werten von etwa 1000 m/min bei Gußwerkstoffen von einer HSC-Bearbeitung gesprochen wird. Eine wirtschaftlich sinnvolle Bearbeitung bei derart hohen Schnittgeschwindigkeiten erfordert jedoch den Einsatz von Schneidkeramiken oder sogar CBN als Schneidstoff, mit denen v_c-Werte von bis 2800 m/min erreicht werden. Obwohl die HSC-Bearbeitung von Gußwerkstoffen im Zusammenhang mit einer Steigerung des Zeitspanvolumens interessant ist, konzentrieren sich die folgenden Betrachtungen auf den Bereich niedriger sowie mittlerer Schnittgeschwindigkeiten. Hierdurch soll eine breite Übertragbarkeit der Erkenntnisse gewährleistet werden /KÜM90, SCH96, FRI97/.

Die Beeinflussung der Spanbildung durch die Schnittgeschwindigkeit beruht auf zwei unterschiedlichen Effekten. Zunächst ist eine direkte Abhängigkeit der Zerspantemperatur von der Schnittgeschwindigkeit v_c festzustellen. Mit zunehmenden v_c-Werten steigen die Zerspantemperaturen an, was sich auf die Duktilität des Gefüges des Werkstückstoffs auswirkt; der Einfluß des Vorschubs ist im Vergleich wesentlich geringer. Bei der Gußeisenzerspanung gewinnt der Zerspanprozeß somit bei höheren Schnittgeschwindigkeit an Gleichmäßigkeit. Als Folge hiervon ist eine Veränderung der Spanform erkennbar. So bilden sich bei der Zerspanung von Gußeisen mit Lamellengraphit teilweise auch Scherspäne, während der Reißspancharakter in den Hintergrund tritt. Bezogen auf den erzeugten Span führen höhere Schnittgeschwindigkeiten jedoch auch zu einer größeren kinetischen Energie der abgetrennten Partikel. Hieraus resultieren höhere Abkühlgeschwindigkeiten der Späne, größere Eigenspannungen an der Spanunterseite, die lediglich punktuelle Verschweißungen aufweist, sowie schließlich eine Zunahme der Trennung eines Spans in einzelne Segmente nach Ablaufen über die Spanfläche. Dieser Effekt gewinnt insbesondere im Bereich der HSC-Bearbeitung an Bedeutung; bei Schnittgeschwindigkeiten um 4000 m/min kann schließlich keine definierte Spanbildung mehr beobachtet werden. Es liegen gänzlich voneinander getrennte Spansegmente vor /WAR74, KÜM90, LÖF96, SAN95/.

Neben einer Beeinflussung der Zerspantemperaturen und der Spanbrechung ergeben sich aus einer Variation von v_c zudem Auswirkungen auf den Grad der Spanverformung in der Scherebene. Niedrige Schnittgeschwindigkeiten führen, ähnlich wie auch kleine Spanwinkel, allgemein zu einer erhöhten Spanverformung in der Scherebene, aus der sich eine größere Spanbrüchigkeit ergibt. Bei höheren Werten von v_c wird der Prozeß wiederum gleichmäßiger, wobei die Scherspanbildung zunimmt. Eine Optimierung der Schnittgeschwindigkeit im Hinblick auf eine günstige Spanbildung ist jedoch in der Regel nicht möglich. Auch ist insbesondere bei der Gußzerspanung zu berücksichtigen, daß die Bearbeitung der Randzone von Gußeisenwerkstücken eine Reduzierung von v_c um bis zu 50 % erforderlich machen kann. Abgesehen davon stellen der Vorschub, der Einstellwinkel sowie die Spanungsdicke wesentlich mächtigere Parameter im Zusammenhang mit einer Erhöhung der Spanstauchung beziehungsweise der Spanverformung dar. Die Auswirkungen einer Variation von v_c auf das Aufkommen an kleinen Zerspanpartikeln wurde bereits bei zwei nichtmetallischen Werkstoffen näher untersucht, wobei sich jedoch kein einheitliches Bild ergab: Bei der Graphitzerspanung wurde festgestellt, daß eine zunehmende Schnittgeschwindigkeit zu einer Abnahme der Materialzerrüttung und somit letztendlich auch zu einer Reduzierung des Feinstaubanteils an der Gesamtmenge der erzeugten Zerspanpartikel führt. Dagegen ergaben Messungen bei der Fräsbearbeitung von kohlefaserverstärkten Kunststoffen eine höhere Aerosolkonzentration bei Steigerung der Schnittgeschwindigkeit. Eine Beeinflussung der Spanbildung durch die Schnittgeschwindigkeit ist somit auch im Zusammenhang mit den nachfolgenden Untersuchungen in Betracht zu ziehen /VIE59, SPU80, KÖN90, KÜM90, KÖN96, RUM96/.

Ungleich größer ist jedoch die Bedeutung der Parameter Vorschub und Schnittiefe im Hinblick auf eine Determinierung der Spanform zu bewerten. Höhere Vorschübe und somit größere Spanungsdicken bewirken eine stärkere Spanverformung in der Scherebene. Hierdurch wird die Spanbrüchigkeit gefördert und es ergeben sich kurzbrüchigere Späne. Wie bereits im Zusammenhang mit der Schnittgeschwindigkeit erwähnt, wurden auch bezüglich des Einflusses des Vorschubs auf die Aerosolkonzentration bei der Zerspanung nichtmetallischer Werkstoffe Untersuchungen durchgeführt. Bei der Bearbeitung von Graphit konnte hierbei ein umgekehrt proportionaler Zusammenhang festgestellt werden; mit zunehmender Schnittgeschwindigkeit bzw. zunehmender Spanungsdicke nimmt die Emission von Aerosolpartikeln ab. Ausgehend von den Untersuchungsergebnissen ist auch bei der Zerspanung von Nichtmetallen der Einfluß des Vorschubs wesentlich größer auf die Spanbildung als derjenige der Schnittgeschwindigkeit /VIE59, SPU80, KÖN90, SAN95, KÖN96, RUM96/.

Eine weitere, wesentliche Größe im Bereich der Schnittdaten, welche die Spanbildung beeinflußt, ist die Schnittiefe a_p. Grundsätzlich sind mit anwachsender Schnittiefe bzw. Spanungsbreite ebenfalls höhere Vorschübe bzw. Spanungsdicken zu wählen, um eine vorteilhafte Spanbrechung zu erhalten. Aufgrund dieses Zusammenhangs ist es möglich, in Abhängigkeit vom jeweiligen Werkstoff sowie Werkzeug, Bereiche günstiger Verhältnisse von f_z und a_p zu definieren. Insgesamt kann somit festgehalten werden, daß die Spanbildung bezogen auf die Schnittdaten wesentlich vom Verhältnis des Vorschubs und der Schnittiefe abhängig ist. Das Zusammenspiel dieser beiden Parameter ist in **Abbildung 4.12** zusammengefaßt /SPU80, SHA84, KÖN90, SAN95/.

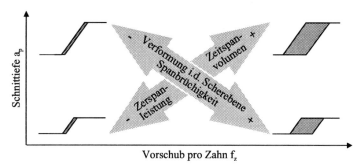

Abbildung 4.12: Abhängigkeit der Spanbrechung von Vorschub pro Zahn und Schnittiefe /SHA84, KÖN90, SAN95/

Wie aus der Abbildung hervorgeht, resultieren aus einer Steigerung von f_z und einer gleichzeitigen Reduzierung von a_p größere Verformungen in der Scherebene und somit eine größere Spanbrüchigkeit. Entsprechend sind in diesem Fall höhere Emissionen zu erwarten. In wirtschaftlicher Hinsicht ist dagegen eine größtmögliche Schnittiefe bei hohen Vorschubwerten anzustreben, um eine Maximierung von Zerspanleistung bzw. Zeitspanvolumen zu erreichen.

Als eine weitere Größe, die es unter den Schnittdaten zu berücksichtigen gilt, ist die Eingriffsbreite a_e zu nennen. Das Fräsen ist im Gegensatz zu anderen Zerspanverfahren, wie zum Beispiel Drehen oder Bohren, durch einen unterbrochenen Schnitt gekennzeichnet, bei welchem sich die einzelne Werkzeugschneide nicht ständig im Eingriff befindet. Die Strecke, über welche eine Spanabnahme durch die einzelne Schneide pro Umdrehung erfolgt, wird hierbei durch den Werkzeugdurchmesser D_m und die Eingriffsbreite a_e bestimmt. Die Eingriffsbreite sowie die impulsartige Belastung des Werkstückmaterials beim Schneideneintritt sind zweifelsohne für die Spanbildung von Bedeutung; dennoch werden das Verhältnis von a_e zu D_m, die Position des Fräsers in Bezug auf das Werkstück und auch die Drehrichtung des Werkzeugs durch andere, technologische Aspekte vorgegeben. So sollte der erste Kontakt zwischen Schneidteil und Werkstück nicht an der Schneidkante, die einen stoßempfindlichen Bereich darstellt, sondern weiter zur Mitte des Schneidteils bzw. der Schneidplatte hin erfolgen. Ein möglichst großer Schutz der Schneidkante kann deshalb durch die Wahl eines negativen Eingriffswinkels κ_r erreicht werden. Zum Ende des Schneideneingriffs sollte zudem stets ein möglichst dünner Span vorliegen, um Zugspannungen durch den Spanablauf zu vermeiden, welche zu Schneidenausbrüchen führen können. Vorzugsweise sind deshalb positive oder negative Austrittswinkel einzustellen. Bezogen auf die Drehrichtung empfiehlt sich das bereits genannte Gleichlauffräsen; die bereits zum Beginn des Schneideneingriffs vorliegende endliche Spandicke trägt auch zu einer früh einsetzenden Wärmeabfuhr über den Span bei. Abgesehen von einer Bearbeitung harter Gußhaut oder verzunderter Oberflächen wirken sich diese Maßnahmen insgesamt positiv auf die Fräserstandzeiten aus /SPU80, KÖN90, KMH93, SAN95, LÖF96/.

Es ist somit insgesamt festzustellen, daß, bezogen auf die Einflußkategorie Schnittdaten, dem Vorschub pro Zahn sowie der Schnittiefe eine große Bedeutung im Zusammenhang mit der Spanbildung und somit ebenfalls der Entstehung kleinster Zerspanpartikel beizumessen ist. Beide Größen beeinflussen maßgeblich die Spanstauchung (vgl. Kapitel 4.5); f_z geht darüber hinaus direkt in die Berechnung der mittleren Spanungsdicke ein. Kontrovers diskutiert wird dagegen die Bedeutung der Schnittgeschwindigkeit v_c.

4.6 Zusammenfassung der Analyse

Ausgehend von einer Analyse der Spanbildung bei der Bearbeitung von Gußeisenwerkstoffen mit definierter Schneide wurde in den vorausgehenden Kapiteln auf die Einflußkategorien Werkstoff, Werkzeug sowie Schnittdaten im Hinblick auf eine Entstehung von Staubemissionen eingegangen. Im Vordergrund stand hierbei die qualitative Bestimmung derjenigen Größen, die einen Einfluß auf die Entstehung von Zerspanpartikeln bei der Trockenbearbeitung ausüben. Diese Analyse stellt die Basis für zerspanungstechnische Untersuchungen dar, deren erster Schritt eine quantitative Charakterisierung der bei der Gußbearbeitung auftretenden partikelförmigen Emissionen ist. Aufbauend hierauf sollen, im Hinblick auf das Ziel einer emissionsorientierten Prozeßoptimierung, aus der Gesamtheit der bisher gefundenen Einflußgrößen diejenigen identifiziert werden, denen im Zusammenhang mit der Emissionsentstehung der größte Einfluß beizumessen ist.

Die im Rahmen der Untersuchungen erforderliche Durchführung von Zerspanversuchen setzt eine Differenzierung zwischen veränderbaren und - bezogen auf die Bearbeitungsaufgabe - fest vorgegebenen Einflußgrößen voraus. Abgesehen davon ist zu berücksichtigen, daß bei den Versuchen ausschließlich voneinander unabhängige Größen variiert werden. Andernfalls ist eine zuverlässige Interpretation der gewonnenen Versuchsergebnisse nicht möglich. Im Hinblick auf eine Auswahl weiter zu betrachtender Größen sollen die Zusammenhänge, die zwischen den bisher aufgezeigten Einflußgrößen bestehen, anhand der rechnerischen Herleitung der Spanart für einen konkreten Bearbeitungsfall verdeutlicht werden. Die Randbedingungen und Parameter des beispielhaft betrachteten Stirn-Plan-Fräsprozesses sind in **Abbildung 4.13** wiedergegeben.

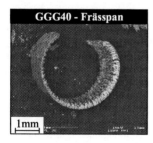

Werkzeugdaten: Schnittdaten:
$D_m = 80$ mm $v_c = 500$ m/min
$\gamma = 5°$ $f_z = 0,1$ mm
$\kappa_r = 75°$ $a_p = 0,5$ mm
                $a_e = 0,75 * D_m$

Abbildung 4.13: Beispielprozeß Stirn-Plan-Fräsen von GGG40

Eine Ermittlung der Spanart auf rechnerischem Weg ist durch einen Vergleich der Bruchdehnung ε_z eines Werkstoffs mit dem Verformungsgrad ε_0, dem der Werkstoff bei einem spezifischen Bearbeitungsprozeß unterliegt, möglich. Für die Bestimmung des Verformungsgrades ε_0 ist zunächst die Spanstauchung nach folgender Gleichung zu bestimmen /VIE59, SHA84/:

$$\lambda_s = \frac{h_2}{h_1} \tag{4.4}$$

Für den beispielhaft betrachteten Fräsprozeß konnte die Spandicke h_2 durch Vermessung rasterelektronenmikroskopischer Aufnahmen zu etwa 0,26 mm bestimmt werden. Als Spandicke wurde die Länge der Lotsenkrechten, welche von der Spitze eines Spansegments auf die Spanunterseite gefällt werden kann, betrachtet. Aufgrund der variierenden Spanungsdicke beim Fräsen stellt der genannte Wert eine Mittelung aus mehreren Einzelmessungen dar. Folglich entspricht der einzusetzenden Spanungsdicke h_1 bei Fräsprozessen die mittlere Spanungsdicke h_m (vgl. Gleichung 4.3). Für das Bearbeitungsbeispiel ergibt sich:

$$\lambda_s = \frac{h_2}{h_1} = \frac{0,26 mm}{0,0854 mm} = 3,04$$

Bei Kenntnis der Spanstauchung sowie des Wirk-Spanwinkels kann der Scherwinkel aus folgender Beziehung ermittelt werden /VIE59/:

$$\tan \Phi = \frac{\cos \gamma}{\lambda_s - \sin \gamma} \tag{4.5}$$

Der Scherwinkel kann für die betrachtete Zerspanoperation somit berechnet werden zu:

$$\Phi = \arctan(0,3374) = 18,64°$$

Mit Hilfe des Scherwinkels ist schließlich eine Ermittlung des Verformungsgrades möglich:

$$\varepsilon_0 = \cot \Phi + \tan(\Phi - \gamma) \tag{4.6}$$

Der Verformungsgrad für das gewählte Bearbeitungsbeispiel beträgt folglich $\varepsilon_0=0,32$ und liegt somit deutlich über der Bruchdehnung des zerspanten Gußeisenwerkstoffes $\varepsilon_z=0,17$ (vgl. Abbildung 4.5). Aus diesem Umstand kann gefolgert werden, daß sich bei dem betrachteten Zerspanprozeß entweder Lamellen-, Scher- oder sogar Reißspäne bilden. Eine Bildung von Fließspänen würde dagegen einen Verformungsgrad voraussetzen, der wesentlich kleiner ist als die Bruchdehnung des Werkstückstoffes. Diese, auf rechnerischem Wege ermittelte Aussage stimmt mit den in Kapitel 4.1.1 zur Spanbildung dargelegten empirischen Erkenntnissen überein, nach denen bei der Fräsbearbeitung von GGG40 überwiegend eine Scherspanbildung vorliegt /VIE59/.

Die durchgeführte Berechnung des Verformungsgrades bzw. Bestimmung der Spanart anhand eines Beispielprozesses ermöglicht eine zusammenfassende Diskussion der relevanten Einflußgrößen im Hinblick auf eine Freisetzung staubförmiger Emissionen bei der Gußeisenzerspanung. Als wesentliche, auf den Werkstückstoff bezogene, Einflußgrößen geht in die Berechnung die Bruchdehnung ein. Dieser mechanische Werkstoffkennwert beruht auf den chemischen und physikalischen Eigenschaften des zu bearbeitenden Materials. In der Regel sind sowohl der Werkstückstoff als auch die Geometrie des Ausgangs- und des Fertigteils in der Praxis fest vorgegeben, so daß in diesem Bereich wenig Spielraum für eine Materialsubstitution verbleibt. Im Hinblick auf die Allgemeingültigkeit und Übertragbarkeit der Erkenntnisse ist im Rahmen der nachfolgenden Zerspanuntersuchungen zur Charakterisierung auftretender Partikelemissionen jedoch Wert darauf zu legen, daß repräsentative Werkstückstoffe und Verfahren eingesetzt werden (vgl. Kapitel 2.1 und 2.2). Innerhalb der Einflußkategorie Werkzeug ist von einem deutlichen Einfluß der beiden Größen Einstellwinkel und Spanwinkel auszugehen. Während der Einstellwinkel weitgehend unabhängig von der jeweiligen Bearbeitungsaufgabe - mit Ausnahme des Eckenfräsens ($\kappa_r = 90°$) - über einen großen Bereich verändert werden kann, bestehen für den zu wählenden Spanwinkel in Abhängigkeit des Werkstückmaterials sowie der zu erzielenden Bauteilqualität empirisch ermittelte Richtwerte. Analog hierzu wird der Werkzeugdurchmesser in der Regel durch die Sollgeometrie des Bauteiles wie auch die Maschinenleistung bestimmt; zudem wurde bereits auf die Abhängigkeit der Eingriffsbreite vom Werkzeugdurchmesser bei Fräsoperationen eingegangen. Die beiden letztgenannten Größen gehen in die Berechnung der mittleren Spanungsdicke ein. Bezogen auf die Einflußkategorie Schnittdaten ist dem Vorschub pro Zahn sowie der Schnittiefe eine besondere Bedeutung im Zusammenhang mit der Spanbildung beizumessen. Beide Größen beeinflussen maßgeblich die Spanstauchung (vgl. Kapitel 4.5); f_z geht darüber hinaus direkt in die Berechnung der mittleren Spanungsdicke ein. Kontrovers diskutiert wird dagegen die Bedeutung der Schnittgeschwindigkeit v_c. Im Hinblick auf aktuelle Bestrebungen, die Zeitspanvolumina durch eine wesentliche Steigerung der Schnittgeschwindigkeit zu erhöhen, ist diese Größe dennoch im Rahmen weiterer Betrachtungen zu berücksichtigen.

Eine Zusammenfassung der qualitativen Analyse wird durch die Übertragung der realen Sachverhalte in ein Analogiemodell möglich. Aufbauend auf dem Mind-Map (Abbildung 4.1), das zu Beginn des Kapitels eine Strukturierung grundsätzlicher Einflußgrößen, Emissionskenngrößen und Auswirkungen ermöglichte, ist anhand eines Regelkreismodells eine qualitative Beschreibung der Wirkzusammenhänge der identifizierten Einflußgrößen möglich (**Abbildung 4.14**). Der Geltungsbereich des dargestellten Modells ist hierbei durch die Bilanzhülle der durchgeführten Analyse der Span- und Partikelentstehung definiert. Den Mittelpunkt des Modells stellt der Zerspanprozeß als Regelstrecke dar. Als Ausgangsgrößen der Regelstrecke bzw. als Regelgrößen sind im vorliegenden Fall definierte Emissionskenngrößen auf einem bestimmten Betrag bzw. Niveau zu halten. Unterschieden werden kann hierbei zwischen den Kategorien Korngrößenverteilung, Partikelkonzentration, Teilchengestalt sowie stoffliche Zusammensetzung.

Kapitel 4: Analyse der Span- und Partikelentstehung   -39-

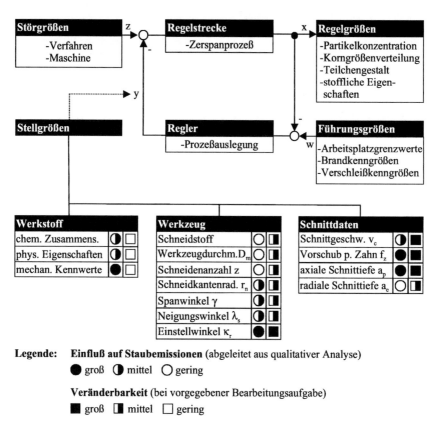

Abbildung 4.14: Analogiemodell Regelkreis

Im Hinblick auf eine zielgerichtete Beeinflussung der Regelgrößen ist zunächst ein Soll-Ist-Vergleich zwischen der jeweiligen Regelgröße (x) und der entsprechenden Führungsgröße (w) durchzuführen. Als Führungsgrößen dienen hierbei Grenzwerte und Vorgaben, die zur Vermeidung von Personen- und Sachschäden durch Partikelemissionen erarbeitet wurden. Ausgehend von der ermittelten Soll-Ist-Abweichung werden durch einen Regler (Prozeßauslegung) konkrete Stellgrößen (y) zur Korrektur der Abweichung gebildet. Bei dem betrachteten Zerspanprozeß lassen sich die emissionsrelevanten Stellgrößen den Kategorien Werkstoff, Werkzeug und Schnittdaten zuordnen. Durch eine Veränderung der Stellgrößen ist somit eine zielgerichtete Beeinflussung der Regelgröße über die Regelstrecke möglich. Auf die Regelstrecke und somit die Regelgrößen wirken jedoch auch Störgrößen (z) ein, die sich von Stellgrößen dadurch unterscheiden, daß eine zielgerichtete Variation dieser Einflußgrößen nicht möglich ist. Im vorliegenden Fall wird davon ausgegangen, daß das Bearbeitungsverfahren durch die Sollgeometrie des Werkstücks determiniert wird. Aufbauend hierauf erfolgt die Auswahl einer geeigneten Maschine unter Berücksichtigung vorgegebener betriebsspezifischer technischer und zeitlicher Kapazitäten. Eine funktionierende Regelung stellt somit insgesamt die Einhaltung des gewünschten Wertes für eine Regelgröße trotz des Einflusses von Störgrößen sicher /RAK92, SCH65b/.

Im Sinne des dargelegten Modells stellt eine emissionsorientierte Prozeßoptimierung eine Berücksichtigung bzw. Senkung der Führungsgrößen dar, welcher durch die Bildung geeigneter Stellgrößen entsprochen werden muß. Analog zu einer Bestimmung der Soll-Ist-Abweichung in einer Regelung sind hierfür nachfolgend die Partikelemissionen bei der Zerspanung quantitativ zu charakterisieren. Im Anschluß sind geeignete Stellgrößen zu bilden, d.h. sowohl die Wirkrichtung als auch der Effekt solcher Prozeßparameter zu identifizieren, die einen regelnden Eingriff in den Zerspanprozeß zulassen. Aus den bisherigen Überlegungen wird hierbei eine Vorselektion der relevanten Stellgrößen möglich. Im Rahmen der folgenden zerspantechnischen Untersuchungen werden ausgehend von der durchgeführten Analyse die Parameter Einstellwinkel, Schnittgeschwindigkeit, axiale Schnittiefe sowie Vorschub pro Zahn einer systematischen Betrachtung unterzogen.

5. Experimentelle Charakterisierung auftretender Staubemissionen

Die Beurteilung der Zerspanbarkeit eines gegebenen Werkstoffs erfordert stets eine Betrachtung der dabei entstehenden makroskopischen Abtragpartikel. Zahlreiche zerspanungstechnische Arbeiten beschäftigten sich in diesem Zusammenhang theoretisch wie auch experimentell mit der Spanbildung und den Formen und Arten erzeugter Späne. Im Vordergrund der vorliegenden Arbeit steht dagegen eine systematische Untersuchung der emittierten staubförmigen Partikel. Im Vergleich zu Spänen sind die geometrischen Abmessungen von Staubteilchen um eine bis drei Größenordnungen kleiner. Exemplarisch sind in **Abbildung 5.1** die Größenbereiche für verschiedene Staubarten und Aerosole natürlichen wie auch anthropogenen Ursprungs dargestellt. Die Korngröße bezeichnet hierbei den Durchmesser des einzelnen, als kugelförmig angenommenen Korns in µm /ORD58, DIT87, WAP97, EN60068, VDI2262-1/.

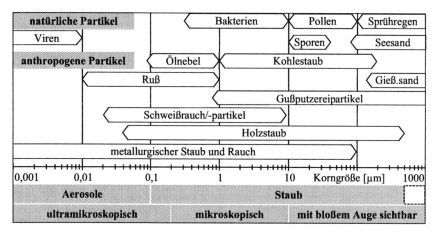

Abbildung 5.1: Teilchengrößenbereiche von Stäuben und Aerosolen

Aus der Darstellung ist ersichtlich, daß bei einer Vielzahl von thermischen und mechanischen Prozessen in der industriellen Produktion Partikel freigesetzt werden, die mikroskopische und selbst ultramikroskopische Abmessungen besitzen. Als Stäube werden hierbei im allgemeinen alle festen Partikel beliebiger Form, Struktur und Dichte verstanden, die in Gasen dispergiert sind und deren Korngröße sich im Bereich von 0,1 µm bis 500 µm befindet. Festkörperdispersionen mit einer Korngröße unter 0,1 µm werden den Aerosolen zugerechnet. Die Einordnung der Partikelemissionen bei der Trockenzerspanung von Gußeisenwerkstoffen in diese Klassifizierung ist als ein Teilziel der vorliegenden Arbeit aufzufassen /ORD58, WAP97, VDI2262 -1/.

Kennzeichnend für Stäube ist eine konstante Sedimentationsgeschwindigkeit der einzelnen Teilchen, Aerosolpartikel unterliegen dagegen der Brown'schen Bewegung. Bei Aerosolen ist folglich kein gerichtetes Absinken zu beobachten, vielmehr verhalten sie sich hinsichtlich ihrer ungerichteten Bewegung im Raum analog zu Gasmolekülen. Eine wesentliche Eigenschaft sowohl von Stäuben als auch Aerosolen ist somit die zeitliche Veränderlichkeit, die durch Bewegung und Sedimentation der luftfremden Teilchen, Bewegung des Trägergases sowie Agglomeration einzelner Teilchen bedingt ist. Eine gegebene Dispersion fester Partikel wird deshalb auch als Staubsystem bezeichnet, welches zu einem bestimmten Zeitpunkt durch einen Staubzustand charakterisiert ist. Der Zustand eines Staubsystems zu einem fixierten Zeitpunkt ist dabei durch die folgenden Größen eindeutig bestimmt /ORD58, NEG74, VDI2262/:

- Korngrößenverteilung
- Partikelkonzentration
- Teilchengestalt
- Stoffliche Eigenschaften

Die Korngrößenverteilung sowie die Konzentration eines Staubsystems können durch Staubmessung ermittelt werden. Für die Bestimmung der Konzentration werden hierzu Momentanproben direkt aus dem Staubsystem entnommen. Aussagen bezüglich der Korngrößenverteilung können dagegen wahlweise aus Momentanproben oder aus Feststoffproben gewonnen werden. Im letztgenannten Fall wird ein bestimmter Anteil fester Partikel aus dem System abgeschieden und im Anschluß, beispielsweise nach Ende eines Bearbeitungsprozesses, im Labor untersucht. Die Ermittlung der chemischen Zusammensetzung sowie der Teilchengestalt erfolgt durch Staubanalysen; hierfür sind jeweils Feststoffproben bereitzustellen /ORD58/.

Die vier genannten Größen ermöglichen eine eindeutige Beschreibung eines Staubsystems und somit insbesondere eine Aussage bezüglich des resultierenden negativen Potentials, sowohl unter Aspekten der Arbeitssicherheit als auch im Hinblick auf eine mögliche Schädigung von Sachgütern. Wie die in Kapitel 4 durchgeführte qualitative Analyse belegt, sind die genannten (Ziel-)Größen abhängig von verschiedenen Einflußgrößen. Eine Identifizierung der Wirkzusammenhänge zwischen den gefundenen Einfluß- und Zielgrößen setzt die Durchführung geeigneter Zerspanuntersuchungen voraus. Ziel der nachfolgend dargelegten Emissionsmessungen waren vor diesem Hintergrund sowohl die Ermittlung der Emissionen (Feststellung) als auch der Emissionsursachen (Diagnose). Um eine systematische Planung, Durchführung und Auswertung der vorgesehenen Zerspanversuchen sicherzustellen, wurde im Rahmen der vorliegenden Arbeit auf Ansätze der statistischen Versuchsmethodik zurückgegriffen. Im folgenden wird zunächst die den Meßreihen zugrunde liegende Vorgehensweise erläutert /BAN95/.

5.1 Versuchsstrategie

Ziel der statistischen Versuchsmethodik ist es, Zusammenhänge zwischen Einflußfaktoren und interessierenden Zielgrößen zu untersuchen. Unter Berücksichtigung oft eingeschränkter Ressourcen zur Versuchsdurchführung sowie eines wachsenden Kenntnisstandes während der Durchführung von experimentellen Untersuchungen ist hierbei in der Regel ein sequentielles Vorgehen von Vorteil. Bezogen auf die vorliegende Aufgabenstellung bietet sich der Einsatz statistischer Methoden insbesondere deshalb an, da nahezu keine Kenntnisse bezüglich der Emissionen bei der Trockenzerspanung und einer Beeinflussung ihrer Art und Menge vorliegen. Durch stufenweises Planen, Experimentieren, Analysieren sowie erneutes Planen wird es möglich, die gewonnenen Aussagen hinsichtlich ihrer Qualität und Quantität in Etappen zu verbessern. Nach *Pfeifer* kann hierbei zwischen den vier Phasen Systemanalyse, Versuchsstrategie, Versuchsdurchführung sowie Versuchsauswertung unterschieden werden. Ein hierzu kompatibler Ansatz für die Durchführung von Versuchsreihen nach der statistischen Versuchsmethodik wurde von *Montgomery* entwickelt. Die vorgeschlagene Vorgehensweise ist in **Abbildung 5.2** wiedergegeben und dient als Basis für die Versuchsstrategie der vorliegenden Arbeit. Die Vorgehensweise gliedert sich in sieben Schritte, die in Iterationsschritten mehrfach durchlaufen werden können. Für die vorliegende Arbeit kann zwischen den beiden Schritten Prozeßcharakterisierung (Kapitel 5) und Prozeßoptimierung (Kapitel 7.1.1) unterschieden werden. Auf die Teilschritte der Vorgehensweise wird im folgenden näher eingegangen /FIS35, SCH84, MON91, WAL94, PFE96, WEN96/.

	Prozeßcharakterisierung (Characterizing a process)	**Prozeßoptimierung** (Optimizing a process)
Problembeschreibung (Recognition/statement of the problem)	Identifizierung emissionsrelevanter Einflußfaktoren	prozeßintegrierte Reduzierung der Emissionen
Faktoren- und Stufenauswahl (Choice of factors and levels)	Faktoren aus Systemanalyse: f_z, v_c, a_p, κ_r	(hoch-)signifikante Faktoren
Definition der Zielgröße(n) (Selection of response variable(s))	Konzentration, Korngrößenverteilung	Auswahl abhängig von Prozeßcharakterisierung
Auswahl des Versuchsplans (Choice of experimental design)	vollfaktorieller Versuchsplan (2^k), 2-stufig	Methode des steilsten Anstiegs (bzw. Abfalls)
Versuchsdurchführung (Performing the experiment)	Zerspanversuche, Meßwertaufnahme	Zerspanversuche, Meßwertaufnahme
Versuchsauswertung (Data analysis)	Varianzanalyse, Regression	Methode des steilsten Anstiegs (bzw. Abfalls)
Ergebnisse und Folgerungen (Conclusions and recommendations)	signifikante Effekte, Wirkrichtungen	Potentiale für eine Emissionsminimierung

Abbildung 5.2: Versuchsstrategie für die Arbeit

Faktoren- und Stufenauswahl
Eine Bestimmung der Grundgesamtheit der im Rahmen der Prozeßcharakterisierung zu betrachtenden Faktoren erfolgte im Rahmen der in Kapitel 4 durchgeführten qualitative Analyse. Die gefundenen Faktoren Schnittgeschwindigkeit, Vorschub pro Zahn, Schnittiefe sowie Einstellwinkel werden im Sinne eines reduzierten Versuchsaufwands zunächst auf zwei Faktorstufen variiert. Unter der Voraussetzung, daß in dem untersuchten Parameterbereich zwischen den Faktoren und den interessierenden Zielgrößen lineare Abhängigkeiten vorliegen, liefern zweistufige Versuche für die Ermittlung der Signifikanz von Einflußgrößen Ergebnisse mit hinreichender Genauigkeit. Bezogen auf die vorliegende Arbeit wurden zunächst die technisch sinnvollen Wertebereiche für die zu untersuchenden Einflußfaktoren in Abhängigkeit von den maschinen- sowie werkzeugspezifischen Randbedingungen ermittelt. Im Anschluß wurden die geforderten linearen Abhängigkeiten im Rahmen von Vorversuchen überprüft und die Faktorstufen für die Prozeßcharakterisierung festgelegt. Im Rahmen der Prozeßoptimierung werden diejenigen Einflußfaktoren einer weiteren Betrachtung unterzogen, deren Signifikanz in der Prozeßcharakterisierung nachgewiesen werden konnte /SCH86, MAY96, PFE96/.

Definition der Zielgrößen
Zu Beginn von Kapitel 5 wurden vier Größen definiert, die den Zustand eines Staubsystems zu einem bestimmten Zeitpunkt eindeutig beschreiben. Bezogen auf die Konzentration sowie Korngrößenverteilung auftretender Partikelemissionen ist eine Zuordnung eindeutiger und quantifizierbarer Kennwerte möglich, so daß diese Größen für eine statistische Auswertung als geeignet zu bezeichnen sind. Als Zielgrößen wurden die normierten Siebrückstände sowie die Durchgangswerte in sieben Siebfraktionen, die medianen Massendurchmesser der Partikelkollektive, sowie die mittleren und maximalen Massenkonzentrationen in drei Staubfraktionen definiert.

Auswahl des Versuchsplans
Für die gegebene Aufgabenstellung wurde nach einem vollständigen faktoriellen Versuchsplan verfahren. Hierbei werden mehrere Einflußfaktoren ausgewogen und gleichzeitig gegeneinander variiert. Somit wird im Rahmen einer statistischen Auswertung der Versuchsergebnisse sowohl die Ermittlung der Haupteffekte, das heißt der Effekte einzelner Einflußgrößen, als auch der sogenannten Wechselwirkungseffekte möglich. Als weiterer Vorteil der vollfaktoriellen Pläne ist ihre hohe Aussagekraft und Genauigkeit zu nennen. Letztere sind insbesondere dann von Vorteil, wenn - wie im vorliegenden Fall - wenig Vorkenntnisse bezüglich der Wechselwirkungen zwischen Einluß- und Zielgrößen vorhanden sind. Unter Einbeziehung der ausgewählten Faktoren und Faktorstufen sowie der definierten Zielgrößen ergibt sich insgesamt der in **Abbilung 5.3** wiedergegebene Versuchsplan für die Prozeßcharakterisierung. /SCH86, MAY96, PFE96/.

Faktor		Einheit	Faktorstufen			
			GG25		GGG40	
			-	+	-	+
A	Schnittgeschw. v_c	[m/min.]	400	700	315	500
B	Vorschub p. Z. f_z	[mm]	0,1	0,25	0,1	0,25
C	Schnittiefe a_p	[mm]	0,5	1	0,5	1
D	Einstellwinkel κ_r	[°]	45	75	45	75

Zielgrößen		Einheit
y_1	normierter Siebrückstand p...	[%]
...	...	...
y_8	Durchgangswert Q3(x)....	[%]
...	...	...
y_{13}	medianer Massendurchmesser $d_{m,50}$	[µm]
...	...	...
y_n	Spitzenkonzentration (einatembar)	[mg/m³]

	Planmatrix				Ergebnismatrix			
	A	B	C	D	y_1	y_2	...	y_n
1	-	-	-	-	...	...		...
2	+	-	-	-				
3	-	+	-	-				
4	+	+	-	-				
5	-	-	+	-				
6	+	-	+	-				
7	-	+	+	-				
8	+	+	+	-				
9	-	-	-	+				
10	+	-	-	+				
11	-	+	-	+				
12	+	+	-	+				
13	-	-	+	+				
14	+	-	+	+				
15	-	+	+	+				
16	+	+	+	+				

Abbildung 5.3: Vollfaktorieller Versuchsplan für die Prozeßcharakterisierung

In der dargestellten Planmatrix sind aus Gründen der Übersichtlichkeit lediglich die Hauptfaktoren A, B, C und D aufgeführt. Die Stufeneinstellungen der zweifachen Wechselwirkungen, die bei der Versuchsauswertung ebenfalls berücksichtigt werden, ergeben sich aus der Multiplikation der Vorzeichen der Spalten der entsprechenden Faktoren. Jeder Versuchspunkt, das heißt jede mögliche Kombination der Faktorstufen, wird in einer Planmatrix durch eine Zeile repräsentiert. Die Stufen eines Faktors werden durch die Vorzeichen „-" für die untere und „+" für die obere Einstellung gekennzeichnet. Die quantitative Festlegung der Faktorstufen erfolgte unter Aspekten des Praxisbezugs der Einstellungen mit Hinblick auf den exemplarisch untersuchten Stirn-Umfangs-Planfräsprozeß sowie unter Berücksichtigung der betrachteten Werkstoffe GG25 und GGG40. Die Gesamtheit aller betrachteten Zielgrößen bildet schließlich die Ergebnismatrix. Wie aus entsprechenden Tabellenwerken nach *Dreyer* hervorgeht, ist im Hinblick auf die Ermittlung statistisch abgesicherter Versuchsergebnisse jeweils eine zweifache Durchführung der einzelnen Versuche erforderlich. Hierdurch können sowohl Effekte in der Größenordnung der zweifachen Versuchsstreuung ($\Delta = 2\sigma$) mit einer relativ hohen Wahrscheinlichkeit erkannt werden, als auch kleinere Effekte ($\Delta = 1,6\sigma$) mit 99%iger Wahrscheinlichkeit identifiziert werden /SCH84, MON91, PFE96, DRE98/.

Eine emissionsorientierte Prozeßoptimierung erfolgt aufbauend auf der Ermittlung der signifikanten Einflußgrößen sowie ihrer Wirkrichtung. Hierbei werden Response Surface Methoden eingesetzt. Mit Hilfe dieser Methoden ist es möglich, für eine von mehreren Faktoren abhängige Zielgröße die optimalen Einstellungen detailliert zu bestimmen. Auf die genaue Vorgehensweise wird an späterer Stelle dieser Arbeit eingegangen /MON91, WEN96/.

Versuchsdurchführung
Eine statistische Auswertung der Versuchsreihen setzt eine gute Qualität der ermittelten Meßergebnisse voraus. Die Einzelversuche sind deshalb mit größtmöglicher Genauigkeit und Sorgfalt durchzuführen. Im Rahmen der vorliegenden Arbeit wurden vor Beginn der Versuchsreihen die Meßgeräte sorgfältig überprüft bzw. kalibriert. Weiterhin wurden die Versuche in zufälliger Reihenfolge ausgeführt, um eine realistische Schätzung der Versuchsstreuung zu gewährleisten. Darüber hinaus wurden die Umgebungsbedingungen, soweit möglich, konstant gehalten. Insbesondere wurden die Versuche in einer klimatisierten Halle bei einer konstanten Raumtemperatur von 20°C durchgeführt, der Maschinenarbeitsraum war zudem vollständig gekapselt. Zusätzlich wurden die einzelnen Aufgaben stets von derselben Person durchgeführt, um zufällige Fehler zu vermeiden. Zur Dokumentation der Meßergebnisse sowie eventueller Besonderheiten, die bei der Versuchsdurchführung aufgetreten sind und einen Einfluß auf die Ergebnisse ausüben können, wurde für jeden gefahrenen Versuch ein Protokoll angelegt /NEG74, SCH84, PFE96, KLE98, VDI2265/.

Versuchsauswertung
Ausgehend von den ermittelten Antwortgrößen werden im Rahmen der Prozeßcharakterisierung zunächst die Effekte der Faktoren bzw. Faktorkombinationen bestimmt. Ein Effekt bezeichnet hierbei die mittlere Änderung einer Zielgröße bei einem Wechsel der Einstellung eines Faktors bzw. einer Faktorkombination. Effekte sind vorzeichenbehaftet und besitzen die gleiche Dimension wie die entsprechende Antwortgröße. Zusätzlich wurde für die interessierenden Zielgrößen eine Varianzanalyse durchgeführt, um einen Vergleich zwischen der durch den Wechsel der Faktorstufen erzielten Streuung und der Versuchsstreuung zu erhalten. Durch einen Vergleich der Versuchsergebnisse mit der F-Verteilung ist es möglich, die Wirkung eines Faktors zu quantifizieren und somit eine präzisere Aussage zu gewinnen, als dies durch eine alleinige Untersuchung der Effekte möglich ist. Da die einzelnen Schritte der beschriebenen statistischen Auswertung teilweise umfangreiche und komplexe Rechenoperationen erfordern, wurde mit Hinblick auf eine Fehlervermeidung bei der Bestimmung der statistischen Kenngrößen ein EDV-Tool zur Unterstützung eingesetzt. Nähere Erläuterungen zur statistischen Versuchsauswertung sowie der Darstellung der ermittelten statistischen Kenngrößen sind dem Anhang beigefügt (vgl. Kapitel 9.2). Eine separate Versuchsauswertung erübrigt

sich bei einer Suche des Optimums mit Hilfe der Response Surface Methoden, auf die an späterer Stelle näher eingegangen wird; vielmehr erfolgt im Rahmen der Versuchsdurchführung eine kontinuierliche Annäherung an die optimale Parameterkombination /SCH84, MAS89, MON91, MAY96, PFE96/.

Ergebnisse und Folgerungen
Im Rahmen der Prozeßcharakterisierung werden die auftretenden Staubemissionen quantifiziert und die relevanten Einflußgrößen hinsichtlich ihrer Wirkrichtung und Bedeutung charakterisiert. Die Erkenntnisse aus der Prozeßcharakterisierung stellen die Basis für eine sich anschließende Beurteilung der Auswirkungen der ermittelten Staubemissionen sowie eine Prozeßoptimierung dar. Somit wird insgesamt ein Aufzeigen von Potentialen für eine prozeßintegrierte Beeinflussung von Art und Menge freiwerdender Partikelemissionen möglich.

5.2 Versuchsaufbau

Für die durchzuführenden Zerspanversuche wurde ein geeigneter Versuchsaufbau realisiert. Im folgenden werden zunächst die eingesetzte Maschine, die Werkzeuge sowie die bearbeiteten Probewerkstücke beschrieben. Die verwendeten Partikelmeß- bzw. -analysetechniken werden in den sich anschließenden Kapiteln im Detail erläutert.

Maschine
Bei der Auswahl eines geeigneten Versuchsträgers sind zwei wesentliche Anforderungen zu berücksichtigen. Einerseits müssen die technischen Voraussetzungen für eine zuverlässige und reproduzierbare meßtechnische Erfassung von Prozeßemissionen gewährleistet sein. Darüber hinaus ist eine einfache Übertragbarkeit der gewonnen Erkenntnisse in die industrielle Praxis anzustreben. Die Zerspanversuche wurden deshalb auf einem handelsüblichen Vertikal-Kleinbearbeitungszentrum durchgeführt (**Abbildung 5.4**).

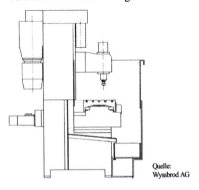

Versuchsträger:
Vertikales Kleinbearbeitungszentrum

Quelle: Wyssbrod AG

Konstruktiver Aufbau:
Bettkonstruktion mit Kreuzschlitteneinheit

Antriebsleistung:
max. 8 kW

Drehzahl:
max. 5000 1/min.

Vorschub:
max. 10 m/min. (Z-Achse: 3 m/min.)

Arbeitshübe:
X-Achse: 500 mm
Y-Achse: 300 mm
Z-Achse: 400 mm

Besonderheiten:
vollkommen geschlossener Arbeitsraum

Abbildung 5.4: Technische Daten des Versuchsträgers

Die Maschine ist mit einer CNC-Steuerung ausgestattet und eignet sich insbesondere zur Komplettbearbeitung von Teilen kleinerer und mittlerer Größenordnung, wobei verschiedene Operationen, wie zum Beispiel Fräsen, Bohren, Ausdrehen oder Gewindeschneiden durchgeführt werden können. Die steife Bettkonstruktion in Kombination mit einer Kreuzschlitteneinheit erlaubt sowohl die spanende Bearbeitung von Stahl, Gußeisen als auch Aluminium. Bei der Fräsbearbeitung von Guß wird eine maximale Zerspanleistung von 60 cm³/min erreicht. Als Besonderheit weist der eingesetzte Versuchsträger einen vollkommen geschlossenen Arbeitsraum auf. Unter Einsatz einer Absaugeinrichtung wird somit eine Trockenzerspanung solcher Werkstoffe möglich, die eine starke Staubentwicklung bedingen. Im Hinblick auf eine Messung auftretender Partikelemissionen sind zudem gleichbleibende Umgebungsbedingungen über eine gesamte Versuchsreihe gegeben.

Werkzeugsystem
Ausgehend von seiner weiten Verbreitung in der industriellen Zerspanung wurde als Werkzeug für die Zerspanversuche ein mit Wendeschneidplatten bestückter Messerkopffräser ausgewählt. Da der entworfene Versuchsplan neben den Prozeßparametern Schnittgeschwindigkeit, Vorschub pro Zahn und Schnittiefe ebenfalls eine Variation des Einstellwinkels auf zwei Stufen vorsieht, wurde ein Fräsersystem eingesetzt, welches die Variation des Einstellwinkels durch den Einsatz verschiedener Kassetten in einen Werkzeuggrundkörper zuläßt. Bei dem gewählten Werkzeugsystem geht mit einer Variation des Einstellwinkels durch den Einsatz unterschiedlicher Wechselkassetten eine Änderung der Wirkwinkel γ_0 sowie λ_s einher. Ausgehend von den Ergebnissen der Systemanalyse ist die Bedeutung dieser Winkel, die durch werkstoffspezifische Eigenschaften determiniert sind, auf die Emissionsentstehung jedoch gering im Vergleich zum Einfluß des Einstellwinkels, so daß im folgenden lediglich die Werkzeuggröße κ_r betrachtet wird. Die wesentlichen technischen Daten des Werkzeugsystems sind in **Abbildung 5.5** zusammengefaßt /WAL96/.

Werkzeug:
Messerkopffräser, 6-schneidig

Werkzeuggrundkörper

Kassette für Werkzeugkörper

Wendeschneidplatte

Quelle: Walter AG

Konstruktiver Aufbau:
Werkzeuggrundkörper mit auswechselbaren Kassetten für Wendeschneidplatten
Werkzeugdurchmesser:
D_m=80 mm.
Wirkgeometrie bei κ_r=45°:
Werkzeug-Rückspanwinkel γ_p=+20°
Werkzeug-Seitenspanwinkel γ_f=-7°
Wirkgeometrie bei κ_r=75°:
Werkzeug-Rückspanwinkel γ_p=+9°10'
Werkzeug-Seitenspanwinkel γ_f=+15°30'
Schneidstoff:
HM K15 C (Beschichtung: TiN)

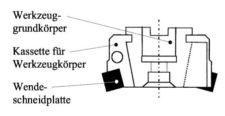

Abbildung 5.5: Eingesetztes Werkzeugsystem

Bestückt wurden die Wechselkassetten mit quadratischen Wendeschneidplatten, die eine positive Grundform besitzen. Der Schneidteil besteht aus einem Hartmetallsubstrat der ISO-Sorte K15, das mit einer TiN-Beschichtung versehen ist. Hierdurch ist eine gute Verschleißfestigkeit wie auch Zähigkeit der Schneiden sichergestellt, woraus eine gute Eignung der Schneidplatten für die Fräsbearbeitung unterschiedlicher Gußeisenwerkstoffe abzuleiten ist /HAS96, WAL96/.

Werkstücke
Bei der Vielseitigkeit an unterschiedlichen Geometrien und Abmessungen von Bauteilen aus Gußeisenwerkstoffen ist es nicht möglich, jeden in der Industrie vorkommenden Fall zu be-

trachten. Um die Übertragbarkeit der Erkenntnisse sicherzustellen, wurde eine einfache Probengeometrie gewählt (**Abbildung 5.6**). Im Rahmen einer spanenden Vorbearbeitung war von Gußbrammen aus GG25 sowie GGG40 zunächst die Gußhaut entfernt worden, um reproduzierbare Meßergebnisse zu gewährleisten (vgl. Kapitel 4.3). Anschließend wurden die Brammen auf einheitliche Kantenabmessungen von 115x300 mm vorgefräst. Unter Anwendung der Faktoren sowie Faktorstufen aus dem erstellten Versuchsplan wurden die Probewerkstücke gemäß der dargestellten Schnittaufteilung plangefräst. Im Hinblick auf eine Vergleichbarkeit der erzielten Ergebnisse wurde das pro Versuch zerspante Werkstoffvolumen stets konstant gehalten.

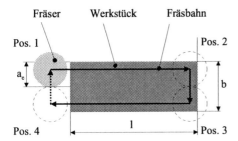

Vergleichsprozeß:
Planfräsen von Gußbrammen

Werkstoff:
GG25 bzw. GGG40

Abmessungen:
l = 300 mm
b = 115 mm

Eingriffsbreite:
$a_e = 0,75*D_m = 60$ mm

zerspante Werkstoffmenge:
$V = 276$ cm³

Anzahl der Überläufe:
$a_p = 0,5$ mm -> 16 Überläufe
$a_p = 1$ mm -> 8 Überläufe

Abbildung 5.6: Probengeometrie und Schnittaufteilung

5.3 Korngrößenanalyse

5.3.1 Meßaufbau und Versuchsdurchführung

Ein wesentliches Kriterium im Hinblick auf die Charakterisierung eines Staubes stellt seine Korngrößenverteilung dar. Für die Ermittlung der Korngrößenverteilung stehen verschiedene direkte und indirekte Verfahren zur Verfügung. Bei indirekten Verfahren wird ein Staub aufgrund unterschiedlicher Fallgeschwindigkeiten der Teilchen verschiedener Größe in einem gasförmigen oder flüssigen Medium in Fraktionen aufgetrennt. Eine sinnvolle Anwendung indirekter Verfahren ist abhängig von den Eigenschaften des zu untersuchenden Staubes. Bei sehr großen Teilchen erweist sich eine genaue Bestimmung der Absinkzeit aufgrund ihrer hohen Sinkgeschwindigkeit als schwierig. Insbesondere wenn die Dichte eines eingesetzten flüssigen Mediums ähnlich der der Staubteilchen ist und diese zudem keine kugelähnliche Geometrie aufweisen, neigen kleinere Teilchen zum Aufschwimmen. Ausgehend von dem zu erwartenden weiten Größenspektrum der zu analysierenden Staubproben ist eine Bestimmung der Korngrößenverteilung auf indirektem Weg somit nicht sinnvoll /ORD58, NEG74/.

Eine Alternative stellt die trockene Siebung als direktes Verfahren dar. Voraussetzung für den Einsatz dieses Verfahrens ist das Vorliegen eines trockenen, nahezu monomorphen Staubes homogener Zusammensetzung. Da die zu analysierenden Staubproben diesen Anforderungen entsprachen, erfolgte im Rahmen der vorliegenden Arbeit eine Größenklassierung durch Trockensiebung. Bei der Siebanalyse werden mehrere Siebe mit abnehmender Maschenweite übereinander angeordnet und auf das oberste eine gewogene Staubprobe gegeben. Der Transport der Partikel durch die Sieböffnungen wird durch eine Relativbewegung zwischen den Analysesieben und dem Siebgut realisiert. Nach einer definierten Siebzeit werden die auf den einzelnen Sieben zurückgehaltenen Massenanteile durch Wägung ermittelt. Eine untere Grenze ergibt sich für die Trockensiebung bei einer Partikelgröße von 60 µm, durch Schlämmsiebung ist eine Erweiterung des Siebbereichs bis 20 µm möglich. Das Aufschließen von Fraktionen unterhalb dieser Grenze, wie beispielsweise des alveolengängigen Staubanteils, ist jedoch weder durch trockene noch durch naße Siebung möglich /ORD58, NEG74, ULL80, RET98/.

Obwohl gemäß VDI-Richtlinie 2031 auch heute noch die Handsiebung für Schiedsanalysen empfohlen wird, werden Siebanalysen in der Regel mit Siebmaschinen durchgeführt. Die Relativbewegung zwischen Siebgut und Sieben wird hierbei auf mechanischem Weg realisiert. Bei der eingesetzten Siebmaschine wird durch einen elektrischen Antrieb eine dreidimensionale Wurfbewegung bewirkt. Hierdurch wird sowohl eine gleichmäßige Verteilung des Siebguts über die gesamte Siebfläche als auch das Entfernen von Partikeln, die sich in den Sieböffnungen verklemmen, gewährleistet. Das Gerät ermöglicht das Aussieben von neun Fraktionen in einem Durchgang. Eine Besonderheit besteht in der Möglichkeit, als Siebparameter sowohl die Schwingweite als auch die Siebbodenbeschleunigung vorzugeben, wodurch weltweit reproduzierbare und vergleichbare Meßergebnisse erzielt werden können. Die Eigenschaften des Gerätes sowie die Spezifikationen des eingesetzten Siebsatzes sind in **Abbildung 5.7** wiedergegeben /ULL80, RET98, VDI2031/.

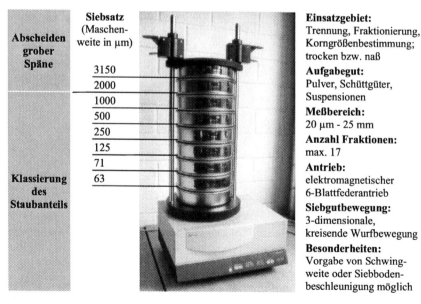

Abbildung 5.7: Analysensiebmaschine mit eingesetztem Siebsatzes

Die dargestellte Siebmaschine erlaubt grundsätzlich die Trocken- sowie Naßsiebung von rieselfähigen, dispersen Produkten mit einer Aufgabekörnung bis maximal 25 mm. Um Aussagen über die Korngrößenverteilung der bei der Trockenbearbeitung von Gußeisenwerkstoffen anfallenden staubförmigen Teilchen zu erhalten, wurde ein Siebsatz bestehend aus sechs Drahtgewebe-Sieben mit den Maschenweiten 63, 71, 125, 250, 500, 1000 µm eingesetzt. Durch die Analyse dieses verhältnismäßig weiten Spektrums wurde dem Umstand Rechnung getragen, daß die maximale Größe von Staubteilchen je nach Definition bzw. Norm unterschiedlich angegeben wird. In verschiedenen Quellen, wie zum Beispiel der VDI-Richtlinie 2263, wird als Obergrenze für die Staubpartikel eine Größe von 500 µm angegeben. Dagegen wird in der DIN EN 1127 eine Obergrenze der Teilchengröße von 1 mm im Hinblick auf die Entstehung einer explosionsfähigen Atmosphäre definiert. Vorgeschaltet wurden den sechs Sieben zur Klassierung der Staubpartikel zusätzlich zwei Siebe mit einer Maschenweite von 2000 µm beziehungsweise 3150 µm, um ein Abscheiden der gröberen Zerspanpartikel sicherzustellen sowie eine Überlastung der folgenden Siebe zu vermeiden. Auf das oberste Sieb konnte jeweils die gesamte Staubprobe aufgegeben werden. Eingesetzt wurden Siebe mit einem Durchmesser von 200 mm und einer Höhe von 50 mm gemäß DIN ISO 3310/1, dem Sieb mit der Maschenweite 63 µm schloß sich ein Auffangboden an /RET98, VDI2263, DIN1127, DIN3310/.

Für die Probenahme während des Bearbeitungsprozesses wurde ein geeigneter Versuchsaufbau erstellt (**Abbildung 5.8**). Dieser bestand aus einer an das Werkzeug angepaßten Saughaube mit Saugschlauch sowie einem in der Höhe verstellbaren Tisch. Die Tischfläche war in der Mitte mit einer Aussparung für das zu bearbeitende Werkstück versehen, wobei die Spalte zwischen Tischfläche und Werkstück mit Gummilippen abgedichtet wurden. Um eine möglichst vollständige Erfassung aller erzeugten Zerspanpartikel sicherzustellen, besaß auch die Saughaube Dichtlippen, die sich bei der Bearbeitung an das Werkstück anschmiegten. Hierdurch konnte der überwiegende Teil der Zerspanpartikel erfaßt werden. Grobe Spanpartikel, die sich während der Bearbeitung auf der Tischfläche ablagerten, wurden nach Ende des Prozesses mit Hilfe des von der Saughaube abgenommenen Saugschlauchs gesondert abgesaugt.

Meßaufbau Korngrößenanalyse

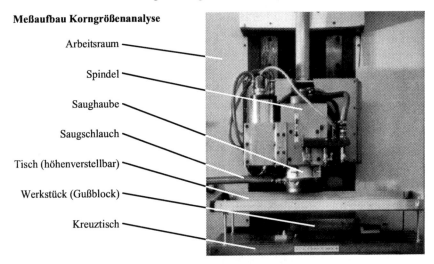

Abbildung 5.8: Meßaufbau zur Ermittlung der Korngrößenverteilung

Die abgesaugten Zerspanpartikel wurden mit Hilfe handelsüblicher normgerechter Filterbeutel abgeschieden. Die Filter wurden vor der Durchführung eines Versuches über einen definierten

Zeitraum in einer klimatisierten Umgebung ausgelagert und anschließend ihr Leergewicht ermittelt. Nach Probenahme wurde analog verfahren. Der Inhalt der Filterbeutel wurde ausgewogen und auf das oberste Sieb des Siebsatzes gegeben. Die Siebung wurde gemäß DIN 66165 Teil 1 durchgeführt. Folglich ist eine verläßliche Aussage gegeben, wenn nach einer erfolgten Siebung bei einer nachfolgenden genormten Handsiebung nicht mehr als 1 % der im Sieb befindlichen Masse durchfallen. Ausgehend von Vorversuchen sowie in Rücksprache mit dem Gerätehersteller wurden entsprechend als Parameter eine Siebzeit von 12 Minuten mit einer Intervallzeit von 30 Sekunden sowie einer Schwingungsamplitude von 1,5 mm gewählt. Die Bestimmung der interessierenden granulometrischen Kenngrößen der einzelnen Staubproben erfolgte rechnerunterstützt /RET98, DIN44956, DIN66165/.

Die eingesetzten Filter besaßen eine mittlere Porengröße von 20-30 µm. Auf die angesaugten Zerspanpartikel wirkten die eingesetzten Filter somit nicht ausschließlich als Abscheidefilter, sondern es wurden insbesondere kleinere Partikel aufgrund der Tiefenwirkung des Filtermaterials in den Filterschichten festgehalten. Um diesen Effekt und die resultierenden Massenverlust bezogen auf die nachfolgende Siebanalyse zu minimieren, wurde mit einer konstanten, möglichst geringen Absaugleistung gearbeitet. Eine Ermittlung des Masseverlustes wurde durch Wiegen der Filter nach Entnahme der Staubprobe möglich. Hierbei wurde festgestellt, daß der Masseverlust über die gesamte Probenahmekette, das heißt die Differenz zwischen der Einwaage der Siebanalyse und der zerspanten Masse, zwischen 0,15 % und 3,49 % betrug. Die Gewichtszunahme der Filterbeutel betrug hierbei 0,8 bis 4 g. Die Massenverluste bei den nachfolgenden Siebungen lagen sowohl bei GG25 als auch bei GGG40 bei maximal 0,20 % und somit deutlich unter dem höchstzulässigen Wert von 2 % nach DIN 66165 bezogen auf die Einwaage. In Anbetracht dieser geringen Verluste sind die Voraussetzungen für eine repräsentative Analyse der Korngrößenverteilungen der gesammelten Staubproben insgesamt gegeben /RET98, MEL99, DIN66165/.

5.3.2 Granulometrische Kenngrößen

Im folgenden werden die Ergebnisse der unter Anwendung der trockenen Siebung durchgeführten Korngrößenanalyse dargestellt und diskutiert. Ermittelt wurden aus den gravimetrischen Meßergebnisse zunächst die massenbezogenen Verteilungsdichten der Partikelkollektive, die bei den Zerspanversuchen erfaßt wurden. Die Verteilungsdichte gibt das Verhältnis der relativen Masse von Partikeln, deren Größe in einem gegebenen Intervall liegt, zur Breite dieses Intervalls an. Als Funktion der Intervallmitte errechnet sich diese Funktion zu /RAU93, VDI3491/:

$$y(x) = \lim_{\Delta x \to 0} \left(\frac{1}{m_{ges}} \cdot \frac{\Delta m}{\Delta x} \right) = \frac{1}{m_{ges}} \cdot \frac{dm}{dx} \qquad (5.1)$$

mit: m_{ges}: Gesamtmasse der Siebeinwaage

In **Abbildung 5.9** ist die massenbezogene Verteilungsdichte für das Partikelkollektiv wiedergegeben, das bei der Bearbeitung von GG25 gesammelt wurde. Dargestellt ist neben dem Verlauf der Funktion $y(x)_{GG25}$ ebenfalls der normierte Siebrückstand p als Histogramm. Bedingt durch die zur Verfügung stehende Meßtechnik können die Intervalle Δx nicht beliebig klein gewählt werden. Wie aus dem abgebildeten Histogramm hervorgeht, wurde im vorliegenden Fall zwischen 9 Siebfraktionen differenziert. Der Kurvenverlauf $y(x)_{GG25}$ stellt eine

Mittelung der Einzelwerte aller Messungen dar. Die Kurven der Einzelmessungen weisen einen analogen Verlauf auf, wie die in das Diagramm aufgenommenen minimalen beziehungsweise maximalen Einzelwerte der Funktion $y(x)_{GG25}$ verdeutlichen /ORD58, NEG74, VDI3491/.

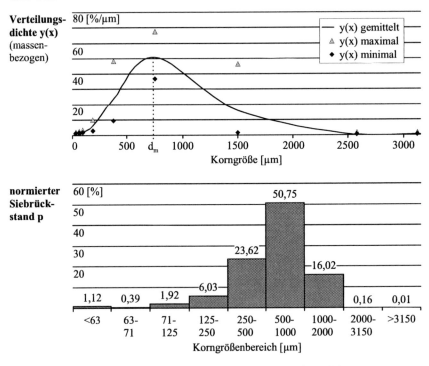

Abbildung 5.9: Bearbeitung von GG25 – massenbezogene Verteilungsdichte

Der Verlauf von $y(x)_{GG25}$ weist nur ein Maximum auf und ist somit als einfach-modal zu bezeichnen. Der modale Massendurchmesser d_m beträgt hierbei als Mittel über alle Messungen 737 µm. Auf die entsprechende Siebfraktion von 500-1000 µm entfallen als Durchschnitt aus allen Einzelmessungen 50,75 % der Gesamtmasse eines Partikelkollektivs. An zweiter Stelle liegt mit einem Massenanteil von 23,6 % die Fraktion von 250-500 µm, die darunter liegenden Fraktionen ergeben in der Summe etwa 10 %. Mit einem Anteil von unter 0,5 % können dagegen alle Fraktionen größer als 2000 µm vernachlässigt werden. Es bleibt somit festzuhalten, daß bei der trockenen Fräsbearbeitung von GG25 ein nennenswerter Massenanteil der Zerspanpartikel als Staub anfällt.

Im Vergleich zur Bearbeitung von GG25 ist in **Abbildung 5.10** die massenbezogene Verteilungsdichte für das bei der Bearbeitung von GGG40 erfaßte Partikelkollektiv dargestellt. Analog zu der in Abbildung 5.9 dargestellten Funktion $y(x)_{GG25}$ ist auch die Massen-Verteilungsdichte $y(x)_{GGG40}$ einfach-modal und durch ein einziges absolutes Maximum gekennzeichnet. Der modale Durchmesser d_m ist hier jedoch mit 1555 µm mehr als doppelt so groß wie bei GG25. Die Siebfraktion von 1000-2000 µm umfaßt entsprechend durchschnittlich 50 % der Gesamtmasse. Im Vergleich zu GG25 verbleiben bei der Bearbeitung von

GGG40 auch auf den gröberen Siebstufen Zerspanpartikel zurück. So beträgt der Massenanteil der Fraktion 2000-3150 µm 27,1 % und 6 % der erfaßten Zerspanpartikel weisen eine Korngröße von mehr als 3150 µm auf. Dagegen beträgt der Massenanteil aller Partikel unter 500 µm lediglich 3,5 %. Es wird somit deutlich, daß der massenbezogene Anteil staubförmiger Zerspanpartikel bei der Bearbeitung von GGG40 nur etwa ein Zehntel des entsprechenden Anteils bei einer Zerspanung von GG25 beträgt. Bei gegebenen vergleichbaren Bearbeitungsparametern ist dieser Unterschied in erster Linie auf die unterschiedlichen bearbeiteten Werkstoffe zurückzuführen.

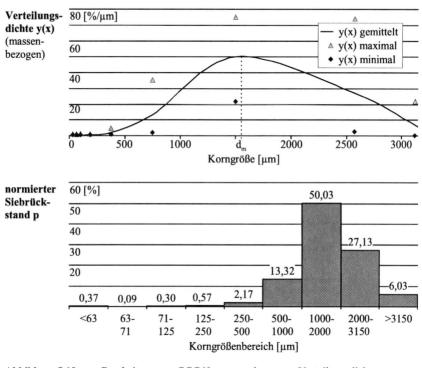

Abbildung 5.10: Bearbeitung von GGG40 – massenbezogene Verteilungsdichte

Eine detaillierte Aussage darüber, welcher Mengenanteil von Partikeln kleiner als eine definierte Partikelgröße ist, ist anhand der massenbezogenen Verteilungssumme D(x) möglich. Diese ergibt sich durch Integration der entsprechenden Verteilungsdichte y(x) zu /RAU93/:

$$D(x) = \int_{x_{min}}^{x} y(x)dx \qquad (5.2)$$

Die Verteilungssumme für das erfaßte Partikelkollektiv bei der Bearbeitung von GG25 ist in **Abbildung 5.11** dargestellt. Analog zu der Darstellung der Verteilungsdichten handelt es sich auch hier um eine Mittelung über alle meßtechnisch bestimmten Einzelwerte. Wie die eingetragenen minimalen sowie maximalen Einzelwerte von $D(x)_{GG25}$ belegen, ist der Kurvenverlauf charakteristisch auch für die Verläufe der Einzelmessungen.

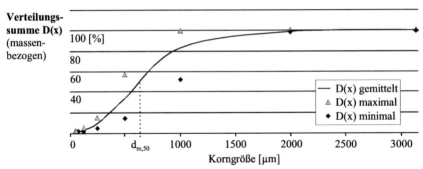

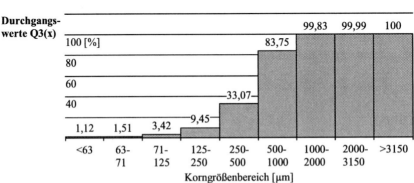

Abbildung 5.11: Bearbeitung von GG25 – massenbezogene Verteilungssumme

Eingetragen ist in der Abbildung zudem der gemittelte mediane Massendurchmesser, der definiert ist als /RET98, VDI3491/:

$$d_{m,50} = d(Q3(x) = 0,5) \qquad (5.3)$$

Die massenbezogene Verteilungssumme $D(x)_{GG25}$ ist bis zu einer Korngröße von etwa 1000 µm durch einen großen Steigungsfaktor gekennzeichnet und erreicht bereits bei einer Korngröße von 1500 µm einen Wert von 100 %. Der gemittelte mediane Massendurchmesser $d_{m,50\ GG25}$ ist mit 674,19 µm folglich verhältnismäßig klein. Wie die für GG25 ermittelten Durchgangswerte Q3(x) belegen, haben 83,75 % der Zerspanpartikel eine Korngröße kleiner 1000 µm. Immerhin ein Drittel der Gesamtmasse der erzeugten Partikel ist kleiner als 500 µm, knapp 10 % sogar kleiner als 250 µm. Wird die Korngrößengrenze für Staubpartikel auf 500 µm festgelegt, so entstehen folglich bei einer Zerspanmasse von 1 kg GG25 rund 330 g staubförmiger Teilchen.

In **Abbildung 5.12** ist die Massen-Verteilungssumme des Partikelkollektivs aus GGG40 wiedergegeben. Im Vergleich zur entsprechenden Funktion des Kollektivs aus GG25 weist der Kurvenverlauf von $D(x)_{GGG40}$ einen wesentlich kleineren Steigungsfaktor auf. Erst bei einer Korngröße von etwa 3000 µm nähert sich die Kurve dem Maximalwert von 100 % an. Der gemittelte mediane Massendurchmesser $d_{m,50\ GGG40}$ liegt mit 1705,04 µm deutlich über dem vergleichbaren Wert für das lamellare Gußeisen. Bezogen auf die Durchgangswerte Q3(X) weisen 16,81 % der Zerspanpartikel eine Korngröße von weniger als 1000 µm auf. Auf den Korngrößenbereich unterhalb von 500 µm entfallen 3,5 % der Gesamtmasse aller Partikel, kleiner als 250 µm sind lediglich 1,3 %. Der Massenanteil kleiner Partikel fällt bei der Zerspanung von Gußeisen der Qualität GGG40 somit deutlich geringer aus als bei GG25.

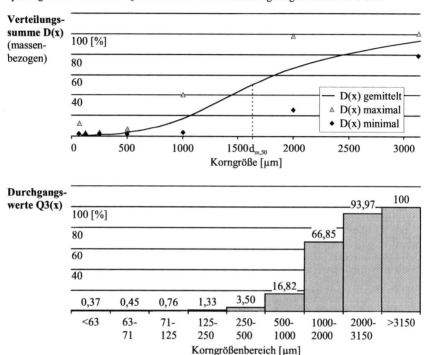

Abbildung 5.12: Bearbeitung von GGG40 – massenbezogene Verteilungssumme

Wie aus den Abbildungen 5.11 und 5.12 hervorgeht, sind die dargestellten Massenverteilungssummen durch eine deutlich erkennbare Verteilungsbreite gekennzeichnet. Eine konkrete Beschreibung der Verteilungsbreiten ist durch die Angabe eines zugehörigen Dispersionsgrades möglich. Nach der VDI-Richtlinie 3491 ist der Dispersionsgrad 2 einer Verteilung definiert als /VDI3491/:

$$DG_2 = \frac{d_{84} - d_{16}}{2 \cdot d_{m,50}} \qquad (5.4)$$

mit: d_i : Durchmesser, bei dem die Massen-Verteilungssumme i % beträgt

$d_{m,50}$: medianer Massendurchmesser (Durchmesser, bei dem die Massen-Verteilungssumme 50% beträgt)

Unter Berücksichtigung der ermittelten granulometrischen Kenngrößen lassen sich die Dispersiongrade DG_2 als Kenngrößen der beiden betrachteten Partikelkollektive bestimmen. Für ein durchschnittliches Kollektiv bestehend aus GG25-Partikeln ergibt sich:

$$DG_{2,GG25} = \frac{d_{84(GG25)} - d_{16(GG25)}}{2 \cdot d_{50(GG25)}} = \frac{1015{,}55\,\mu m - 319{,}33\,\mu m}{2 \cdot 674{,}19\,\mu m} = 0{,}516381$$

Entsprechend errechnet sich der Dispersiongrad $DG_{2,GGG40}$ für ein Partikelkollektiv aus GGG40 zu:

$$DG_{2,GGG40} = \frac{d_{84(GGG40)} - d_{16(GGG40)}}{2 \cdot d_{50(GGG40)}} = \frac{2727{,}23\,\mu m - 966{,}22\,\mu m}{2 \cdot 1705{,}04\,\mu m} = 0{,}5164131$$

Für beide betrachteten Partikelkollektive ergibt sich ein Dispersionsgrad DG_2 mit einem Wert eindeutig über 0,41. In beiden Fällen liegen somit polydisperse Systeme vor, wobei die Durchmesserabweichungen innerhalb des umfaßten Korngrößenbereichs mehr als 100 % betragen. Das Auftreten polydisperser Staubsysteme ist als typisch für den industriellen Bereich zu bezeichnen /ORD58, NEG74, VDI2491/.

Die bisher dargelegten Ergebnisse der Siebanalyse beruhen jeweils auf einer Mittelung der Meßwerte über alle gefahrenen Versuchspunkte. Die aufgezeigten Unterschiede der Staubkollektive aus GG25 und GGG40 werden jedoch auch aus einem direkten Vergleich einzelner Messungen deutlich. In **Abbildung 5.13** sind die medianen Massendurchmesser gefahrener Einzelversuche einander gegenübergestellt. Den einzelnen Versuchspunkten sind jeweils definierte Parametereinstellungen zugeordnet (vgl. Kapitel 5.1, Abbildung 5.3). Diese sind für beide Werkstoffe innerhalb der gefahrenen Versuchspunkte weitgehend identisch; die einzige Ausnahme stellt der Prozeßparameter Schnittgeschwindigkeit dar, welcher werkstoffspezifisch festgelegt wurde.

Versuch Nr.	medianer Massendurchmesser [µm]	
	GG25	GGG40
1	503,21	1463,22
2	504,12	1368,63
3	524,94	1631,34
4	464,19	1237,71
5	774,09	2382,61
6	584,83	1679,91
7	732,96	1969,81
8	624,75	1544,79
9	777,96	1527,40
10	614,29	1389,13
11	803,62	1840,71
12	632,75	1502,23
13	839,32	1741,02
14	703,27	1549,02
15	971,43	2461,06
16	731,36	1992,28
Mittelwert	**674,19**	**1705,04**

Abbildung 5.13: Gegenüberstellung der medianen Massendurchmesser

Unter Berücksichtigung der charakteristischen Kurvenverläufe von y(x) sowie D(x) ist anhand der medianen Massendurchmesser zunächst zu erkennen, daß sowohl bei der Bearbeitung von GG25 als auch GGG40 ein bestimmter Anteil staubförmiger Partikel erzeugt wird. Weiterhin ist festzuhalten, daß die Werte von $d_{m,50}$ für das untersuchte lamellare Gußeisen grundsätzlich wesentlich unter denen des globularen Gußeisens liegen. So weisen, bezogen auf die Gesamtmasse freiwerdender Partikel, 50 % der Teilchen aus der Bearbeitung von GG25 eine Größe von weniger als 674,19 µm auf. Bei GGG40 liegt die entsprechende Grenze dagegen bei 1705,04 µm. In Anbetracht der vergleichbaren Bearbeitungsparameter ist dieser Unterschied primär auf die unterschiedliche Graphitmorphologie der beiden Werkstoffe zurückzuführen. Es ist somit zu folgern, daß eine Reißspanbildung, die für lamellares Gußeisen als charakteristisch anzusehen ist (vgl. Kapitel 4.2), im Vergleich zu einer Scher- oder Fließspanbildung mit einer vermehrten Entstehung kleinerer Späne und von Partikeln im Subspanbereich verbunden ist /VDI2263/.

Im Rahmen der vorliegenden Arbeit wurde für die Bestimmung granulometrischer Kenngrößen grundsätzlich die Gesamtmasse des untersuchten Partikelkollektivs als Bezugsgröße gewählt. Gestützt werden die dargestellten Erkenntnisse durch Untersuchungen von *Murthy* und *Seshan*, bei denen die Anzahl der Zerspanpartikel eines Kollektivs definierter Gesamtmasse ermittelt wurde. Zu diesem Zweck wurden zylindrische Proben aus lamellarem, vermikularem sowie globularem Gußeisen mit einem Durchmesser von 60 mm auf einer Drehmaschine zerspant. Die Spindeldrehzahl betrug 420 1/min, der Vorschub 0,1 mm/sek und die Schnittiefe 1 mm. Die entstehenden Zerspanpartikel wurden erfaßt und ausgezählt. Hierbei wurden für das Gußeisen mit Lamellengraphit 324, für das Gußeisen mit Vermikulargraphit 227 und für den Kugelgraphitguß 146 Späne je Gramm ermittelt. Anhand dieser Werte erfolgte schließlich eine Beurteilung der Bearbeitbarkeit der unterschiedlichen Werkstoffe, wobei der Lamellenguß die beste Bewertung erhielt /MUR84/.

5.3.3 Statistische Versuchsauswertung

Das den Zerspanversuchen zugrunde liegende vollfaktorielle Design erlaubt eine Auswertung der Ergebnisse der Korngrößenanalyse mit Hilfe statistischer Methoden. Entsprechend der in Kapitel 5.1 erläuterten Methodik wurden für die interessierenden Zielgrößen normierter Siebrückstand, Durchgangswert und medianer Massendurchmesser sowohl die Haupt- und Wechselwirkungseffekte bestimmt als auch eine Varianzanalyse durchgeführt. Die Berechnungsabläufe sind im Anhang der vorliegenden Arbeit erläutert.

Die ermittelten Werte für die normierten Siebrückstände aus der Bearbeitung des GG25 sind in **Abbildung 5.14** und **Abbildung 5.15** wiedergegeben. Aufgeführt sind zu den sechs betrachteten Fraktionen jeweils die Haupteffekte und die zweifachen Wechselwirkungen mit ihrer Wirkrichtung. In Form eines Pareto-Diagramms werden zudem die berechneten F-Werte der einzelnen Faktoren als Ergebnis der Varianzanalyse einander gegenübergestellt. Im Hinblick auf eine Interpretation der dargestellten Effekte sind schließlich die Mittelwerte der Siebrückstände zu jeder Fraktion vermerkt.

Wie aus den Abbildungen hervorgeht, sind die normierten Siebrückstände insbesondere von den beiden Faktoren Vorschub pro Zahn und Schnittiefe abhängig. Ausgehend von den ermittelten F-Werten üben diese Größen auf die Siebrückstände p1 bis einschließlich p5 einen hochsignifikanten Einfluß aus (Ausnahme: kein signifikanter Einfluß von a_p auf p4). Die Richtungen der Wirkung dieser Faktoren sind dabei durchgängig negativ, das heißt beim

Übergang von der niederen zur höheren Faktorstufe wird der Antwortwert, das heißt der normierte Siebrückstand des betrachteten Korngrößenbereichs, kleiner.

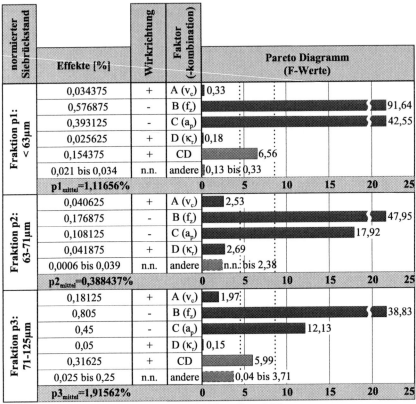

Legende: ······ kritische F-Werte ($F_{95\%}$=4,49 bzw. $F_{99\%}$=8,53)

Abbildung 5.14: Normierte Siebrückstände p (GG25) - Statistische Auswertung (I)

Ausgehend von Ergebnissen der Varianzanalyse ist den Faktoren Schnittgeschwindigkeit sowie Einstellwinkel dagegen eine untergeordnete Rolle beizumessen. Lediglich bezogen auf die normierten Siebrückstände p5 und p6 übt v_c einen signifikanten bzw. hochsignifikanten Einfluß aus. Die Wirkrichtung ist hier jeweils positiv.

Bezogen auf die ebenfalls betrachteten zweifachen Wechselwirkungen ist festzustellen, daß sie grundsätzlich deutlich kleiner ausfallen, als die wesentlichen Haupteffekte. Dies ist als ein Beleg für die Richtigkeit der gewählten Faktorstufen aufzufassen. Als signifikant erweisen sich von den 2-Faktor-Wechselwirkungen lediglich die Kombinationen BD in einem und CD in drei Fällen. Ein systematischer Einfluß ist hier jedoch nicht zu erkennen, die F-Werte der beiden Faktorkombinationen liegen zudem deutlich unter den jeweils auftretenden maximalen Werten, die auf den Einfluß einzelner Faktoren zurückgehen. Als sinnvolle Stellgrößen für eine Beeinflussung des normierten Siebrückstands sind Faktorkombinationen in diesem Fall somit auszuschließen.

normierter Siebrückstand	Effekte [%]	Wirkrichtung	Faktor (-kombination)	Pareto Diagramm (F-Werte)
Fraktion p4: 125-250µm	1,31	+	A (v_c)	4,17
	2,80375	-	B (f_z)	19,11
	0,7875	-	C (a_p)	1,51
	1,035	-	D (κ_r)	2,60
	1,53125	-	BD	5,70
	1,62	+	CD	6,38
	0,03 bis 1,23	n.n.	AD	n.n. bis 3,67
	$p4_{mittel}$=6,025%			0　　5　　10　　15　　20　　25
Fraktion p5: 250-500µm	7,34063	+	A (v_c)	7,64
	12,5231	-	B (f_z)	22,2
	13,6406	-	C (a_p)	26,38
	1,56438	+	D (κ_r)	0,35
	0,046 bis 5,49	n.n.	andere	n.n. bis 4,27
	$p5_{mittel}$=23,6216%			0　　5　　10　　15　　20　　25
Fraktion p6: 500-1000µm	10,0888	+	A (v_c)	12,65
	2,38375	+	B (f_z)	0,71
	4,50875	+	C (a_p)	2,53
	5,08125	-	D (κ_r)	3,21
	0,093 bis 5,49	n.n.	andere	n.n. bis 3,75
	$p6_{mittel}$=50,7462%			0　　5　　10　　15　　20　　25

Legende: ······ kritische F-Werte ($F_{95\%}$=4,49 bzw. $F_{99\%}$=8,53)

Abbildung 5.15: Normierte Siebrückstände p (GG25) - Statistische Auswertung (II)

Zum Vergleich sind in **Abbildung 5.16** und **Abbildung 5.17** die Ergebnisse der Auswertung der Partikelkollektive aus der Bearbeitung von GGG40 dargestellt. Ein wesentlicher Unterschied zu den untersuchten GG25-Partikeln besteht in den erkennbar kleineren Mittelwerten der normierten Siebrückstände für alle betrachteten Fraktionen (vgl. Kapitel 5.3.2). Eine nähere Betrachtung der Einflüsse einzelner Faktoren oder bestimmter Faktorkombinationen auf die normierten Siebrückstände läßt dagegen Ähnlichkeiten zwischen den beiden betrachteten Werkstoffen erkennen.

Im Hinblick auf die kleinste untersuchte Fraktion sind wiederum die Faktoren f_z und a_p als hochsignifikant zu bezeichnen. Diese Aussage trifft auf die normierten Siebrückstände p2 bis p6 jedoch nicht mehr zu. Lediglich die F-Werte von f_z überschreiten für p2 und p3 den Grenzwert $F_{99\%}$=8,53. Die Wirkrichtung beider Faktoren ist dabei grundsätzlich negativ, analog zu den Erkenntnissen aus der Analyse der GG25-Kollektive.

Eine signifikante Beeinflussung der Zielgrößen p1 bis einschließlich p3 durch die Einzelfaktoren v_c oder κ_r ist nicht zu erkennen. Dies gilt ebenfalls für alle 2-Faktor-Wechselwirkungen. Bezogen auf die Zielgröße p4 wird der kritische Wert $F_{95\%}=4{,}49$ von keinem F-Wert eines einzelnen Faktors oder einer Faktorkombination überschritten. Signifikante Einflüsse können für die Zielgrößen p5 und p6 dagegen zwar identifizert werden, jedoch ergibt sich auch hier kein einheitliches Bild, welches die Benennung eindeutiger Stellgrößen zuließe.

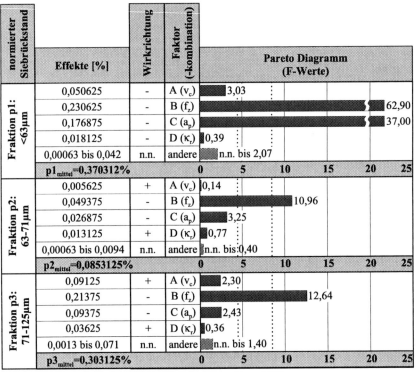

Legende: ······ kritische F-Werte ($F_{95\%}=4{,}49$ bzw. $F_{99\%}=8{,}53$)

Abbildung 5.16: Normierte Siebrückstände p (GGG40) - Statistische Auswertung (I)

Die Aussagen, die aus einer statistischen Auswertung der GGG40-Partikel bezogen auf die normierten Siebrückstände als Zielgröße gewonnen werden konnten, sind somit als unscharf zu bezeichnen. Analog zur durchgeführten Korngrößenanalyse erfolgte im Rahmen der vorliegenden Arbeit zusätzlich eine nähere Betrachtung der Durchgangswerte Q3(x) für beide Werkstoffe. Hierdurch wird dem Umstand Rechnung getragen, daß insbesondere bei der Bearbeitung von GGG40 Partikelkollektive erfaßt wurden, die durch teilweise geringe Massenanteile in den kleineren Fraktionen gekennzeichnet waren (vgl. Kapitel 5.3.2).

normierter Siebrückstand	Effekte [%]	Wirkrichtung	Faktor (-kombination)	Pareto Diagramm (F-Werte)
Fraktion p4: 125-250µm	0,2375	+	A (v_c)	3,11
	0,2025	-	B (f_z)	2,26
	0,225	-	C (a_p)	2,80
	0,1425	+	D (κ_r)	1,12
	0,013 bis 0,1675	n.n.	andere	0,01 bis 1,55
$p4_{mittel}=0,57\%$				0 5 10 15 20 25
Fraktion p5: 250-500µm	0,316875	+	A (v_c)	0,45
	0,998125	-	B (f_z)	4,50
	0,556875	-	C (a_p)	1,40
	1,27188	+	D (κ_r)	7,31
	0,049 bis 0,928	n.n.	andere	0,01 bis 3,89
$p5_{mittel}=13,3156\%$				0 5 10 15 20 25
Fraktion p6: 500-1000µm	6,01	+	A (v_c)	8,46
	3,14875	-	B (f_z)	2,32
	13,7075	-	C (a_p)	44,01
	1,98	+	D (κ_r)	0,92
	4,46	-	BC	4,66
	0,14 bis 2,93	n.n.	andere	n.n. bis 2,01
$p6_{mittel}=13,3156\%$				0 5 10 15 20 25

Legende: ······ kritische F-Werte ($F_{95\%}=4,49$ bzw. $F_{99\%}=8,53$)

Abbildung 5.17: Normierte Siebrückstände p (GGG40) - Statistische Auswertung (II)

Die ermittelten statistischen Kennwerte bezogen auf die Zielgrößen Q3(x) sind für die Zerspanversuche mit GG25 sowie GGG40 in Abbildung 5.18 bzw. Abbildung 5.19 wiedergegeben. Im Gegensatz zu den vorherigen konzentrieren sich die beiden folgenden Abbildungen auf die signifikanten und hochsignifikanten Einflüsse.

Die Ergebnisse der Varianzanalyse bezogen auf die Durchgangswerte Q3(x) der Proben aus GG25-Partikeln unterstreichen die Aussagen, die bereits aus der statistischen Analyse der normierten Siebrückstände p1 bis p6 gewonnen werden konnten. Die Beeinflussung der Durchgangswerte durch die Faktoren f_z und a_p ist grundsätzlich hochsignifikant und die Wirkrichtung der Effekte negativ. Die Relevanz der Schnittgeschwindigkeit beschränkt sich auf die Durchgangswerte Q3(x) der Fraktionen 0-500 µm sowie 0-1000 µm. In beiden Fällen übt v_c einen hochsignifikanten Einfluß aus, wobei die Wirkrichtung dieses Haupteffekts positiv ist. Der Einfluß von 2-Faktor-Wechselwirkungen kann demgegenüber weitgehend vernachlässigt werden, allein die F-Werte der Faktorkombination CD bezogen auf die Werte Q3(x) der Fraktionen 0-63 µm bis einschließlich 0-250 µm sind als auffällig zu bezeichnen.

Zielgröße	hochsignifikante Einflüsse			signifikante Einflüsse		
	Faktor	Wirkrichtung	F-Wert	Faktor	Wirkrichtung	F-Wert
Durchgangswert Q3(x) Fraktion: 0-63 µm	$B (f_z)$	-	91,63	CD	+	6,56
	$C (a_p)$	-	42,55			
Durchgangswert Q3(x) Fraktion: 0-71 µm	$B (f_z)$	-	87,77	CD	-	5,73
	$C (a_p)$	-	38,72			
Durchgangswert Q3(x) Fraktion: 0-125 µm	$B (f_z)$	-	57,37	CD	+	6,07
	$C (a_p)$	-	21,36			
Durchgangswert Q3(x) Fraktion: 0-250 µm	$B (f_z)$	-	28,05	BC	-	4,64
				CD	+	6,67
Durchgangswert Q3(x) Fraktion: 0-500 µm	$A (v_c)$	+	13,43			
	$B (f_z)$	-	48,14			
	$C (a_p)$	-	40,01			
Durchgangswert Q3(x) Fraktion: 0-1000 µm	$A (v_c)$	+	65,31	AB	+	6,99
	$B (f_z)$	-	39,24	AC	+	4,81
	$C (a_p)$	-	21,18			

Legende: $F_{(95\%)}=4,49$ $F_{(99\%)}=8,53$

Abbildung 5.18: Durchgangswerte der GG25-Kollektive - Statistische Auswertung

Im Gegensatz zur statistischen Analyse der normierten Siebrückstände führt die Betrachtung der Einflüsse auf die Durchgangswerte Q3(x) für den Kugelgraphitguß GGG40 zu einer eindeutigen Aussage. In ähnlicher Weise, wie dies bei GG25 festgestellt werden konnte, ist auch hier eine signifikante bzw. hochsignifikante Beeinflussung der Durchgangswerte durch die Einzelfaktoren f_z und a_p gegeben. Ein signifikanter Einfluß bezogen auf die Durchgangswerte Q3(x) der Fraktionen 0-500 µm sowie 0-1000 µm ist zudem gegeben durch κ_r bzw. v_c. 2-Faktor-Wechselwirkungen können dagegen vernachlässigt werden.

Die bisherigen Erkenntnisse legen insgesamt die Vermutung nahe, daß eine Beeinflussung der Korngrößenverteilung der betrachteten Zerspanpartikel besonders von den Faktoren Vorschub pro Zahn und Schnittiefe ausgeht. Dies gilt gleichermaßen für das untersuchte lamellare Gußeisen GG25 wie auch den Kugelgraphitguß GGG40. Mit zunehmender Korngröße ist jedoch tendeziell eine Abnahme der F-Werte und somit der Bedeutung beider Faktoren festzustellen. Dagegen ist in den größeren Korngrößenfraktionen eine zunehmende Bedeutung des Faktors Schnittgeschwindigkeit zu beobachten. Zu berücksichtigen ist, daß die diskutierten Ergebnisse auf einer ausschließlichen Betrachtung des Krongrößenbereichs von 0 bis 1000 µm fußen. Die im Rahmen der Zerspanversuche erfaßten Partikelkollektive beinhalteten dagegen auch größere Teilchen.

Zielgröße	hochsignifikante Einflüsse			signifikante Einflüsse		
	Faktor	Wirk-richtung	F-Wert	Faktor	Wirk-richtung	F-Wert
Durchgangswert Q3(x) Fraktion: 0-63 µm	$B(f_z)$	-	63,20			
	$C(a_p)$	-	36,78			
Durchgangswert Q3(x) Fraktion: 0-71 µm	$B(f_z)$	-	43,48			
	$C(a_p)$	-	22,50			
Durchgangswert Q3(x) Fraktion: 0-125 µm	$B(f_z)$	-	25,21			
	$C(a_p)$	-	9,28			
Durchgangswert Q3(x) Fraktion: 0-250 µm	$B(f_z)$	-	9,40	$C(a_p)$	-	5,22
Durchgangswert Q3(x) Fraktion: 0-500 µm	$B(f_z)$	-	6,24			
	$D(\kappa_r)$	+	4,58			
Durchgangswert Q3(x) Fraktion: 0-1000 µm	$A(v_c)$	+	8,71	$B(f_z)$	-	4,67
	$C(a_p)$	-	43,55	BD	-	4,96

Legende: $F_{(95\%)}=4,49$ $F_{(99\%)}=8,53$

Abbildung 5.19:   Durchgangswerte der GGG40-Kollektive - Statistische Auswertung

Eine Verifizierung der oben formulierten These erfordert folglich die Betrachtung einer Zielgröße, welche die Gesamtheit aller erzeugten Zerspanpartikel berücksichtigt. Als granulometrische Kenngröße eignet sich in dieser Hinsicht der mediane Massendurchmesser $d_{m,50}$. Die Resultate einer Analyse der signifikanten Einflußfaktoren auf den medianen Massendurchmesser sind in **Abbildung 5.20** für den Werkstoff GG25 sowie in **Abbildung 5.21** für GGG40 zusammengefaßt. Aus dem Pareto-Diagramm der F-Werte in Abbildung 5.20 geht hervor, daß die formulierte These bei der Zerspanung von GG25 für die Gesamtheit aller erzeugten Partikel zutreffend ist. Die Faktoren v_c, f_z und a_p sind hierbei hochsignifikant, ihre Wirkrichtung ist konform mit derjenigen bezogen auf die Zielgrößen p bzw. Q3(x). Für den untersuchten Kugelgraphitguß (Abbildung 5.21) ergeben sich Abweichungen hinsichtlich der identifizierten relevanten Einflüsse. Als hochsignifikant bezogen auf die Zielgröße $d_{m,50}$ sind auch hier die Faktoren v_c und a_p zu erkennen, eine Signifikanz von f_z kann dagegen nicht festgestellt werden.

Insgesamt ist somit aus der durchgeführten statistischen Auswertung der granulometrischen Kenngrößen zu schließen, daß eine Steigerung der Schnittgeschwindigkeit zu einer Abnahme von $d_{m,50}$ bzw. einer Zunahme des Massenanteils kleiner Partikel führt. Aus einer Erhöhung des Vorschubs pro Zahn oder der Schnittiefe resultiert hingegen eine Zunahme von $d_{m,50}$ und somit des massenbezogenen Anteils größerer Zerspanteilchen. Diese Erkenntnisse beziehen sich grundsätzlich auf beide betrachteten Gußeisenwerkstoffe. Zu berücksichtigen ist hierbei, daß die Signifikanz als Ergebnis einer Varianzanalyse eine mathematisch statistische Größe darstellt, die im konkreten Fall einer Plausibilitätskontrolle unter zerspanungstechnischen Gesichtspunkten zu unterziehen ist. Vor diesem Hintergrund werden die Erkenntnisse, die auf statistischem Wege gewonnen werden konnten, im folgenden an den Ergebnissen der Systemanalyse aus Kapitel 4 gespiegelt.

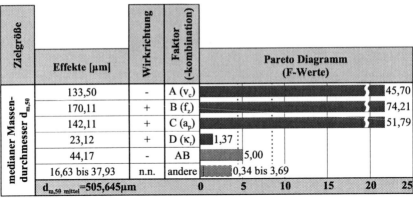

Abbildung 5.20: Medianer Massendurchmesser $d_{m,50}$ (GG25) - Statistische Auswertung

Ausgehend von der Systemanalyse führt eine Erhöhung des Vorschubs f_z bzw. der Schnittiefe a_p dazu, daß ein größeres Werkstoffvolumen am Umformvorgang während des Zerspanungsprozesses beteiligt ist (vgl. Abbildung 4.12). In der Folge erhöht sich der Umformwiderstand, so daß größere Zerspankräfte erforderlich sind. Eine Steigerung von f_z bewirkt in diesem Zusammenhang eine Zunahme der Spanungsdicke und somit eine stärkere Spanverformung. Hieraus resultiert eine höhere Spanbrüchigkeit, die sich in der Entstehung kurzbrüchiger Späne äußert. Unter dem Gesichtspunkt der Zerspanbarkeit sind derartige Späne als günstig zu bezeichnen. Bei einer Steigerung von f_z nimmt andererseits der Massenanteil der Partikel im Subspanbereich ab, wie die statistische Auswertung der granulometrischen Kenngrößen zeigte. Diese Feststellung wird zudem gestützt durch die ermittelten einfachmodalen massenbezogenen Verteilungsdichten der Partikelkollektive, die bei der Trockenzerspanung von GG25 bzw. GGG40 erzeugt werden.

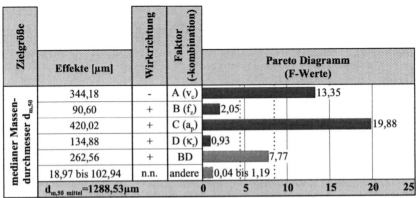

Abbildung 5.21: Medianer Massendurchmesser $d_{m,50}$ (GGG40) - Statistische Auswertung

Die Schnittiefe a_p wirkt sich auf den Spanbildungsprozess ähnlich aus, wie der Vorschub f_z. Bezogen auf eine beabsichtige Entstehung kurzbrüchiger Späne lassen sich in einem Parameterfeld, das aus a_p und f_z aufgespannt wird, Bereiche günstiger Parameterkombinationen ermitteln. Hierbei führt eine Reduzierung von a_p in Kombination mit einer Steigerung von f_z tendenziell zu kurzbrüchigeren Spänen (vgl. Abbildung 4.12). Im Hinblick auf die Entstehung von Partikeln im Subspanbereich zeigen die durchgeführten statistischen Auswertungen, daß eine Reduzierung ihres Massenanteils mit einer Steigerung der Schnittiefe einhergeht. Im Rahmen der Varianzanalyse konnten hierbei keine relevanten Wechselwirkungen zwischen den Faktoren f_z und a_p bezogen auf die betrachteten granulometrischen Zielgrößen identifiziert werden. Hieraus kann gefolgert werden, daß mit den beiden genannten Faktoren zwei voneinander unabhängige Stellgrößen für eine kontrollierte Beeinflussung des Massenanteils kleiner Zerspanpartikel vorliegen. Eine Erhöhung von a_p bzw. f_z wirkt sich somit sowohl in wirtschaftlicher Hinsicht, bedingt durch ein höheres Zeitspanvolumen, als auch im Hinblick auf eine Reduzierung des Massenanteils staubförmiger Partikel positiv aus.

Bezogen auf eine Beeinflussung der Spanbildung durch die Schnittgeschwindigkeit ist zunächst die zunehmende Zerspantemperatur und damit erhöhte Werkstoffduktilität bei einer Erhöhung von v_c zu nennen. Hieraus wird im allgemeinen eine Tendenz hin zu längeren Spänen bei einer Steigerung von v_c abgeleitet. Oberhalb einer bestimmten Schnittgeschwindigkeit, beispielsweise bei der HSC-Bearbeitung von Gußeisenwerkstoffen, ist dagegen keine definierte Spanbildung mehr zu beobachten. Diese Tatsache beruht darauf, daß mit zunehmender Schnittgeschwindigkeit auch die kinetische Energie der vom Werkstück abgetrennten Partikel erhöht wird. Hieraus ist eine schnellere Abkühlung der Zerspanpartikel nach Ablaufen über die Spanfläche abzuleiten, die zu größeren Eigenspannungen und damit zu einer zunehmenden Partikeltrennung führt (vgl. Kapitel 4.5). Im Gegensatz hierzu resultiert für den Subspanbereich bereits im Bereich konservativer Schnittgeschwindigkeiten aus einer Steigerung von v_c eine Zunahme des Massenanteils kleiner Partikel, wie die statistischen Auswertungen belegen. Bezogen auf den medianen Massendurchmesser sind die Einflüsse von v_c sogar als hochsignifikant einzustufen, so daß auch die Schnittgeschwindigkeit eine geeignete und mächtige Stellgröße zur Beeinflussung des bei der Zerspanung anfallenden Massenanteils kleiner Partikelfraktionen darstellt.

5.4 Partikelkonzentration

5.4.1 Bedeutung und Konventionen

Bezogen auf die Charakterisierung eines Staubsystems ist die Angabe der Konzentration der partikelförmigen Beimengungen im jeweiligen Trägergas eine besondere Bedeutung beizumessen. Es wird hierbei zwischen der Anzahl-, dem Volumen- und der Massenkonzentration unterschieden, mit denen die Gesamtzahl, das Gesamtvolumen bzw. die Gesamtmasse dispergierter Partikel pro Volumeneinheit angegeben wird. Für eine Angabe von Meßwerten bei Luftverunreinigungen hat sich insbesondere die Massenkonzentration durchgesetzt, weshalb sich die folgenden Ausführungen auf diese beschränken. Die Ermittlung der Massenkonzentration erfolgt anhand von Momentanproben, die direkt aus dem Staubsystem entnommen und gewogen werden. Im Vergleich zur Bestimmung der Anzahlkonzentration durch Zählung ist diese Vorgehensweise wesentlich einfacher durchzuführen. Jedoch ist bei der Angabe der Massenkonzentration zu berücksichtigen, daß ein Vergleich mehrerer heterogener Stäube nicht zulässig ist, wenn ungleiche Gewichtsanteile einzelner Fraktionen innerhalb des Korngrößenbereichs vorliegen, auf den sich die Konzentrationsangabe bezieht. Eine zuverlässige

Interpretation verschiedener Massekonzentrationen ist somit nur dann möglich, wenn gleichzeitig Angaben über die Korngrößenverteilung der betrachteten Stäube vorliegen /ORD58, NEG74, BRA96-a, VDI3491/.

Von eminenter Bedeutung ist die Ermittlung der Konzentration luftfremder Stoffe im Hinblick auf die Beurteilung einer potentiellen Gesundheitsgefährdung durch Einatmen luftfremder Stoffe am Arbeitsplatz. Insbesondere bei der Festlegung von maximal zulässigen Konzentrationen luftfremder Stoffe am Arbeitsplatz ist deshalb die Angabe der entsprechenden Partikelfraktion unbedingt erforderlich: Während die Menge der eingeatmeten Fremdstoffe von der Massenkonzentration abhängig ist, werden der Ort der Ablagerung im menschlichen Organismus und somit auch die Wirkung der Schadstoffe wesentlich durch die Partikelgröße bestimmt. Unter Berücksichtigung der Tatsache, daß nur ein Teil der in der Umgebungsluft enthaltenen gesamten Schwebstoffe durch Einatmen in den menschlichen Organismus gelangen kann, wurden deshalb in der EN481 Konventionen über die folgenden Partikelgrößenfraktionen getroffen /SIE94, RIC96, EN481/:

- Einatembare Fraktion:
  Massenanteil aller Schwebstoffe, der durch Mund und Nase eingeatmet wird.

- Thorakale Fraktion:
  Massenanteil der eingeatmeten Partikel, der über den Kehlkopf hinaus vordringt.

- Alveolengängige Fraktion:
  Massenanteil der eingeatmeten Partikel, der bis in die nichtciliierten Luftwege, d.h. den innersten Bereich des menschlichen Atemtraktes, vordringt.

Durch Differenzbildung lassen sich zusätzlich die extrathorakale Fraktion sowie die tracheobronchiale Fraktion bestimmen. Um eine Konzentrationsmessung zu ermöglichen, werden ausgehend von den definierten Partikelfraktionen sowie des Abscheidecharakters der menschlichen Lunge in der EN481 konkrete Probenahmekonventionen angegeben (**Abbildung 5.22**).

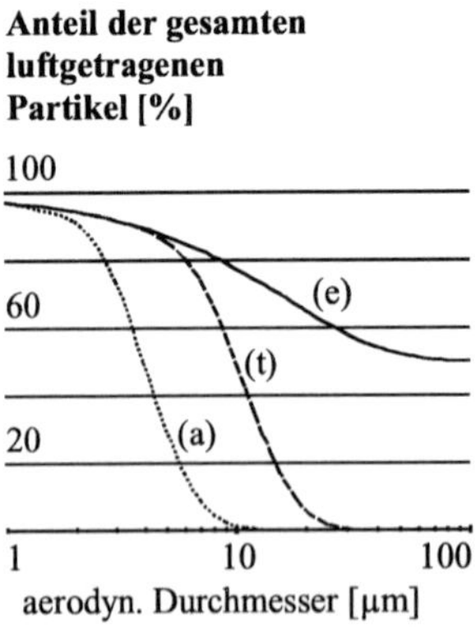

Fraktion	Partikelgröße [μm]	Ort der Abscheidung
(e) einatembare Fraktion	>10	Mund, Nase, Rachen
(t) thorakale Fraktion	4,5-10	Trachea, große Bronchien
(a) alveolengängige Fraktion	<4,5	kleine Bronchien, Bronchiolen, Alveolen

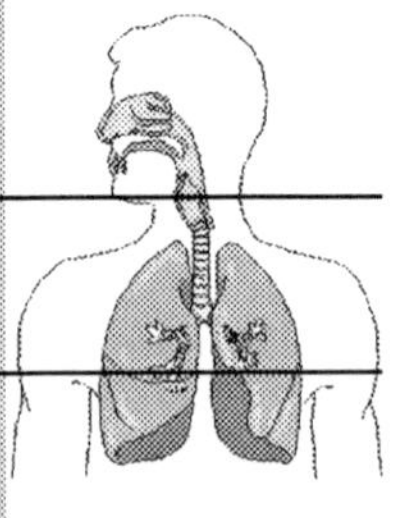

Abbildung 5.22: Konventionen über einatembare, thorakale und alveolengängige Fraktion

Die dargestellten Konventionen stellen Näherungen für die tatsächlich aufgenommenen bzw. in die einzelnen Bereichen des Atemtraktes vordringenden Fraktionen dar. Auf die verschiedenen Faktoren, die die Ablagerung sowie das Schädigungspotential luftfremder Stoffe nach Eindringen in den Organsimus bestimmen, wird in Kapitel 6 näher eingegangen. Als Maß für die Größe der Partikel wird der aerodynamische Durchmesser herangezogen. Dieser ist definiert als der Durchmesser einer Kugel mit der Dichte 1 g/cm^3 und der gleichen Sinkgeschwindigkeit in ruhender Luft wie die zu betrachtende Partikel unter den herrschenden Bedingungen bezüglich Temperatur, Druck und relativer Luftfeuchte. Da bisher noch keine experimentellen Daten über die einatembare Fraktion im Bereich eines aerodynamischen Durchmessers über 100 µm existieren, sollten die Konventionen der Norm nicht auf größere Partikel angewendet werden. Entsprechendes gilt für eine Interpretation von Ergebnissen, die nach EN481 ausgelegt sind. Die EN481, welche die bisher in Deutschland sowie vielen anderen Ländern geltende Johannesburger Konvention aus dem Jahre 1961 abgelöst hat, ist inhaltsgleich mit der ISO7708 sowie den Festlegungen nach ACGIH (American Conference of Governmental Industrial Hygienists). Hierdurch ist eine weltweite Harmonisierung der Probenahmekonventionen bezogen auf die meßtechnische Ermittlung der Staubsituation am Arbeitsplatz gegeben /SIE94, EN481, VDI2265, ISO7708, ACGIH92/.

5.4.2 Meßaufbau und Versuchsdurchführung

Grundsätzlich ist bei der Ermittlung einer Massenkonzentration dem Umstand Rechnung zu tragen, daß ein Staub in weitgehend verdünntem Zustand vorliegen kann und zudem ständigen zeitlichen Veränderungen unterliegt. Einer Bestimmung der Massenkonzentration zu einem diskreten Zeitpunkt und einer damit verbundenen kurzen Meß- bzw. Probenahmezeit steht somit oft die Forderung nach einer gewissen Mindestmasse der Momentanprobe im Hinblick auf eine zuverlässige und reproduzierbare Wägung gegenüber. Mit Hilfe der meisten konventionellen Meßverfahren, die auf einer rein gravimetrischen Analyse beruhen, können deshalb lediglich Zeitmittelwerte der Konzentration festgestellt werden /ORD58, VDI2265/.

Um auch bei praxisüblichen und teilweise sehr kurzen Bearbeitungszeiten einen Aufschluß über die zeitliche Entwicklung der Massenkonzentration zu erhalten, wurde im Rahmen der vorliegenden Arbeit ein Meßsystem eingesetzt, das auch bei längeren Meßzeiten eine zeitlich hochauflösende Bestimmung des Konzentrationsverlaufs durch Kombination photometrischer und gravimetrischer Messung ermöglicht. Bedingt durch die Bauart des Meßsensors wird eine Aufschlüsselung in die drei, unter arbeitsmedizinischen Aspekten interessanten Fraktionen des einatembaren, thorakalen sowie alveolengängigen Staubanteils vorgenommen. Der Aufbau des Meßsensors ist in **Abbildung 5.23** wiedergegeben /KOC97, EN481/.

Das Meßsystem vereint die Funktionen einer Inertialklassierung und Aufkonzentrierung grober Partikel durch virtuelle Impaktion, der Probenahme auf Filtern sowie der Meßwertaufnahme mittels Streulichtphotometrie in sich. Über einen zweistufigen virtuellen Impaktor wird eine aerodynamischen Zerlegung des Staubs in die drei gemäß EN481 relevanten Fraktionen erreicht, wobei eine Sammlung der drei Fraktionen auf Filtern für eine spätere gravimetrische bzw. chemische oder analytische Auswertung erfolgt. Zudem wird online der qualitative zeitliche Verlauf der Massenkonzentrationen der einzelnen Fraktionen in drei Streulichtmeßkammern gemessen. Die Ermittlung des quantitativen zeitlichen Verlaufs der Massenkonzentration wird durch eine Kalibrierung der Photometriedaten mit Hilfe der gravimetrischen Auswertung der auf den Filtern abgeschiedenen Staubproben erreicht /KOC88, KOC97/.

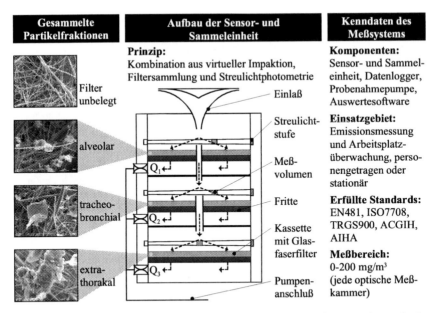

Abbildung 5.23: Aufbau des Meßsensors zur Bestimmung des Massenkonzentrationsverlaufs

Das Meßsystem setzt sich aus den Komponenten Sensor- und Sammeleinheit, Datenlogger und Sammelpumpe zusammen. Die in Abbildung 5.23 dargestellte Sensor- und Sammeleinheit besteht aus einem Mantelgehäuse, das die optischen, elektronischen und volumenstromregelnden Bauteile enthält, und drei herausnehmbaren Modulen, die die Funktion des virtuellen Impaktors übernehmen und gleichzeitig jeweils eine Filterkassette aufnehmen. Abgeschlossen wird diese Einheit durch einen Einsaugkopf. Aufgrund des modularen Aufbaus sowie des geringen Gewichts und der geringen Abmessungen der Sensor- und Sammeleinheit kann das Meßsystem entweder personengetragen oder stationär betrieben werden. Einsatzgebiete sind neben dem Bereich des Arbeitsschutzes auch Anwendungen im Rahmen der Prozeßkontrolle, von Filterbegutachtungen oder der Charakterisierung von Staubquellen. Der Meßaufbau zur Ermittlung der Massenkonzentrationen bei der Fräsbearbeitung der beiden Versuchswerkstoffe GG25 und GGG40 ist in **Abbildung 5.24** wiedergegeben /KOC97, NIE98/.

Die räumliche Anordnung der Sensor- und Sammeleinheit wurde so gewählt, daß eine Erfassung freiwerdender Partikel möglichst nahe an der Entstehungsstelle möglich ist. Dabei wurde der Einlaß außerhalb des direkten Spanflugbereichs positioniert, um zu verhindern, daß größere Partikel aufgrund ihrer kinetischen Energie in das Meßgerät gelangen und somit zu einer Verfälschung der Messung führen können. Vor jeder Messung wurden die Glasfaserfilter mehrere Stunden in einem klimatisierten Raum ausgelagert und anschließend ihr Leergewicht bestimmt. Die Ermittlung der Filterbelegung erfolgte nach erneuter Auslagerung der Filter auf einer Analysewaage. Mit Hilfe von Referenzfiltern war es möglich, den gegebenenfalls vorhandenen Einfluß der Luftfeuchtigkeit auf die Gewichtsveränderung der Filter zu quantifizieren und somit die tatsächliche Partikelmassenbelegungen zu bestimmen. Die Berechnung der Konzentrationsverläufe erfolgte mit Hilfe einer Auswertesoftware.

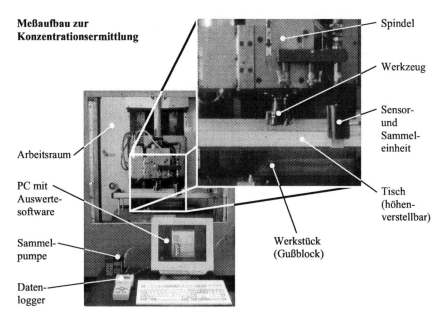

Abbildung 5.24: Meßaufbau zur Bestimmung des Massenkonzentrationsverlaufs

5.4.3 Gravimetrische Kenngrößen und Massenkonzentrationen

Aus der Wägung der Glasfaserfilter, auf welchen die Staubpartikel während der Bearbeitung abgeschieden wurden, konnten zunächst die anfallenden Partikelmassenanteile der alveolaren, thorakalen und einatembaren Fraktion bestimmt werden. Die kleinsten, größten sowie durchschnittlichen Belegungssummen aus den Zerspanversuchen sind in **Abbildung 5.25** zusammengefaßt.

	GG25			GGG40		
	■	▦	☐	■	▦	☐
Minimalwert [mg]	0,02	0,3	0,9	0,015	0,155	0,655
Maximalwert [mg]	1,09	1,63	3,01	0,345	0,83	1,745
mittlerer Wert [mg]	0,412	0,918	1,763	0,14	0,44	1,18

Legende: ■ alveolare Massenbelegung   ▦ thorakale Massenbelegung   ☐ einatembare Massenbelegung

Abbildung 5.25: Belegungssummen aus den Konzentrationsmessungen

Grundsätzlich sind bei der Bearbeitung des lamellaren Gußeisens deutlich höhere Belegungssummen zu verzeichnen. Dieses Ergebnis steht im Einklang mit den Erkenntnissen aus der durchgeführten Korngrößenanalyse; hierbei konnte analog festgestellt werden, daß die Bearbeitung von GG25 zu einem höheren Staubmassenanteil bzw. kleineren medianen Massendurchmesser führt (vgl. Kapitel 5.3.2). Die deutlichen Spannweiten zwischen den Werten bei allen Fraktionen lassen bereits an dieser Stelle erkennen, daß eine signifikante Abhängigkeit zwischen den variierten Bearbeitungsparametern und den resultierenden Massenbelegungen besteht.

Durch Verrechnung der Partikelmassen mit den photometrischen Daten der einzelnen Messungen konnten die zeitlichen Verläufe der Massenkonzentration der drei Fraktionen nach EN481 bestimmt werden. Als wesentliche Kenngrößen konnten hieraus zunächst die Spitzenkonzentrationen c_{max} sowie die mittleren Konzentrationen c_{mit} bei den unterschiedlichen Versuchspunkten bestimmt werden. In **Abbildung 5.26** sind die Ergebnisse, welche bei der Fräsbearbeitung von GG25 gewonnen wurden, wiedergegeben.

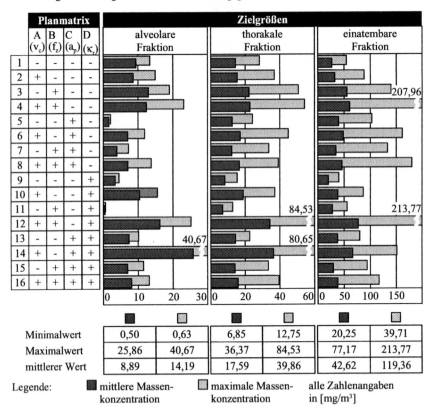

Abbildung 5.26: Massenbezogene Spitzenkonzentrationen und mittlere Konzentrationen gemäß EN481 bei der Bearbeitung von GG25

Auch bei den Spitzenkonzentrationen sind nennenswerte Schwankungsbreiten zwischen den minimalen und maximalen Werten festzustellen; dies gilt für alle betrachteten Fraktionen. Bezogen auf die mittleren Konzentrationen ist zunächst kein Zusammenhang zwischen den Werten von c_{mit} und den variierten Bearbeitungsparametern zu erkennen. Eine Gegenüberstellung der Spitzenkonzentrationen im alveolaren, thorakalen sowie insbesondere einatembaren Bereich mit der Planmatrix läßt jedoch darauf schließen, daß von der Schnittgeschwindigkeit v_c ein deutlicher Einfluß ausgeht. Deutlich wird zudem aus der Gegenüberstellung der mittleren und maximalen Konzentrationen bei unterschiedlichen Parameterkombinationen, daß Spitzenwerte der alveolaren Fraktion teilweise nur geringfügig höher liegen als die Mittelwerte. Diese Differenz fällt bei der thorakalen und vor allem der einatembaren Fraktion deutlich größer aus. Eine ausgeprägte, zeitlich begrenzte Überhöhung des Massenkonzentrationsverlaufs ist im ersten Fall somit nicht zu erwarten. Im Gegensatz dazu ist zu erkennen, daß die zeitlichen thorakalen und einatembaren Konzentrationsverläufe durch eindeutige Maxima gekennzeichnet sind. Analog zu der Auswertung der Konzentrationsverläufe bei der Bearbeitung von GG25 wurden die maximalen und durchschnittlichen Konzentrationswerte für GGG40 ermittelt. Die Ergebnisse sind in **Abbildung 5.27** dargestellt.

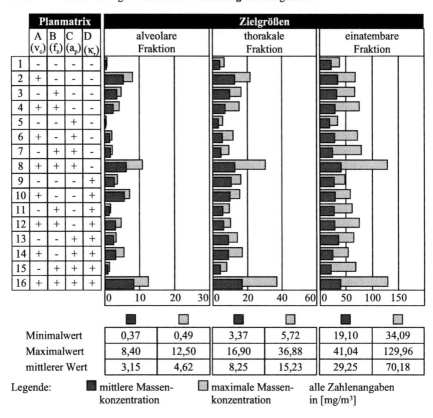

Abbildung 5.27: Massenbezogene Spitzenkonzentrationen und mittlere Konzentrationen gemäß EN481 bei der Bearbeitung von GGG40

Wie aus der Abbildung eindeutig hervorgeht, liegen die betrachteten Konzentrationen bei der Bearbeitung von GGG40 im Vergleich zu GG25 deutlich niedriger. Eine signifikante Beeinflussung der resultierenden mittleren sowie maximalen Konzentrationen ist jedoch auch für GGG40 anhand der bedeutenden Unterschiede zwischen den ermittelten Maximal- und Minimalwerten abzuleiten. Im Hinblick auf die Relevanz einzelner Faktoren ist ausgehend von

Abbildung 5.27 zunächst eine Abhängigkeit zwischen den Spitzenkonzentrationen der alveolaren Fraktion sowie der Schnittgeschwindigkeit v_c zu erkennen. Diese Abhängigkeit ist tendenziell auch für die thorakale und einatembare Fraktion festzustellen. Bezogen auf die mittleren Konzentrationen können dagegen keine auffälligen Abhängigkeiten abgeleitet werden. Die bisherigen Überlegungen stellen die Grundlage für eine sich anschließende eingehende Analyse der zeitlichen Massenkonzentrationsverläufe sowie eine Ermittlung signifikanter Einflußfaktoren und deren Wirkrichtung im Rahmen einer statistischen Auswertung der Versuchsdaten dar.

5.4.4 Verlauf der Massenkonzentrationen

Bezogen auf die Massenkonzentrationen wurden bisher ausschließlich einzelne Emissionskennwerte betrachtet. Gegenstand der Untersuchungen waren hierbei einerseits die Konzentrationshöchstwerte zu einem bestimmten Zeitpunkt sowie die mittleren Massenkonzentrationen, die eine Aussage über die Gesamtmenge der über die Meßzeit erzeugten Partikel erlauben. Die eingesetzte Meßtechnik ermöglicht darüber hinaus eine Analyse der zeitlichen Entwicklung der Massenkonzentrationen, aus der zusätzliche Erkenntnisse bezüglich des Emissionsaufkommens während des und nach dem Schneideneingriff gewonnen werden können. Zu diesem Zweck wurden aus den gravimetrischen Versuchsdaten sowie den photometrischen Meßwerten die Konzentrationsverläufe der alveolaren, thorakalen sowie einatembaren Fraktion rechnerisch ermittelt.

Bei einer Gegenüberstellung der einzelnen Messungen sind auch hier, analog zu den bereits diskutierten mittleren Konzentrationen sowie Spitzenkonzentrationen, erhebliche Abweichungen zwischen den einzelnen Massenkonzentrationsverläufen festzustellen. Verdeutlicht wird diese Aussage durch die in **Abbildung 5.28** dargestellten Verläufe. Einander gegenübergestellt sind in der Abbildung die zeitlichen Verläufe, die zu den bereits diskutierten minimalen bzw. maximalen mittleren Konzentration in den einzelnen Fraktionen führen.

Die Maxima der Verläufe der einatembaren wie auch thorakalen Fraktion sind hierbei ausgeprägter als die der alveolaren Fraktion, wie bereits ein Vergleich der mittleren Konzentrationen mit den Spitzenkonzentrationen der einzelnen Versuche vermuten ließ (vgl. Kapitel 5.4.3). Der als graue Fläche dargestellte Bereich zwischen den Extremverläufen der Massenkonzentration steht stellvertretend für die Schar der Kurven, die aus den übrigen durchgeführten Versuchen bestimmt werden konnte. In Übereinstimmung mit den bisherigen Erkenntnissen (vgl. Abbildung 5.26 und 5.27) ist hierbei zu erkennen, daß der Größenunterschied der beiden durch die Extremverläufe beschriebenen Flächen mit zunehmender Korngröße geringer wird. Dies führt bei der einatembaren Fraktion schließlich dazu, daß es zu einer Überschneidung der Kurven kommt; in der Folge wird ab einer Meßzeit von etwa 400 s bzw. 600 s kein Korridor beschrieben, der die Schar der übrigen Kurven einschließt. Verantwortlich hierfür sind zudem die unterschiedlichen Zeiträume der Emissionsfreisetzung, die durch eine Variation des Vorschubs f_z gegeben sind, in Kombination mit dem Sedimentationsverhalten der Partikelkollektive, auf das im folgenden näher eingegangen wird.

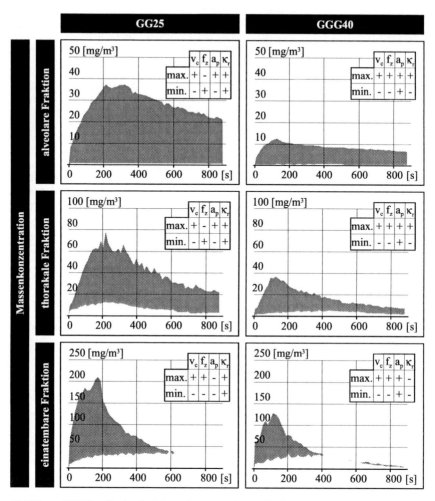

Abbildung 5.28: Bandbreite der Massenkonzentrationsverläufe

Zurückzuführen sind die Abweichungen der Konzentrationsverläufe aller drei betrachteten Fraktionen zunächst auf die unterschiedlichen bearbeiteten Werkstoffe. Wie bereits im Rahmen der Korngrößenanalyse sowie bei der Betrachtung der Spitzenkonzentrationen und mittleren Konzentrationen deutlich wurde, ist die Bearbeitung von GG25 grundsätzlich durch ein vergleichsweise höheres Emissionsaufkommen gekennzeichnet. Die Ausdehnung der Kurvenscharen bezogen auf die einzelnen Fraktionen in Richtung der y-Achse läßt zudem darauf schließen, daß eine Abhängigkeit des Konzentrationsverlaufs von der jeweiligen Faktorkombination gegeben ist. Die Faktorkombinationen, welche den Extremverläufen zugrunde liegen, sind in den Diagrammen wiedergegeben. Tendenziell ist aus den ausgewiesenen Faktorkombinationen abzuleiten, daß die Höhe der Konzentrationen und somit auch die Fläche unterhalb der durch den zeitlichen Verlauf beschriebenen Kurve proportional abhängig ist von der

Schnittgeschwindigkeit v_c. Systematische Einflüsse der anderen Faktoren lassen sich dagegen aus einer alleinigen Betrachtung der dargestellten Extremverläufe nicht ableiten. Eine gesicherte Aussage über den Einfluß eines oder mehrerer Faktoren bedarf jedoch einer statistischen Auswertung der Versuchsdaten, welche sich im nächsten Kapitel anschließt.

Trotz der beschriebenen Abweichungen bei den Massenkonzentrationsverläufen der einzelnen Versuche konnte insgesamt festgestellt werden, daß die zeitlichen Verläufe der Massenkonzentrationen der drei betrachteten Fraktionen stets einer definierten Grundform entsprechen. Exemplarisch sind die Meßschriebe aus zwei Einzelmessungen in **Abbildung 5.29** wiedergegeben. Dargestellt sind zeitliche Konzentrationsverläufe, die bei der Bearbeitung von GG25 sowie GGG40 ermittelt wurden. Mit Ausnahme der Schnittgeschwindigkeit v_c, deren Niveau werkstoffspezifisch angepaßt wurde, erfolgte die Zerspanung beider Werkstoffe mit identischen Parametern. Entsprechend stellte sich bei der Bearbeitung des globularen Gußeisens eine längere Schnittzeit t_1 ein. Anhand der dargestellten Meßergebnisse wird im folgenden der charakteristische Verlauf der Massenkonzentrationen, wie dieser für die Fräsbearbeitung vorzufinden ist, beschrieben.

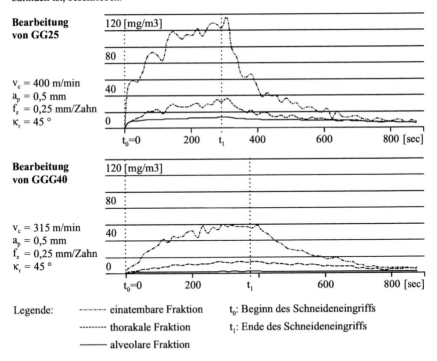

Abbildung 5.29: Zeitlicher Verlauf der Massenkonzentrationen

Im Zeitraum vor dem Schneideneingriff ist im Arbeitsraum eine gewisse, vergleichsweise niedrige Grundlast an Partikeln zu verzeichnen. Für die im Rahmen der vorliegenden Arbeit durchgeführten Meßreihen ist der Zustand im Maschinenarbeitsraum dem in der Maschinenumgebung gleichzusetzen. Bei einer Serienbearbeitung von Werkstücken kann jedoch bereits diese Grundlast wesentlich über dem Umgebungsniveau liegen. Bei Beginn der Zerspanung steigen die Konzentrationen zunächst steil und – insbesondere die Konzentration der einatembaren Fraktion – nahezu linear an. Mit zunehmender Schnittzeit flacht die Steigung der Kurven ab und diese nähern sich asymptotisch einem Maximum an. Der Verlauf der Kurven entspricht bis zu diesem Punkt näherungsweise einer Parabel bzw. einer Hyperbel. Die Höchstwerte werden mit dem Ende des Schneideneingriffs oder kurz danach erreicht, bedingt durch die verzögerte Ausbreitung der erzeugten Zerspanpartikel im Arbeitsraum und die resultierende verzögerte Erfassung durch den Meßsensor. Um diese zeitlichen Verzögerungen weitgehend zu eliminieren, wurde der Sensor möglichst nahe der Bearbeitungsstelle installiert, ohne daß hierbei eine Verfälschung der Meßergebnisse durch störende gröbere Zerspanpartikel erfolgen konnte (vgl. Abbildung 5.24).

Auf die ermittelten Spitzenkonzentrationen wurde bereits in Kapitel 5.4.3 eingegangen (vgl. Abbildungen 5.26 und 5.27). Die Maxima der einatembaren, thorakalen und alveolaren Massenkonzentration stehen bei der Bearbeitung von GG25 durchschnittlich im Verhältnis 100:33:12, bei GGG40 im Verhältnis 100:22:6,5. Für alle drei betrachteten Fraktionen gilt, daß die Spitzenwerte der Konzentrationsverläufe bei der Bearbeitung von GG25 um mindestens das Doppelte höher liegen als bei der Zerspanung von GGG40. Diese Erkenntnis steht im Einklang mit der durchgeführten Korngrößenanalyse, die ebenfalls ergab, daß die Gesamtheit der Zerspanpartikel bei der Bearbeitung von lamellarem Gußeisen einen vergleichsweise höheren Staubmassenanteil aufweist.

Der geschilderte kontinuierliche Anstieg der Massenkonzentration während der Zerspanung ist ausschließlich für den Fall zu beobachten, daß der Arbeitsraum der Maschine vollständig gegenüber der Umgebung gekapselt ist und keine Absaugung erfolgt. Bei Messungen an Maschinen, deren Arbeitsraum keine vollständige Kapselung aufwies, konnte dagegen kein kontinuierlicher Kurvenanstieg festgestellt werden, vielmehr pendelten sich die Massenkonzentrationen aller drei Fraktionen nach einer bestimmten Schnittzeit auf einem konstanten Niveau ein. Dies ist auf ein Gleichgewicht zwischen der Menge neuemittierter Partikel und der Menge des aus dem Arbeitsraum über unkontrollierte Luftströme abgeführten Staubs zurückzuführen.

Nach Ende des Schneideneingriffs bzw. Erreichen der maximalen Konzentrationen fallen die Kurven wieder ab. Im Vergleich zu ihrem Ansteigen sinken die Werte jedoch wesentlich langsamer, die Kurven der drei gemessenen Fraktionen nähern sich jeweils asymptotisch dem Grundniveau an. Hierbei ist deutlich zu erkennen, daß der Verlauf der Kurven der einzelnen Fraktionen voneinander abweicht. Dies ist darauf zurückzuführen, daß aus den geringen Abmessungen der Staubteilchen andere physikalische und chemische Eigenschaften resultieren, als bei größeren Teilchen des gleichen Werkstoffs. Insbesondere gelten für kleine und kleinste Teilchen nicht die Gesetze des freien Falls; vielmehr ist bei der Ermittlung ihrer Fallgeschwindigkeit ihr Luftwiderstand zu berücksichtigen, durch welchen die Teilchen deutlich abgebremst werden. Nach Stokes errechnet sich die stationäre Sinkgeschwindigkeit einer Kugel in einem stehenden Fluid entsprechend zu /ORD58, NEG74, RAU93/:

$$v_\infty = (\rho_S - \rho_L) \cdot \frac{g \cdot d^2}{18 \cdot \eta_L} \qquad (5.5)$$

mit: ρ_S: Dichte der (sedimentierenden) Partikel

ρ_L: Dichte des Fluids

g: Erdbeschleunigung ($=9{,}81$ m/s^2)

η_L: Viskosität des Fluids

Die dargestellte Gleichung gilt für den idealisierten Fall einer in einem unendlich ausgedehnten Medium sedimentierenden Kugel. In der Realität ergeben sich dagegen Abweichungen durch das Partikelschwarmverhalten, Wandeinflüsse oder die Partikelform, die durch entsprechende Korrekturfaktoren zu berücksichtigen sind. Aufgrund der großen Differenz zwischen Partikeldichte und der Dichte des umgebenden Fluids, des relativ geringen Volumenanteils an Feststoff in der Arbeitsraumluft sowie den im Verhältnis zu den Partikeldimensionen großen Abmessungen des Maschinenarbeitsraums kann jedoch im vorliegenden Fall eine vereinfachte Berechnung nach Gleichung 5.5 erfolgen. Unter Berücksichtigung einer mittleren Dichte der sedimentierenden Teilchen ρ_s=7150 kg/m³ (vgl. Abbildung 4.5) sowie der Dichte und Viskosität der Umgebungsluft (ρ_L=1,2928 kg/m³, η_L=17,2 µPas) ergibt sich die stationäre Sinkgeschwindigkeit für die im Arbeitsraum schwebenden Gußpartikel zu:

$$v_\infty = 2{,}2651 \cdot 10^8 \cdot d^2 \cdot (1/m \cdot s) \qquad (5.6)$$

mit: d: Korngröße des Partikels

Es ist somit festzustellen, daß die sich einstellende stationäre Sinkgeschwindigkeit allein abhängig ist vom Durchmesser des jeweiligen Partikels. Dies zeigt sich insbesondere in den Steigungen der Abklingkurven in Abbildung 5.28. Unter Anwendung der Gleichung 5.6 ist eine Erklärung des Abklingens der Massenkonzentrationen mit Hilfe eines Gedankenmodells möglich. Unter der Annahme, daß nach Bearbeitungsende die Partikel aller auftretenden Korngrößen gleichmäßig im Arbeitsraum verteilt sind, kann für alle Partikel einer Korngröße K eine mittlere Ausgangs-Fallhöhe $h_{m,K}$ definiert werden. Die Sedimentation aller Partikel einer Korngröße ist dann abgeschlossen, wenn diese nach einer bestimmten Zeit bei einer partikelgrößenabhängigen stationären Sinkgeschwindigkeit v_∞(d) diese Fallhöhe $h_{m,K}$ durchlaufen haben. Dieser Zusammenhang ist im oberen Teil von **Abbildung 5.30** für eine angenommene einheitliche Ausgangs-Fallhöhe $h_{m,K}$ = 1 m graphisch dargestellt. Eingetragen ist das Absinkverhalten für verschiedene definierte Partikelgrößen. Geht man davon aus, daß zum Ende der Schnittzeit (t = 0 s) die Massenkonzentrationen ihre Höchstwerte erreichen, so kann davon ausgegangen werden, daß sich der Verlauf der Massenkonzentration von Partikeln einer bestimmten Korngröße proportional zu der entsprechenden Absinkgerade verhält.

Bei real auftretenden Staubsystemen liegen jedoch für Partikel unterschiedlicher Korngrößen zum Zeitpunkt t = 0 s verschiedene Spitzen- bzw. Ausgangskonzentrationen vor. Diesem Umstand kann in dem erläuterten Gedankenmodell dadurch Rechnung getragen werden, daß man für einzelne Korngrößen bzw. Korngrößenbereiche unterschiedliche mittlere Ausgangs-Fallhöhen ansetzt. Durch Superposition der sich ergebenden Absinkgeraden der unterschiedlichen Korngrößen ergibt sich schließlich die charakteristische Abklingkurve der Massenkonzentrationen. Ausgehend von den durchschnittlichen Verhältnissen der Spitzenkonzentrationen der alveolaren, thorakalen und einatembaren Fraktionen, die bei der Bearbeitung von GG25 und GGG40 bestimmt werden konnten, kann eine qualitative Abschätzung der Abklingkurven durchgeführt werden (vgl. Abbildung 5.30, unterer Teil). Zu berücksichtigen ist, daß reale Abklingkurven bedingt durch vorhandene Luftströmungen flacher verlaufen können. Für ein vorliegendes polydisperses Partikelkollektiv nähern sich die Massenkonzentrationen folglich asymptotisch dem Ausgangsniveau an.

Gemäß Gleichung 5.6 verläuft die Sedimentation der kleinsten Partikel am langsamsten. Bei Teilchen mit einer Korngröße von weniger als 0,1 µm tritt schließlich keine Sedimentation auf; diese Partikel unterliegen der Brown'schen Bewegung und sind durch eine ungerichtete Bewegung im Raum gekennzeichnet. Für die industriellen Serienfertigung, die im Gegensatz zu den durchgeführten Bearbeitungsversuchen durch einen vergleichsweise konstanten, durch den Arbeitsprozeß bedingten Staubanfall gekennzeichnet ist, ist hieraus über längere Zeit eine Anreicherung der kleinen bzw. alveolaren Staubteilchen abzuleiten.

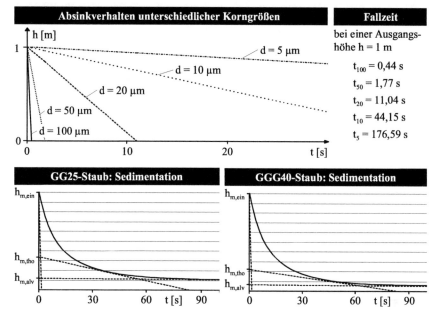

Abbildung 5.30: Sedimentation von Gußeisenpartikeln in Abhängigkeit von der Korngröße

Wie zu Beginn dieses Abschnitts erläutert, werden durch eine Variation des bearbeiteten Werkstoffs sowie der Bearbeitungsparameter zwar die Konzentrationshöchstwerte sowie die zeitliche Ausdehnung der Kurvenverläufe beeinflußt, die beschriebene Grundform ist jedoch als charakteristisch für alle durchgeführten Messungen zu betrachten und wurde ebenfalls bei der Bearbeitung anderer metallischer Werkstoffe mit definierter Schneide festgestellt. Speziell bei der Bohr- und Fräsbearbeitung von Aluminiumwerkstoffen sowie Magnesium konnten durch Vergleichsmessungen analoge zeitliche Verläufe der Massenkonzentrationen ermittelt werden.

Eine Besonderheit bei der Bearbeitung von Gußeisenwerkstoffen stellt die Zerspanung der Gußhaut bzw. der Randzone von Gußteilen dar. Diese ist häufig gekennzeichnet durch nichtmetallische Einschlüsse, die auf chemische Reaktionen während des Urformprozesses und nachfolgendes Festbrennen von Formstoffpartikeln zurückzuführen sind. Andererseits weist die Randzone von Gußwerkstücken, bedingt durch eine höhere Abkühlgeschwindigkeit, ein verändertes Gefüge auf. Die genannten Eigenschaften der Werkstückrandzone führen zu einem höheren abrasiven Verschleiß sowie einer veränderten Spanbildung (vgl. Kapitel 2.2). Bekannt ist zudem, daß ein hohes Emissionsaufkommen charakteristisch für das Putzen von Gußwerkstücken ist, welches sich unmittelbar an den Urformprozeß anschließt. Vor diesem Hintergrund wurde durch Vergleichsmessungen untersucht, ob bei einer Bearbeitung der Werkstückrandzone nach dem Putzvorgang ebenfalls mit einem veränderten Emissionsaufkommen zu rechnen ist. Hierzu wurden Zerspanversuche durchgeführt, bei denen zunächst jeweils die von groben Formstoffresten befreite Randzone einer Bramme aus GG25 zerspant wurde und im Anschluß das darunter liegende Kernmaterial. Mit Hilfe des bereits beschriebenen Meßaufbaus (vgl. Kapitel 5.4.2) wurden jeweils die zeitlichen Verläufe der Massenkonzentrationen nach EN481 gemessen. Wie die mikroskopischen Aufnahmen in **Abbildung 5.32** zeigen, wies die Randzone ein Gefüge auf, das im Vergleich zum Kernmaterial verändert war. Im Gegensatz zum Kernmaterial, das durch Lamellengraphit gekennzeichnet ist, liegt in der Randzone interdendritischer Graphit vor. Dieser entsteht bei schneller Abkühlung der Schmelze, indem sich zunächst dendritische Austenitkristalle bilden. Erst nach einer ausreichenden Kohlenstoffanreicherung der Restschmelze bilden sich lamellare Graphitstrukturen um die entstandenen Dendriten herum (vgl. Kapitel 4.3). Die Bearbeitung von Randzone und Kernmaterial erfolgte in jeweils zwei Überläufen bei einer Schnittiefe a_p von 1 mm. Das pro Versuch zerspante Volumen lag bei 97,5 cm³ bzw. 0,702 kg. Die Schnittgeschwindigkeit betrug 700 m/min, der Vorschub pro Zahn 0,1 mm sowie der Einstellwinkel κ_r 75°. Die Werkzeugschneiden befanden sich jeweils für etwa 85 Sekunden im Eingriff /BRU78, KÖN90, PFE91/.

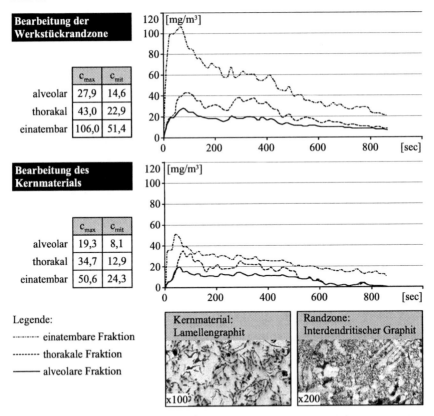

Abbildung 5.32: Einfluß der Werkstückrandzone auf die Staubkonzentration bei der spanenden Bearbeitung

Die Ergebnisse der Versuchsreihe lassen sich anhand der beiden in Abbildung 5.32 dargestellten Einzelmessungen erläutern. Aus einem Vergleich der Konzentrationsverläufe ist zu erkennen, daß die Konzentrationen der drei betrachteten Fraktionen bei einer Zerspanung der Randzone deutlich höher liegen als bei einer Bearbeitung des Kernmaterials. Hierbei ist ein überproportionaler Anstieg der Werte der einatembaren Fraktion festzustellen. Auf einen höheren Anteil größerer Partikel innerhalb der einatembaren Fraktion bei der Randzonenzerspanung läßt auch der vergleichsweise steile Abfall des Konzentrationsverlaufs der einatembaren Fraktion nach Ende des Werkzeugeingriffs schließen. Die veränderten Werkstoffeigenschaften im Randbereich führen auch zu höheren mittleren Konzentrationen. So wurde der Mittelwert der einatembaren Massenfraktion im vorliegenden Fall zu 51,4 mg/m^3 bei einer Bearbeitung des Kernmaterials bzw. zu 24,3 mg/m^3 bei der Randzonenbearbeitung ermittelt. Insgesamt resultiert aus einer Zerspanung der Randzone von Gußeisenwerkstücken ein höheres Aufkommen staubförmiger Emissionen.

5.4.5 Statistische Versuchsauswertung

In Analogie zur durchgeführten Korngrößenanalyse wurden auch die Resultate der Konzentrationsmessungen einer statistischen Auswertung unterzogen. Für die Zielgrößen Spitzenkonzentration, mittlere Konzentration sowie Abklingzeit wurden hierzu die Haupt- und Wechselwirkungseffekte bestimmt und eine Varianzanalyse durchgeführt. Die Ergebnisse der statistischen Analysen im Hinblick auf die Höchstwerte der Massenkonzentrationen bei der Bearbeitung von GG25 sind in **Abbildung 5.32** zusammengefaßt. Die Resultate aus der Zerspanung von GGG40 folgen in **Abbildung 5.33**. Festgehalten sind zu den drei betrachteten Fraktionen jeweils die Haupteffekte und die zweifachen Wechselwirkungen mit der entsprechenden Wirkrichtung. Als Balkendiagramm sind zudem die F-Werte der Faktoren als Ergebnis der Varianzanalyse wiedergegeben. Im Hinblick auf eine leichtere Einordnung der ermittelten Effekte ist schließlich der Durchschnitt aus den Konzentrationshöchstwerten jeder Fraktion vermerkt. Aus einem Vergleich der F-Werte in Abbildung 5.32 wird deutlich, daß der Faktor Schnittgeschwindigkeit hochsignifikant ist und mit Abstand den größten Einfluß auf die Spitzenkonzentrationen aller drei betrachteten Fraktionen ausübt. Die Wirkrichtung von v_c ist dabei positiv. Mit Ausnahme des Vorschubs pro Zahn, dessen Einfluß auf die maximale einatembare Konzentration ebenfalls als hochsignifikant ermittelt wurde, überschreiten die F-Werte aller anderen einfachen Faktoren nicht die Signifikanzgrenze. Dagegen ist festzustellen, daß zusätzlich verschiedene zweifache Wechselwirkungen einen signifikanten Einfluß ausüben, eine klare Tendenz ist hierbei jedoch nicht zu erkennen.

Ein ähnliche Aussage folgt aus einer Auswertung der erreichten maximalen Massenkonzentrationen bei der Bearbeitung von GGG40 (siehe Abbildung 5.33). Aus einer Betrachtung der durchschnittlichen Spitzenkonzentrationen wird zunächst deutlich, daß diese je nach Fraktion um 35 bis 60 % niedriger liegen, als bei der Bearbeitung von GG25. Diese Feststellung steht im Einklang mit den Erkenntnissen aus der durchgeführten Korngrößenanalyse. Im Hinblick auf die Bedeutung der einzelnen Einflußfaktoren ist dagegen auch bei der Zerspanung von GGG40 ein signifikanter bzw. hochsignifikanter Zusammenhang zwischen der Schnittgeschwindigkeit und den maximalen Massenkonzentrationen für alle untersuchten Fraktionen abzuleiten. Die Wirkrichtung dieses Haupteffektes ist positiv. Bezogen auf die Höchstwerte der Konzentration einatembarer Partikel ist darüber hinaus der Einfluß des Vorschub f_z als hochsignifikant zu bezeichnen. Die Bedeutung von zweifachen Wechselwirkungen ist vergleichsweise gering, lediglich der F-Wert der Faktorkombination BD übersteigt, bezogen auf die maximale alveolare Konzentration, die Signifikanzgrenze.

maximale Konzentration	Effekte [mg/m³]	Wirkrichtung	Faktor (-kombination)	Pareto Diagramm (F-Werte)
alveolare Fraktion	11,1959	+	A (v_c)	17,69
	0,0390786	+	B (f_z)	n.n.
	0,737733	−	C (a_p)	0,08
	1,98618	+	D (κ_r)	0,56
	5,70502	+	AD	4,59
	8,12785	+	CD	9,32
	0,9 bis 5,15	n.n.	andere	0,11 bis 3,74
	$c_{maxalv,\,mittel}$=14,191 mg/m³			
thorakale Fraktion	24,5175	+	A (v_c)	15,31
	7,21951	+	B (f_z)	1,33
	0,191969	−	C (a_p)	n.n.
	1,72379	+	D (κ_r)	0,08
	14,9538	+	AD	5,70
	13,9245	−	BD	4,94
	1,89 bis 6,75	n.n.	andere	0,09 bis 1,16
	$c_{maxtho,\,mittel}$=39,8623 mg/m³			
einatembare Fraktion	63,2953	+	A (v_c)	18,19
	47,0547	+	B (f_z)	10,05
	16,845	+	C (a_p)	1,29
	29,2099	−	D (κ_r)	3,87
	39,9795	−	BD	7,26
	5,26 bis 16,35	n.n.	andere	0,13 bis 1,21
	$c_{maxein,\,mittel}$=119,364 mg/m³			

Legende: ······ kritische F-Werte ($F_{95\%}$=4,49 bzw. $F_{99\%}$=8,53)

Abbildung 5.32: Konzentrationshöchstwerte bei der Bearbeitung von GG25 – Statistische Auswertung

Für beide Werkstoffe zeichnet sich somit eine deutliche Abhängigkeit der gemessenen Massenkonzentrationen bezogen auf die alveolare, thorakale und einatembare Fraktion von der Schnittgeschwindigkeit v_c ab. Ausgehend von der ermittelten positiven Wirkrichtung des Effekts von v_c geht mit einer Steigerung der Schnittgeschwindigkeit unmittelbar eine Erhöhung der Konzentrationen einher. Die Bedeutung des Vorschubs pro Zahn in diesem Zusammenhang ist nicht eindeutig zu beurteilen. Ebenso ist zu berücksichtigen, daß verschiedene zweifache Wechselwirkungen einen signifikanten Einfluß ausüben, wohingegen die F-Werte der Faktoren Schnittiefe und Einstellwinkel deutlich geringer liegen. Ergänzend wurde vor diesem Hintergrund eine Untersuchung der Einflußgrößen auf die mittleren Massenkonzentrationen bei der Bearbeitung durchgeführt.

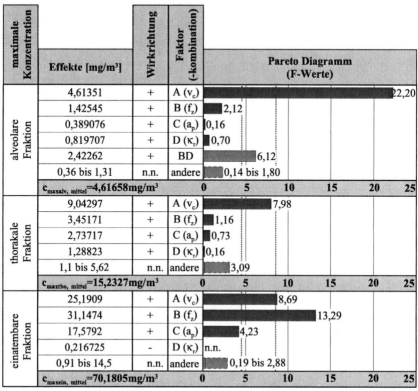

Legende: ····· kritische F-Werte ($F_{95\%}$=4,49 bzw. $F_{99\%}$=8,53)

Abbildung 5.33: Konzentrationshöchstwerte bei der Bearbeitung von GGG40 – Statistische Auswertung

Während bei der alleinigen Nennung des erreichten höchsten Konzentrationswertes die Zeit als Dimension außer acht gelassen wird, ermöglicht die zusätzliche Angabe der mittleren Massenkonzentration eine erste Abschätzung des Konzentrationsverlaufs. Die Ergebnisse der durchgeführten Varianzanalyse für die mittleren Massenkonzentrationen bei der Zerspanung von GG25 sind in **Abbildung 5.34** zusammenfassend dargestellt. Im Hinblick auf die Beeinflussung der mittleren Massenkonzentrationen ist wiederum eine hohe Signifikanz des Faktors v_c festzustellen. Die Wirkrichtung ist hierbei positiv, analog zu den bereits diskutierten Effekten auf die Spitzenkonzentrationen. Neben diesem Haupteffekt erweisen sich jedoch auch die Effekte verschiedener zweifacher Wechselwirkungen als signifikant bzw. sogar hochsignifikant.

Diese Aussagen treffen in ähnlicher Weise auf die Bearbeitung von GGG40 zu (vgl. **Abbildung 5.35**). Auch hier ist die Schnittgeschwindigkeit bezogen auf die mittleren alveolaren sowie thorakalen Massenkonzentrationen von signifikanter Bedeutung, mit positiver Wirkrichtung. Zwischen der mittleren einatembaren Massenkonzentration als Zielgröße und den variierten Faktoren konnte dagegen kein relevanter Zusammenhang ermittelt werden.

Zielgröße	hochsignifikante Einflüsse			signifikante Einflüsse		
	Faktor	Wirk-richtung	F-Wert	Faktor	Wirk-richtung	F-Wert
mittlere alveolare Konzentration c_{mitalv}	A (v_c)	+	14,26	AD	+	7,20
	CD	+	9,93			
mittlere thorakale Konzentration c_{mittho}	A (v_c)	+	12,66	AD	+	6,34
				BC	–	6,36
mittlere einatembare Konzentration c_{mitein}	A (v_c)	+	14,63			
	BC	–	16,80			

Legende: $F_{(95\%)} = 4,49$ $F_{(99\%)} = 8,53$

Abbildung 5.34: Mittlere Massenkonzentrationen bei der Bearbeitung von GG25 – Statistische Auswertung

Zielgröße	hochsignifikante Einflüsse			signifikante Einflüsse		
	Faktor	Wirk-richtung	F-Wert	Faktor	Wirk-richtung	F-Wert
mittlere alveolare Konzentration c_{mitalv}	A (v_c)	+	15,25	BC	+	5,50
mittlere thorakale Konzentration c_{mittho}	A (v_c)	+	4,55			
mittlere einatembare Konzentration c_{mitein}						

Legende: $F_{(95\%)} = 4,49$ $F_{(99\%)} = 8,53$

Abbildung 5.35: Mittlere Massenkonzentration bei der Bearbeitung von GGG40 – Statistische Auswertung

Insgesamt ergibt sich somit aus der statistischen Auswertung der Versuchsdaten, daß die Schnittgeschwindigkeit die dominierende Einflußgröße bezogen auf die resultierenden Partikelmassenkonzentrationen repräsentiert. Zur Verdeutlichung dieser Aussage sind in **Abbildung 5.36** die Konzentrationsverläufe aus zwei verschiedenen Versuchen einander gegenübergestellt; mit Ausnahme einer Veränderung der Schnittgeschwindigkeit wurden die Bearbeitungsparameter konstant gehalten. Deutlich ist zu erkennen, daß sich eine Steigerung von v_c von 400 auf 700m/min insbesondere auf die maximale einatembare Massenkonzentration auswirkt, die bei der höheren Schnittgeschwindigkeit um etwa 60 % höher liegt. Bezogen auf die Konzentrationshöchstwerte der einatembaren Fraktion konnten sowohl die Schnittgeschwindigkeit v_c als auch der Vorschub f_z als signifikante Einflußgrößen identifiziert werden. Ausgehend von den vorliegenden Versuchsdaten konnte für den untersuchten Parameterbereich die Antwortfläche $c_{max} = f(v_c, f_z)$ angenähert werden. Die in **Abbildung 5.37** dargestellten sekantiellen Ebenen stellen hierbei eine Näherung der in Wirklichkeit gekrümmten Antwortflächen dar.

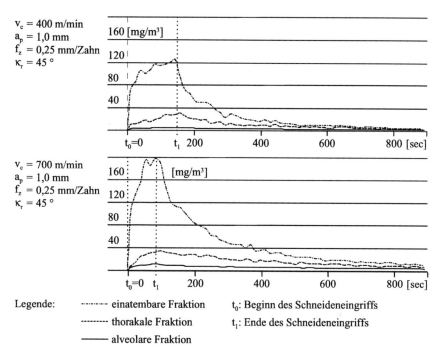

Abbildung 5.36: Einfluß der Schnittgeschwindigkeit auf die gemessenen Spitzenkonzentrationen bei der Bearbeitung von GG25

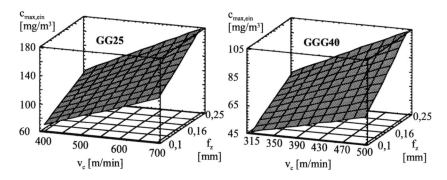

Abbildung 5.37: Näherung der Antwortfläche für $c_{max,ein}$

Abgesehen von den ermittelten maximalen sowie mittleren Massenkonzentrationen wurde als eine zusätzliche Zielgröße die Abklingzeit der einatembaren Konzentration betrachtet. Als Abklingzeit wurde hierbei die Zeitspanne definiert, in der die einatembare Konzentration von ihrem Maximum bis auf ein Drittel dieses Wertes abgesunken ist. Somit ist eine quantifizierbare Größe gegeben, die eine Auswertung mit statistischen Methoden ermöglicht. Die durchgeführte Varianzanalyse ergab, daß ein signifikanter Zusammenhang zwischen der Abklingzeit und den Faktoren Einstellwinkel κ_r sowie Vorschub f_z besteht. Die Bedeutung des Einstellwinkels beschränkt sich dabei auf die Bearbeitung von GG25; hier konnte festgestellt werden, daß eine Reduzierung des Einstellwinkels von 75° auf 45° zu einer Verkürzung der Abklingzeit von mehr als 50 % führt. Der Einfluß des Vorschubs ist bei beiden untersuchten Werkstoffen gegeben; die Wirkrichtung des Effekts ist negativ. Dieser Zusammenhang kann anhand der in **Abbildung 5.38** dargestellten Konzentrationsverläufe erläutert werden.

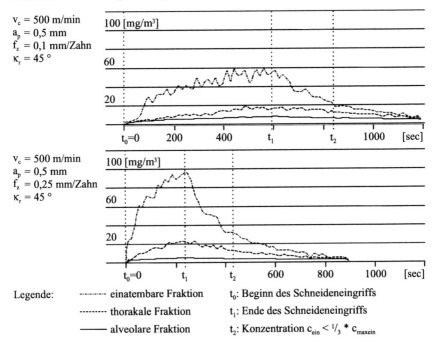

Abbildung 5.38: Einfluß des Vorschubs pro Zahn auf die Abklingzeiten bei der Bearbeitung von GGG40

Wie aus den dargestellten Konzentrationsverläufen zu erkennen ist, besteht zunächst ein umgekehrt proportionaler Zusammenhang zwischen f_z und der sich ergebenden Zeit des Schneideneingriffs (t_0 bis t_1), während der die Konzentrationen aller betrachteten Fraktionen bis zu einem maximalen Wert ansteigen. Im Falle des höheren Vorschubs ($f_z=0,25$ mm) stellt sich hierbei erwartungsgemäß eine deutlich höhere Spitzenkonzentration bezogen auf die einatembare Fraktion ein (vgl. Abbildung 5.26 bzw. Abbildung 5.27). Der prozentuale Anstieg der Höchstwerte der thorakalen sowie alveolaren Konzentration ist im Vergleich wesentlich geringer. Eine Erhöhung des Vorschubs führt somit in erster Linie zu einer Zunahme des Anteils großer Partikel innerhalb der Fraktionen nach EN481; diese besitzen eine höhere Sinkgeschwindigkeit, so daß insgesamt ein steileres Abfallen insbesondere der einatembaren Konzentrationen und hierdurch kürzere Abklingzeiten die Folge sind. Diese Erkenntnisse decken sich mit den Ergebnissen der Korngrößenanalyse (vgl. Kapitel 5.3.3).

5.5 Teilchengestalt

In Kapitel 4.2 wurde bereits eine Analyse der Spanarten und -formen bei der Gußeisenbearbeitung durchgeführt. Neben einer Korngrößenanalyse ermöglicht die Fraktionierung mit Hilfe der Siebanalyse eine Charakterisierung der Gestalt der erzeugten Teilchen im Subspanbereich. Zu diesem Zweck wurden Aufnahmen von einzelnen Partikelfraktionen mit einem Rasterelektronenmikroskop angefertigt. Die Formen von Staubteilchen sind abhängig sowohl vom Material als auch dem Entstehungsprozeß der Partikel und können entsprechend vielfältig sein. Eine Beschreibung der Teilchengestalt wird deshalb in der Regel durch einen Vergleich mit vorgegebenen geometrischen Grundformen vollzogen. Im folgenden wird gemäß der VDI-Richtlinie 3491 zwischen isometrischen Partikeln, deren Abmessungen in allen drei Dimensionen etwa gleich sind, tafeligen Partikeln, deren Abmessungen in zwei Dimensionen wesentlich größer als in der dritten sind, und nadeligen Partikeln, deren Abmessungen in einer Dimension wesentlich größer als in den beiden anderen sind, unterschieden /ORD58, NEG74, VDI3491/.

In **Abbildung 5.39** sind rasterelektronenmikroskopische Aufnahmen für die Siebfraktionen eines Partikelkollektivs wiedergegeben, welches bei der Bearbeitung von GG25 erfaßt wurde. Die Zerspanung erfolgte bei einer Schnittgeschwindigkeit von 400 m/min, einem Vorschub f_z von 0,1 mm und einer Eingriffstiefe a_p von 0,5 mm; der Einstellwinkel κ_r betrug 45°. Ein Vergleich mit den erfaßten Kollektiven aus anderen Versuchen zeigte, daß die dargestellten Partikelformen repräsentativ für den betrachteten Zerspanungsprozeß bzw. Werkstoff sind.

Wie aus Abbildung 5.39 hervorgeht, liegen im Korngrößenbereich von 500 bis 1000 µm Zerspanpartikel vor, die hinsichtlich ihrer Form den bereits beschriebenen Bröckelspänen entsprechen (vgl. Kapitel 4.2). Ein Span besteht hierbei meist aus mehreren Segmenten, die punktweise miteinander verschweißt sind. Im Korngrößenbereich von 250 bis 500 µm überwiegen dagegen einzelne Spansegmente, die durch eine nadelige Gestalt gekennzeichnet sind. Die Trennung der labilen Bröckelspäne in Segmente erfolgt primär nach einem Ablaufen der Späne über die Spanfläche; zu berücksichtigen ist ferner, daß dieser Prozeß ebenfalls durch die Fraktionierung des Partikelkollektivs unterstützt wird. Innerhalb der Fraktion von 125 bis 250 µm ist ein Übergang der Form von nadeligen in isometrische Teilchen zu erkennen. Diese Tendenz setzt sich in der nächstkleineren Fraktion fort. Bezogen auf die Partikel der Korngrößenfraktion von 63 bis 71 µm ist zusätzlich ein bestimmter Anteil tafeliger Partikel festzustellen. Unterhalb von 63 µm liegen schließlich Teilchen aller drei betrachteten Formkategorien vor, wobei die isometrischen und tafeligen Partikel dominieren.

Diese Erkenntnisse, die aus einer Betrachtung einzelner Siebfraktionen gewonnen werden konnten, werden zudem durch eine Analyse der einatembaren, thorakalen sowie alveolengängigen Partikel untermauert, welche im Rahmen der Konzentrationsmessungen erfaßt und auf Glasfaserfiltern abgeschieden wurden. Beispielhaft sind in **Abbildung 5.40** elektronenmikroskopische Aufnahmen belegter Glasfaserfilter dargestellt. Deutlich zu erkennen sind die Größenunterschiede der auf den drei aus Glasfasern bestehenden Filtern abgelagerten Partikelfraktionen. In Übereinstimmung mit den bisherigen Aussagen ist festzustellen, daß die Form der abgeschiedenen Partikel entweder als isometrisch oder tafelig zu bezeichnen ist. Insgesamt ist somit festzustellen, daß ein eindeutiger Zusammenhang zwischen Größe und Form der erzeugten Zerspanteilchen gegeben ist.

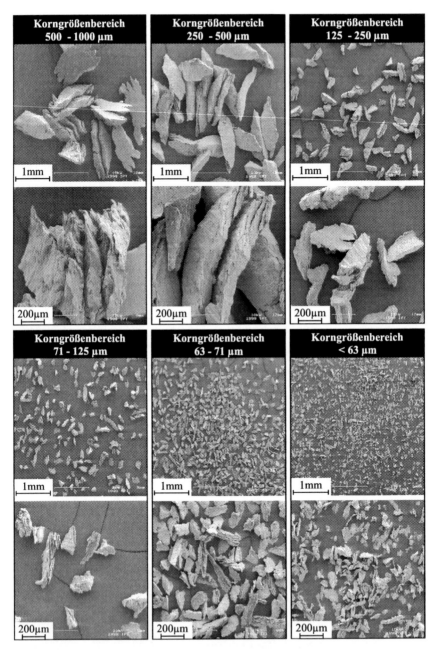

Abbildung 5.39: Partikelformen bei der Bearbeitung von GG25 (I)

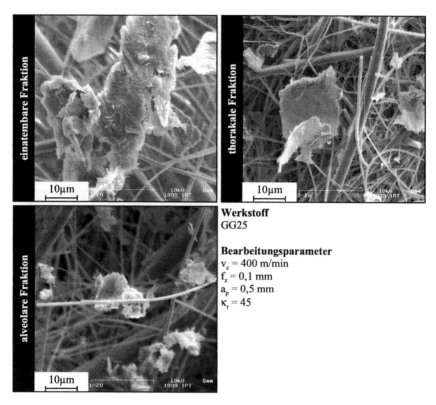

Abbildung 5.40: Partikelformen bei der Bearbeitung von GG25 (II)

Analog zur Untersuchung der Zerspanpartikel aus der Bearbeitung des Lamellengraphitgusses erfolgte eine morphologische Betrachtung der Teilchen aus Kugelgraphitguß. Hierzu wurden wiederum Partikelkollektive bei verschiedenen Bearbeitungsparametern erfaßt und mit einem Elektronenmikroskop analysiert. Es zeigte sich abermals, daß für den gegebenen Werkstoff und Zerspanprozeß eine Abhängigkeit der Partikelform von ihrer Größe besteht. Beispielhaft sind in **Abbildung 5.41** mikroskopische Aufnahmen einzelner Korngrößenfraktionen gezeigt. Das dargestellte Partikelkollektiv wurde bei der Bearbeitung von GGG40 mit einer Schnittgeschwindigkeit von 500 m/min, einem Vorschub pro Zahn von 0,1 mm, einer Eingriffstiefe von 0,5 mm sowie einem Einstellwinkel von 45° erzeugt. Wie die Abbildungen belegen, entsprechen die Zerspanpartikel im Korngrößenbereich von 250 bis 1000 µm mehrheitlich den für Kugelgraphitguß charakteristischen Spiralspänen bzw. Spanlocken (vgl. Kapitel 4.2). Jedoch treten im Bereich unterhalb von 500 µm bereits tafelige Partikel auf, die in der Fraktion zwischen 125 und 250 µm schließlich überwiegen. Ab einer Korngröße von etwa 71 µm sind zunehmend isometrische Partikel festzustellen; bezogen auf die Korngrößenfraktion unterhalb von 63 µm entfällt auf diese Partikel der größte Anteil.

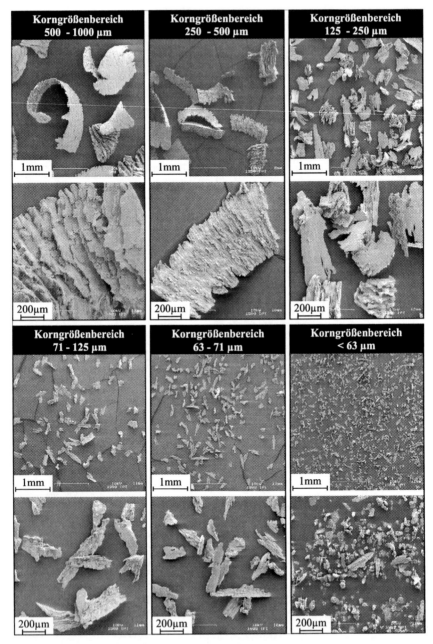

Abbildung 5.41: Partikelformen bei der Bearbeitung von GGG40 (I)

Die in **Abbildung 5.42** dargestellten Aufnahmen von belegten Glasfaserfiltern aus Konzentrationsmessungen bei der Bearbeitung von GGG40 stützen diese Aussagen. Während innerhalb der einatembaren sowie thorakalen Fraktion mehrheitlich tafelige Partikel zu verzeichnen sind, ist die Teilchenform im alveolaren Bereich fast ausschließlich isometrisch.

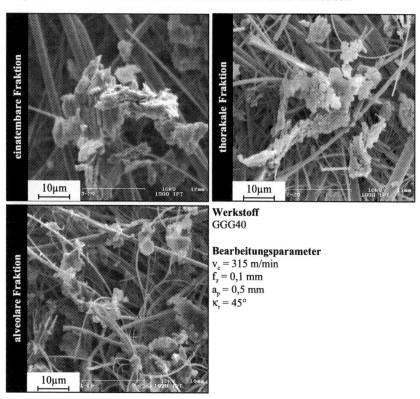

Werkstoff
GGG40

Bearbeitungsparameter
$v_c = 315$ m/min
$f_z = 0,1$ mm
$a_p = 0,5$ mm
$\kappa_r = 45°$

Abbildung 5.42: Partikelformen bei der Bearbeitung von GGG40 (II)

Zusammenfassend ist festzuhalten, daß bei den betrachteten Werkstoffen ein Zusammenhang zwischen Größe und Form der erzeugten Zerspanpartikel besteht. Die Partikel im Größenbereich zwischen 250 und 1000 µm entsprechen hierbei grundsätzlich den makroskopischen Spanformen (vgl. Kapitel 4.2). Unterhalb einer Korngröße von etwa 250 µm nimmt zunächst der Anteil nadelförmiger (GG25) oder tafeliger Teilchen (GGG40) deutlich zu. Die kleinsten betrachteten Partikel, etwa ab einer Korngröße von 71 µm, besitzen schließlich entweder eine isometrische oder tafelige Form. Eine Entstehung faserförmiger Staubpartikel, die durch ein Längen-Durchmesser-Verhältnis größer 3:1 sowie eine Länge von mehr als 5 µm und einen Durchmesser von weniger als 3 µm gekennzeichnet sind, konnte weder bei der Bearbeitung von GG25 noch von GGG40 nachgewiesen werden /MAK98/.

5.6 Stoffliche Eigenschaften

Ein wesentliches Kennzeichen von Gußeisenwerkstoffen ist ihre zweiphasige Gefügestruktur, bei der Graphitausscheidungen in eine metallische Matrix eingebettet sind (vgl. Kapitel 2.2). Wie Untersuchungen im Rahmen der vorliegenden Arbeit belegen, ist diese Struktur grundsätzlich auch bei Partikeln aus einer Bearbeitung mit definierter Schneide gegeben. Dies trifft sowohl auf Späne im makroskopischen Bereich als auch kleinste Teilchen im Subspanbereich zu. In **Abbildung 5.43** sind Aufnahmen von Zerspanpartikeln aus der Fräsbearbeitung von GG25 sowie GGG40 dargestellt. Deutlich sind bei den Partikeln unterschiedlicher Größe jeweils die metallische Grundphase sowie die graphitischen Einlagerungen zu erkennen. Abgesehen von einer Verformung des Werkstoffes bei der Zerspanung ist eine Veränderung des grundsätzlichen Werkstoffgefüges durch mechanische Einflüsse im untersuchten Parameterbereich folglich auszuschließen; die Materialeigenschaften entsprechen grundsätzlich denen des kompakten Werkstoffs (vgl. Kapitel 4.3). Insgesamt sind die erfaßten Partikelkollektive somit als homogene Systeme zu bezeichnen, die aus zweiphasigen Teilchen bestehen.

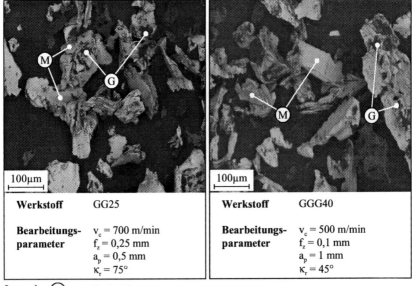

Werkstoff	GG25	Werkstoff	GGG40
Bearbeitungs- parameter	v_c = 700 m/min f_z = 0,25 mm a_p = 0,5 mm κ_r = 75°	Bearbeitungs- parameter	v_c = 500 m/min f_z = 0,1 mm a_p = 1 mm κ_r = 45°

Legende: (M) metallische Matrix
(G) Graphiteinlagerungen

Abbildung 5.43: Zweiphasige Struktur der Zerspanpartikel

Neben einer Beeinflussung durch mechanische Beanspruchung ist grundsätzlich eine Veränderung der stofflichen Eigenschaften durch thermische Einwirkung möglich. Um zu klären, ob derartige Effekte bezogen auf den untersuchten Bearbeitungsprozeß von Bedeutung sind, wurden die Zerspantemperaturen unter Einsatz einer Thermographie-Kamera ermittelt. In **Abbildung 5.44** sind zwei Aufnahmen von Temperaturfeldern dargestellt.

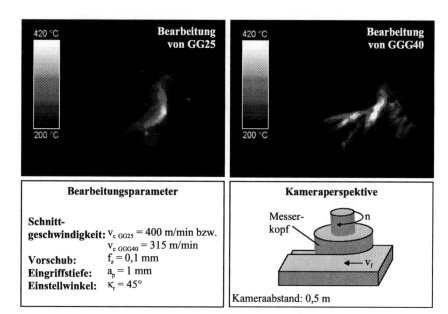

Abbildung 5.44: Zerspantemperaturen bei der Bearbeitung von GG25 und GGG40

Innerhalb des untersuchten Parameterbereichs wurden maximale Temperaturen zwischen 410°C und 420°C gemessen. Die ermittelten Werte stimmen mit den in anderen Quellen für diese Werkstoffe und ähnliche Bearbeitungsparameter genannten überein. *Klose* ermittelte bei der Drehbearbeitung von GG25 bzw. GGG40 mit einer Schnittgeschwindigkeit von 160 m/min sowie einem Vorschub von 0,2 mm maximale Zerspantemperaturen von 489°C bzw. 470°C. Wie aus anderen Untersuchungen bekannt ist, treten die höchsten Werte nicht direkt an der Schneidkante, sondern in einem Bereich etwa 0,4 bis 0,5 mm hinter der Schneidkante auf. Dies ist dadurch zu begründen, daß der Verformungsgrad im Bereich der Spanunterseite der Fließzone am größten ist und nahezu die gesamte mechanische Energie beim Zerspanungsprozeß in Wärme umgewandelt wird. Unabhängig von dem eingesetzten Schneid- und Werkstoff ist zudem von einem Anstieg der Temperaturen an der Schneide mit zunehmender Schnittgeschwindigkeit sowie zunehmendem Vorschub auszugehen (vgl. Kapitel 4.5). Beispielsweise stellte *Barrow* bei der Drehbearbeitung von Gußeisen einen Temperaturanstieg von 230°C bei einer Erhöhung des Vorschubs von 0,28 mm auf 0,56 mm fest. Mit zunehmender Geschwindigkeit wird der Temperaturgradient zwischen Scherebene und unverformtem Material sehr steil, weshalb nur noch wenig Wärme in das Bauteil abgeführt wird. Dagegen werden in diesem Fall am Werkzeug die maximalen Temperaturen erreicht, die in der Nähe des Schmelzpunkts des zu bearbeitenden Materials liegen können /BAR79, ULL91, KÜM90, KLO93, SAN95/.

Darüber hinaus ist zu berücksichtigen, daß durch angepaßte Schneidteilgeometrien sowie Werkzeugbeschichtungen mit geringer Wärmeleitfähigkeit ein geringer Wärmeabfluß in das Werkzeug selbst gegeben ist. Bei der reinen Trockenbearbeitung entfällt zudem die Unterstützung durch ein Kühlschmiermedium. Insgesamt wird deshalb etwa 80 % der bei der Bearbeitung entstehenden thermischen Energie über die Zerspanpartikel abgeführt. Bezogen auf die betrachteten Werkstoffe sind die Schmelz- bzw. Siedetemperaturen so groß, daß die abzuführende Wärmeenergie bei relativ großen Spanpartikeln zu keiner erkennbaren Veränderung führt. Im Gegensatz dazu kann im Extremfall die eingetragene Wärmemenge bei ausreichend kleinen Partikeln bedingt durch ihre große spezifische Oberfläche so groß werden, daß diese in einen anderen Aggregatszustand übergehen /ORD58, KLO97, SCH96b, MAN98, SUL98/.

Dieser Effekt konnte im Rahmen der vorliegenden Untersuchungen bei der Trockenzerspanung von GG25 beobachtet werden. Bei der Zerspanung eines ausreichend großen Materialvolumens mit einer Schnittgeschwindigkeit von 700 m/min stiegen die Temperaturen in Werkzeug und Werkstück so lange an, bis sich ein Gleichgewicht zwischen zu- und abgeführter Wärmemenge einstellte. Die Wärmeleitung in das Werkstück erreichte hierbei ein Maximum, so daß bei fortwährendem Schneideneingriff ein zusätzlicher Anteil thermischer Energie über die Zerspanpartikel abzuführen war. Dies führte schließlich bei einem Teil der kleineren Partikel zum Glühen oder sogar Schmelzen und anschließendem Wiedererstarren von Material (siehe **Abbildung 5.45**).

Abbildung 5.45: Einfluß des Energieeintrags auf kleine Zerspanpartikel

Die den Aufnahmen zugrunde liegenden Zerspanprozesse unterschieden sich lediglich hinsichtlich des zerspanten Werkstoffvolumens. Während die Partikel mit den bereits erläuterten unregelmäßigen Geometrien im links dargestellten Fall allein auf die Einwirkung mechanischer Energie schließen lassen, führte ein ausreichend großes Zerspanvolumen bzw. langer Schneideneingriff im zweiten Fall zu einer wesentlichen thermischen Beeinflussung der entstehenden Teilchen. Deutlich erkennbar sind charakteristische kugelförmige Partikel, die auf ein Schmelzen oder sogar Verdampfen und anschließendes Wiedererstarren von Werkstoff zurückzuführen sind. Die Durchmesser dieser sphärischen Teilchen betragen zwischen 1 und 5 µm. Neben der Entstehung von Kugelpartikeln ist eine nennenswerte Zunahme des Massenanteils der alveolaren Fraktion festzustellen, die in Abbildung 5.62 an der flächigen Belegung des Glasfaserfilters mit feinsten Teilchen zu erkennen ist.

Analoge Erscheinungen wurden bereits bei der Zerspanung mit undefinierter Schneide und bei der Lasermaterialbearbeitung beobachtet. In Untersuchungen von *König* und *Stöber* konnten bei der Schleifbearbeitung von CrNi 18 9 sowie vor allem Ck 45 N hohe Anteile sphärischer Partikel im Bereich der Gesamt- wie auch Feinstaubfraktion nachgewiesen werden. Die ausgeprägte Symmetrie der Teilchen wurde auf einen hohen Energieeintrag zurückgeführt, der insbesondere bei ausreichend großen Zerspanvolumina oder höheren Schnittgeschwindigkeiten gegeben ist. Die hohen Temperaturen führten zudem zu einer Umsetzung des Eisenanteils zu Fe_3O_4, welches durch eine dunkle, blau-schwarze Färbung gekennzeichnet ist. Nach *Römer* ist die Kugel bei der Lasermaterialbearbeitung von anorganischen Werkstoffen die charakteristische Form emittierter Partikel, deren Ursprung in der Regel die Dampf- oder Schmelzphase war. Im Vergleich zu spanabhebenden Verfahren sind die Medianwerte freiwerdender Partikelkollektive bei der Bearbeitung mit Laserstrahlung jedoch um Größenordnungen kleiner. Das Auftreten eines definierten Anteils sehr feiner Teilchen wurde bei der laserunterstützten Warmzerspanung von Siliziumnitrid-Keramik im Außenrunddrehprozeß festgestellt. Der Korndurchmeser dieser Partikel, die teilweise die gesamte Fläche der eingesetzten Probenahmefilter bedeckten, lag im Bereich von 0,2 bis 1 µm /KÖN88, KÖN95, RÖM95/.

Es ist festzuhalten, daß die geschilderten thermischen Umwandlungen kleinster Zerspanpartikel beim Fräsen von Gußeisenwerkstoffen lediglich bei ausreichend großen, in der Praxis eher unüblichen Zerspanvolumina beobachtet werden konnten. Bei den durchgeführten Versuchsreihen besaßen die Werkstücke vor Beginn des Schneideneingriffs Umgebungstemperatur, so daß bei vorgegebenem Zerspanvolumen (vgl. Kapitel 5.2) die Wärmeleitung in das Werkstück gemäß des Fourier'schen Gesetzes ausreichend groß war, um ein Glühen oder Schmelzen kleiner Partikel zu vermeiden.

Bezogen auf die Schnittdaten kann die Höhe des Energieeintrags in die Zerspanpartikel jedoch signifikant durch eine Variation der Schnittgeschwindigkeit oder des Vorschubs beeinflußt werden. Insbesondere für den Fall einer Fräsbearbeitung im HSC-Bereich ist mit dem Auftreten von Partikelmorphologien zu rechnen, die bislang lediglich bei der Bearbeitung mit undefinierter Schneide und insbesondere der thermischen Materialbearbeitung beobachtet wurden. Durch ein Schmelzen oder Verdampfen von Werkstoff ist zudem eine Veränderung der stofflichen Zusammensetzung der Teilchen in den betroffenen Fraktionen nicht auszuschließen.

5.7 Rechnerische Abschätzung relevanter Emissionskenngrößen

Die verschiedenen relevanten Einflußfaktoren wurden in ihren unterschiedlichen Wirkmechanismen bereits beschrieben. Bezogen auf den betrachteten Vergleichsprozeß handelt es sich dabei im wesentlichen um die Schnittgeschwindigkeit v_c, den Vorschub pro Zahn f_z, die Schnittiefe a_p und den Einstellwinkel κ_r. Im Sinne einer effizienten Umsetzung in die industrielle Praxis bedürfen die dargelegten Erkenntnisse jedoch einer angemessenen Verdichtung bzw. Aufbereitung. Im Hinblick auf eine Emissionskontrolle wäre es von Vorteil, bereits vor Beginn einer Zerspanoperation über Schätzwerte bezüglich der zu erwartenden Prozeßemissionen zu verfügen. Im folgenden wird eine Möglichkeit zur Erreichung dieses Ziels aufgezeigt.

Unter Anwendung der Varianzanalyse wurden die vorzeichenbehafteten Effekte der untersuchten Faktoren auf die Prozeßemissionen bestimmt. Die Regressionsanalyse als ein weiteres statistisches Auswerteverfahren ermöglicht darüber hinaus den Aufbau eines Modells, durch welches die Abhängigkeiten zwischen den betrachteten Einflußfaktoren und Zielgrößen beschrieben werden. Als mathematischer Ausdruck für diese Abhängigkeiten wird ein Regressionspolynom ermittelt, das einer Taylor-Reihe um den Zentralpunkt des Versuchsraums entspricht. Die Bestimmung der Koeffizienten dieses Taylor-Polynoms erfolgt aus den Ergebnissen des Versuchsplans. Vollfaktorielle Versuchspläne führen zu gemischten Polynomen, welche außer rein linearen Gliedern auch Wechselwirkungsglieder enthalten können. Da im vorliegenden Fall mehrere unabhängige Einflußfaktoren für eine rechnerische Abschätzung der Zielgrößen herangezogen werden, ist eine multiple Regression durchzuführen. Bei Polynomen, die aus vollfaktoriellen Versuchsplänen abgeleitet werden, sind die einzelnen Glieder des Polynoms unabhängig additiv, so daß eine Streichung nichtsignifikanter Glieder ohne Änderung in den anderen Gliedern vorgenommen werden kann. Bei ausschließlicher Berücksichtigung der Haupteffekte ergibt sich für faktorielle Versuchspläne die allgemeine Form des Regressionspolynoms zu /NET83, SCH86, WÖH 93, PFE96/:

$$\hat{y} = b_0 + \sum_{i=1}^{k} b_i x_i \qquad (5.7)$$

mit: b_0 Mittelwert $\bar{y}$ aus allen Versuchen
        b_i mittlere Antwortdifferenz zwischen
           b_0 und oberer bzw. unterer Faktorstufe
        k Anzahl der Faktoren

Zu berücksichtigen ist, daß die Werte x_i in Gleichung 5.7 in der transformierten Form einzusetzen sind. Für eine Anwendung des Regressionspolynoms sind die realen physikalischen Maßzahlen zunächst auf eine Einheitsskala zu übertragen (vgl. Kapitel 5.1). Es ist jedoch eine Rücktransformation der gesamten Gleichung durchführbar, so daß die Veränderlichen x_i in ihren vordefinierten physikalischen Einheiten in die Berechnung eingesetzt werden können. Mit Hilfe der Regressionsanalyse wird insgesamt der Aufbau eines deskriptiven Modells möglich, das durch die folgenden Merkmale gekennzeichnet ist /NET83, SCH86, STA91, PFE96/:

- Abbildungsmerkmal: Das Modell bzw. das ermittelte Polynom stellt ein Abbild für die Abhängigkeit definierter Zielgrößen als Ergebnis des Trockenfräsens von GG25 bzw. GGG40 dar.

- Verkürzungsmerkmal: Eine Eingrenzung erfährt das Modell durch die Beschränkung auf Attribute (Einflußfaktoren), die im Rahmen der Analyse der Partikelentstehung (vgl. Kapitel 4) sowie der Emissionscharakterisierung als relevant im Hinblick auf die Entstehung von Partikelemissionen identifiziert wurden.

- Pragmatisches Merkmal: Der Geltungsbereich des Modells ist definiert durch den untersuchten Parameterbereich sowie die konstant gehaltenen Randbedingungen während der Zerspanversuche (vgl. Kapitel 5.1 und 5.2). Eine Extrapolation ist nicht zulässig; hierzu ist eine Anpassung des Modells z.B. durch eine Erweiterung des Parameterbereichs und erneute Bestimmung der Regressionskoeffizienten notwendig.

Entsprechend der beschriebenen Vorgehensweise wurde eine Regressionsanalyse durchgeführt, wobei als Zielgrößen die medianen Massendurchmesser der bei der Zerspanung erzeugten Partikelkollektive und die bei der Bearbeitung auftretenden Höchstwerte der einatembaren Massenkonzentration betrachtet wurden. Im Hinblick auf eine einfache Handhabbarkeit des Modells wurden die Polynome zurücktransformiert. Die Transformation der Polynome führt hierbei, im Vergleich zu Gleichung 5.7, zu veränderten Koeffizienten. Einzusetzen sind die Variablen in die nachfolgend aufgeführten Gleichungen in ihren jeweiligen physikalischen Einheiten (d.h. a_p und f_z in [mm], κ_r in [°], v_c in [m/min]). Innerhalb des untersuchten Parameterraums ist eine rechnerische Abschätzung des medianen Massendurchmessers bei der trockenen Fräsbearbeitung durch die folgende Gleichung möglich:

$$d_{m,50}(GG25) = 461{,}068 + 284{,}227 \cdot a_p + 1134{,}09 \cdot f_z + 0{,}770512 \cdot \kappa_r - 0{,}444982 \cdot v_c \qquad (5.8)$$

Der mediane Massendurchmesser von Partikelkollektiven aus der Bearbeitung von GGG40 kann analog abgeschätzt werden zu:

$$d_{m,50}(GGG40) = 1457{,}71 + 840{,}032 \cdot a_p + 604{,}022 \cdot f_z + 4{,}49585 \cdot \kappa_r - 1{,}86045 \cdot v_c \qquad (5.9)$$

Zu berücksichtigen ist, daß die ermittelten Regressionspolynome auf der Analyse einer begrenzten Anzahl von Versuchspunkten beruhen. Wie der in **Abbildung 5.46** dargestellte Vergleich belegt, ist jedoch sowohl für die Partikelkollektive aus der Fräsbearbeitung von GG25 als auch GGG40 eine rechnerische Abschätzung der medianen Massendurchmesser mit angemessener Genauigkeit möglich.

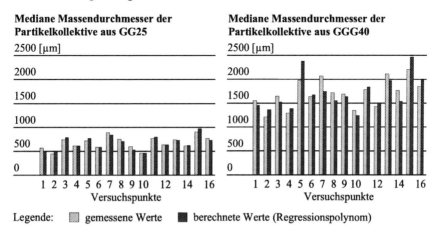

Abbildung 5.46: Vergleich gemessener und berechneter Werte für den medianen Massendurchmesser

Für eine rechnerische Abschätzung der maximalen Massenkonzentrationen bei der Bearbeitung wurden ebenfalls Taylorpolynome abgeleitet. Es ergibt sich für die Bearbeitung von GG25:

$$c_{\max\,ein}(GG25) = -18{,}4218 + 33{,}69 \cdot a_p + 313{,}698 \cdot f_z - 0{,}973663 \cdot \kappa_r + 0{,}210984 \cdot v_c \qquad (5.10)$$

Die sich ergebende maximale einatembare Massenkonzentration bei einer Zerspanung von GGG40 kann abgeschätzt werden mit der Gleichung:

$$c_{\max\,ein}(GGG40) = -47{,}5816 + 35{,}1584 \cdot a_p + 207{,}649 \cdot f_z - 0{,}0072 \cdot \kappa_r + 0{,}136167 \cdot v_c \qquad (5.11)$$

Abbildung 5.47 zeigt eine Gegenüberstellung der gemessenen und mit Hilfe der Regressionspolynome rechnerisch ermittelten massenbezogennen einatembaren Spitzenkonzentrationen.

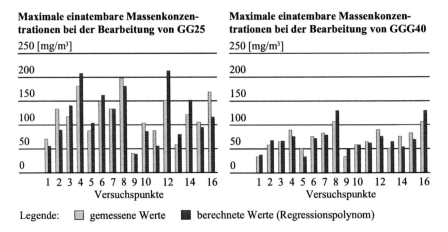

Abbildung 5.47: Vergleich gemessener und berechneter Werte für die maximalen einatembaren Massenkonzentrationen

Insgesamt ist somit festzuhalten, daß mit Hilfe der Gleichungen 5.8 bis 5.11 eine rechnerische Abschätzung der Emissionskenngrößen $d_{m,50}$ und c_{maxein} möglich ist. Erforderlich ist hierfür lediglich die Kenntnis der Prozeßparameter a_p, f_z, k_r und v_c. Inbesondere kann mit Hilfe einer rechnerischen Abschätzung von c_{maxein} eine Approximation des zeitlichen Verlaufs der einatembaren Massenkonzentration erfolgen. In Kapitel 5.4.4 wurde bereits auf die charakteristische Grundform der Massenkonzentrationsverläufe eingegangen. Hierbei konnte festgestellt werden, daß die Konzentrationen über den Bearbeitungsvorgang kontinuierlich ansteigen und der Höchstwert c_{maxein} zum Ende des Schneideneingriffs erreicht wird. Dieser Zeitpunkt kann aus dem folgenden Zusammenhang zur Berechnung der Hauptzeit t_h des betrachteten Fräsprozesses bestimmt werden zu:

$$t_h = \frac{V_z}{a_e \cdot a_p \cdot f_z \cdot z \cdot n} \qquad (5.12)$$

Durch die Hauptzeit t_h und die maximale Massenkonzentration c_{maxein} wird ein wesentlicher Stützpunkt des Konzentrationsverlaufs definiert. Der Kurvenverlauf steigt ab dem Beginn der Bearbeitung von einem Grundniveau bis zu diesem Stützpunkt kontinuierlich an und beschreibt hierbei näherungsweise die Form einer Parabel bzw. Hyperbel. Nach Ablauf der Hauptzeit fällt der Kurvenverlauf wieder ab; eine Annäherung des Verlaufs dieser Abklingkurve erfolgte basierend auf einer Analyse der Korngrößenverteilung der Partikelkollektive sowie des Sinkverhaltens der erzeugten Zerspanpartikel in Kapitel 5.4.4 (vgl. Abbildung 5.30). Wie **Abbildung 5.48** verdeutlicht, kann innerhalb des untersuchten Parameterbereichs und unter Berücksichtigung der modellspezifischen Randbedingungen somit nicht nur eine rechnerische Abschätzung einzelner Emissionskenngrößen durchgeführt werden, sondern darüber hinaus auch der zeitliche Verlauf der Massenkonzentrationen angenähert werden.

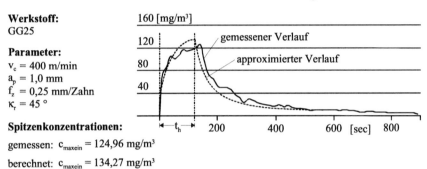

Werkstoff: GG25

Parameter:
$v_c = 400$ m/min
$a_p = 1,0$ mm
$f_z = 0,25$ mm/Zahn
$\kappa_r = 45°$

Spitzenkonzentrationen:
gemessen: $c_{maxein} = 124,96$ mg/m³
berechnet: $c_{maxein} = 134,27$ mg/m³

Abbildung 5.48: Approximation des zeitlichen Verlaufs der einatembaren Massenkonzentration

Grundsätzlich ist analog zu der erläuterten Vorgehensweise ebenfalls eine rechnerische Abschätzung weiterer Emissionskenngrößen möglich. Hierdurch kann insgesamt ein Wissensstamm aufgebaut werden, der unterschiedliche Werkstoffe und trockene Zerspanverfahren umfaßt. Eine unkomplizierte Umsetzung gesammelter Erkenntnisse ist beispielsweise durch eine Implementierung von Regressionspolynomen zur Abschätzung relevanter Kenngrößen in die Steuerung einer Werkzeugmaschine denkbar. So kann in Abhängigkeit von der prognostizierten Emissionsmenge bzw. Partikelkonzentration der Volumenstrom einer Absauganlage geregelt werden oder auch eine Steuerung der Zeit erfolgen, über die der Arbeitsraum bei eingeschalteter Absaugung nach Ende der Bearbeitungsoperation automatisch verriegelt bleibt.

5.8 Zusammenfassung der Emissionscharakterisierung

Die in Kapitel 4 durchgeführte Analyse der Span- und Partikelentstehung mündete in der Formulierung eines Analogiemodells zur qualitativen Beschreibung der Größen, die im Zusammenhang mit der Freisetzung partikelförmiger Emissionen bei der Trockenbearbeitung stehen. Allerdings konnten an dieser Stelle noch keine konkreten Kennwerte der erzeugten Partikelkollektive bestimmt sowie Effekte einzelner Faktoren quantifiziert oder ihre Wirkrichtung angegeben werden. Dieser Schritt wurde in Kapitel 5 vollzogen. Durch den Einsatz zweier unterschiedlicher Partikelmeß- bzw. Analysesysteme sowie zusätzliche mikroskopische Untersuchungen konnte hierbei eine Betrachtung des gesamten Größenspektrums entstehender Partikel sichergestellt werden. Die gewonnen Erkenntnisse werden im folgenden kurz zusammengefaßt.

Korngrößenanalyse
Bei den untersuchten Partikelkollektiven handelte es sich durchweg um polydisperse Systeme mit einer einfach-modalen massenbezogenen Verteilungsdichte. Die Bearbeitung des lamellaren Gußeisens ist hierbei grundsätzlich durch ein höheres Aufkommen staubförmiger Partikel gekennzeichnet. Der mediane Massendurchmesser beträgt bei der Zerspanung von GG25 durchschnittlich 674 µm sowie 1705 µm bei der Bearbeitung von GGG40. Bezogen auf die Massen-Verteilungssummen weisen 3,5 % der Partikel aus der Bearbeitung von GGG40 bzw. 33 % der GG25-Partikel eine Korngröße von unter 500 µm auf und sind somit als staubförmig zu bezeichnen.

Partikelkonzentration
Analog zur Korngrößenanalyse zeigte sich auch bezogen auf die ermittelten einatembaren, thorakalen und alveolaren Massenkonzentrationen ein deutlicher Werkstoffeinfluß. Bei der Fräsbearbeitung von GG25 wurden Spitzenwerte für die einatembare Fraktion von 213 mg/m^3 sowie für die alveolare Fraktion von 40,6 mg/m^3 ermittelt. Die entsprechenden Werte betrugen bei der Zerspanung von GGG40 129,9 mg/m^3 bzw. 12,5 mg/m^3. Die gemessenen mittleren Konzentrationen lagen bei beiden Werkstoffen um 50-70 % niedriger. Nachgewiesen werden konnte zudem ein charakteristischer zeitlicher Konzentrationsverlauf. Die Bearbeitung der Werkstückrandzone ist durch ein höheres Emissionsaufkommen gekennzeichnet.

Teilchengestalt
In Abhängigkeit der Partikelgröße wurden bei beiden Werkstoffen unterschiedliche Teilchenformen festgestellt. Während im Korngrößenbereich über 250 µm bei Kugelgraphitguß bzw. 500 µm bei lamellarem Gußeisen Partikel zu finden sind, die den jeweils charakteristischen makroskopischen Spanformen entsprechen, liegen unterhalb dieser Grenzen ausschließlich einzelne Partikel vor. Die größeren dieser Teilchen sind einzelne Spansegmente, daneben treten aber auch deutlich kleinere Partikel auf (Subspanbereich). Unterhalb einer Korngröße von etwa 250 µm nimmt bei den Partikelkollektiven aus GG25 der Anteil nadelförmiger bzw. bei Kollektiven aus GGG40 der Anteil tafeliger Teilchen deutlich zu. Partikel mit einer Größe von weniger als 71 µm besaßen bei allen untersuchten Stäuben überwiegend isometrische oder tafelige Formen.

Stoffliche Eigenschaften
Die zweiphasige Gefügestruktur der kompakten Werkstoffe bleibt grundsätzlich über den Zerspanprozeß hinweg erhalten und ist als kennzeichnend für die Struktur der emittierten Partikel zu bezeichnen. Eine Veränderung der stofflichen Eigenschaften durch die überwiegend mechanische Beanspruchung ist hieraus nicht abzuleiten. Bei einer übermäßigen Steigerung des Energieeintrags, insbesondere in kleinere Partikel, begünstigt durch hohe Schnittgeschwindigkeiten bzw. Vorschübe und somit große Zerspanvolumina, ist dagegen das Auftreten sphärischer Partikel zu beobachten, die durch ein Schmelzen und Wiedererstarren von Werkstoff entstehen. In diesem Fall ist auch von einer Änderung der stofflichen Eigenschaften der Staubpartikel auszugehen.

Im Rahmen der Korngrößenanalyse sowie der Untersuchung der Partikelkonzentration erfolgte eine statistische Auswertung der Versuchsergebnisse. Die ermittelten Signifikanzen der Einflußfaktoren Schnittgeschwindigkeit, Vorschub pro Zahn, Eingriffstiefe und Einstellwinkel auf die betrachteten Zielgrößen sind als Vektorfeld in **Abbildung 5.46** zusammenfassend dargestellt. Die Zahlenwerte der Effekte bezogen auf die einzelnen Zielgrößen sind Kapitel 5.3.3 (Korngrößenkenngrößen) sowie Kapitel 5.4.5 (Konzentrationskenngrößen) zu entnehmen.

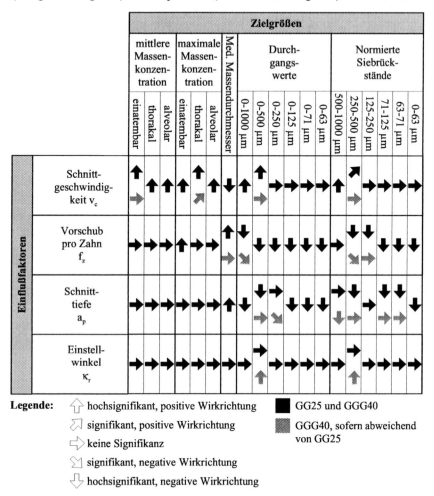

Abbildung 5.49: Wirkungen und Wirkrichtungen der variierten Bearbeitungsparameter auf Korngröße und Konzentration der Partikelemissionen

Eine Beeinflussung der normierten Siebrückstände einzelner Fraktionen wie auch der Durchgangswerte ist primär durch die Parameter f_z und a_p gegeben; für beide wurden hochsignifikante Effekte bei einer negativen Wirkrichtung ermittelt. Mit zunehmender Korngröße ist jedoch eine Abnahme der F-Werte und somit der Bedeutung der beiden Faktoren festzustellen. Im Bereich größerer Partikel ist darüber hinaus der Schnittgeschwindigkeit eine signifikante Bedeutung bei positiver Wirkrichtung beizumessen. Ebenfalls konnte ein eindeutiger Zusammenhang zwischen den drei genannten Faktoren und dem medianen Massendurchmesser der untersuchten Partikelkollektive nachgewiesen werden. Somit führt eine Erhöhung von f_z und a_p zu einer Senkung des Massenanteils kleiner Partikel. Dieser Massenanteil steigt dagegen bei einer Zunahme von v_c. Für beide Werkstoffe konnte darüber hinaus eine eindeutige Abhängigkeit der gemessenen mittleren wie auch maximalen Massenkonzentrationen von der Schnittgeschwindigkeit v_c nachgewiesen werden. Mit einer Erhöhung von v_c ist somit unmittelbar eine Steigerung der Konzentrationswerte verbunden. Die Einflüsse des Vorschubs pro Zahn sowie der Schnittiefe im Hinblick auf die ermittelten Massenkonzentrationen können im Vergleich zur Schnittgeschwindigkeit vernachlässigt werden. Die Bedeutung des Einstellwinkels auf Art und Menge der Emissionen ist insgesamt als gering zu bezeichnen.

6 Wirkungen auftretender Staubemissionen

Eine uneingeschränkte und vor allem nicht zielgerichtete Bekämpfung von Staubemissionen in der industriellen Produktion ist in der Regel weder technisch noch wirtschaftlich darstellbar. Sind jedoch aus der Freisetzung von Staubpartikeln in der Produktion Schäden in gesundheitlicher oder technischer Hinsicht zu erwarten, so müssen geeignete Maßnahmen zur Reduzierung der Emissionen bzw. dem damit verbundenen Schädigungspotential ergriffen werden. Basierend auf den Erkenntnissen aus Kapitel 5 erfolgt deshalb im folgenden eine Bewertung des Gefährdungspotentials, das von Partikelemissionen bei der Trockenzerspanung von Eisengußwerkstoffen ausgeht. Hieraus wird ein konkreter Handlungsbedarf zur Emissionsreduzierung abgeleitet. Eine Analyse und Gegenüberstellung verschiedener Ansätze zur Emissionskontrolle bzw. -minimierung wird schließlich in Kapitel 7 durchgeführt.

In Kapitel 2.3 wurde bereits auf den grundsätzlichen Zusammenhang zwischen Emissionsquellen und Wirkungskategorien eingegangen. Für den im folgenden diskutierten Zerspanprozeß sind demnach in erster Linie die Wirkungen luftfremder fester Stoffe auf die Kategorien Mensch und Sachgüter zu betrachten. Einen Überblick über die negativen Wirkungen, die von Stäuben auf die beiden genannten Wirkungskategorien ausgeübt werden können, sowie die hieraus resultierenden betrieblichen Aufwendungen vermittelt **Abbildung 6.1** /ORD58, NEG74, WAL96b, EN60068, VDI2265/.

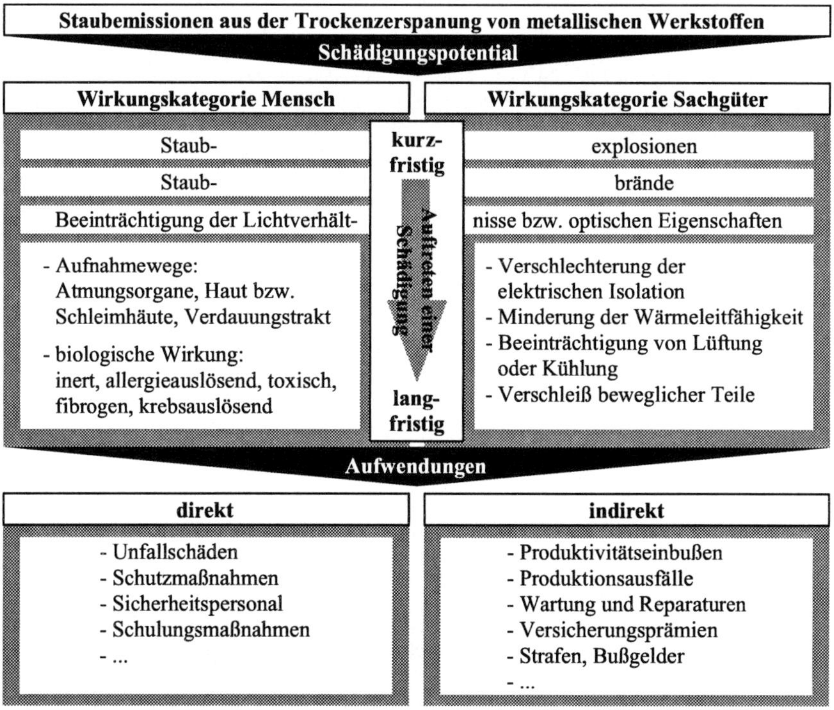

Staubemissionen aus der Trockenzerspanung von metallischen Werkstoffen	
Schädigungspotential	
Wirkungskategorie Mensch	**Wirkungskategorie Sachgüter**
Staub-	explosionen
Staub-	brände
Beeinträchtigung der Lichtverhält-	nisse bzw. optischen Eigenschaften
- Aufnahmewege: Atmungsorgane, Haut bzw. Schleimhäute, Verdauungstrakt - biologische Wirkung: inert, allergieauslösend, toxisch, fibrogen, krebsauslösend	- Verschlechterung der elektrischen Isolation - Minderung der Wärmeleitfähigkeit - Beeinträchtigung von Lüftung oder Kühlung - Verschleiß beweglicher Teile
Aufwendungen	
direkt	**indirekt**
- Unfallschäden - Schutzmaßnahmen - Sicherheitspersonal - Schulungsmaßnahmen - ...	- Produktivitätseinbußen - Produktionsausfälle - Wartung und Reparaturen - Versicherungsprämien - Strafen, Bußgelder - ...

(Mittelspalte: kurzfristig → Auftreten einer Schädigung → langfristig)

Abbildung 6.1: Negative Auswirkungen von Stäuben am Arbeitsplatz auf Mensch und Sachgüter und resultierende betriebliche Aufwendungen

Einige der aufgeführten Effekte betreffen sowohl die Wirkungskategorie Mensch als auch Sachgüter. Darüber hinaus treten sowohl humanspezifische Gefährdungen als auch Effekte auf, die ausschließlich auf Sachgüter beschränkt sind. Unterschieden werden kann zudem hinsichtlich des Schädigungszeitpunkts. Staubexplosionen und -brände können unmittelbar während des Bearbeitungsvorgangs auftreten, schweren Erkrankungen des Atemtrakts geht dagegen in der Regel eine jahrelange Staubexposition voraus. Mittelfristig ist zum Beispiel die Verstaubung von Fensterscheiben und Beleuchtungskörpern zu nennen, welche zu Wirkungsgradverlusten von bis zu 50 % führen kann. Unter betriebswirtschaftlichen Gesichtspunkten ergeben sich aus auftretenden Schädigungen finanzielle Aufwendungen, wobei ein nennenswerter Anteil auf indirekte Kosten entfallen kann. Vor diesem Hintergrund ist im folgenden zu klären, welche Schädigungspotentiale aus den Partikelemissionen, die bei der Trockenzerspanung von GG25 sowie GGG40 ermittelt werden konnten, abzuleiten sind. Die Betrachtungen beschränken sich hierbei auf Menschen und Sachgüter im unmittelbaren Maschinenarbeitsbereich, welcher als ein räumlich und organisatorisch begrenzter Bereich eines Betriebs, d.h. des produzierenden Teils eines Unternehmens, aufzufassen ist. Auswirkungen der Prozeßemissionen auf die Umwelt außerhalb dieser Bilanzhülle werden nicht berücksichtigt /ORD58, VDI2262-1/.

6.1   Auswirkungen auf die Arbeitssicherheit

Unter dem Gesichtspunkt der Arbeitssicherheit können Prozeßemissionen zunächst durch eine direkte Einwirkung auf Haut, Schleimhäute, Verdauungstrakt und Atemtrakt zu Gesundheitsschäden führen. Größere Staubteilchen, die sich zunächst im Mund- und Rachenraum ablagern, können verschluckt werden. Andere lagern sich auf den oberflächlichen Schleimhäuten ab und werden resorbiert. Wenn die Partikel klein genug sind, können sie durch Einatmen bis in die Lunge gelangen. Im industriellen Bereich ist der Aufnahme von Stoffen unterschiedlichster Erscheinungsformen über das Atmungsorgane die größte Bedeutung beizumessen. Als wichtigstes Organ ist in diesem Zusammenhang die menschliche Lunge zu nennen, die über eine Gasaustauschfläche von 70-100 m^2 verfügt und bei einem täglichen Atemluftumsatz von 10.000-15.000 l den wesentlichen Eintrittsweg für luftfremde Stoffe darstellt. Mit etwa 4 % entfällt ein entsprechend hoher Anteil aller Berufskrankheiten auf Lungen- und Atemwegserkrankungen. Vor diesem Hintergrund besteht für Arbeitgeber in Deutschland die gesetzliche Verpflichtung zur Arbeitsbereichsbeurteilung, sofern mit Gefahrstoffen umgegangen wird oder mit ihrem Auftreten verfahrensbedingt zu rechnen ist. Demnach sind das Ausmaß der konkreten Gefährdung zu ermitteln und gegebenenfalls Schutzmaßnahmen zu ergreifen. Das Schädigungspotential luftfremder Stoffe am Arbeitsplatz wird hierbei durch die Größen

- Konzentration der Partikel (massenbezogen)
- Stoffliche Eigenschaften des Arbeitsstoffes bzw. Werkstoffes
- Expositionsdauer der Beschäftigten

definiert. Die Zeit, der ein Arbeitnehmer im Arbeitsbereich einem gefährlichen Stoff in der Luft ausgesetzt ist (Exposition), ist von betriebsspezifischen Gegebenheiten abhängig und entzieht sich einer allgemeinen Bewertung. Eine allgemeingültige Abschätzung des gesundheitsgefährdenden Potentials der Staubemision bei der Trockenbearbeitung von Gußeisen ist jedoch anhand der beiden erstgenannten Kriterien möglich /TDA77, BG92, GSV93, DLS99, BIA96, ZH1/93/.

Kapitel 6: Wirkungen auftretender Staubemissionen -103-

Eine Bewertung der real auftretenden Staubmassenkonzentrationen wird durch einen Vergleich mit vorgegebenen höchstzulässigen Konzentrationen des betreffenden Arbeitsstoffes als Schwebstoff in der Luft am Arbeitsplatz möglich. Mit Hinblick auf ständig neue arbeitsmedizinische Erkenntnisse sind Art und Höhe der Grenzwerte einer fortlaufenden Überarbeitung unterworfen und werden jährlich rechtsverbindlich veröffentlicht. Die zulässigen maximalen Arbeitsplatz-Konzentrationen (MAK-Werte) für die Legierungselemente der Werkstoffe GG25 und GGG40 (vgl. Abbildung 4.7) sind in **Abbildung 6.2** aufgeführt /BAN95, TRGS900, ZH1/93/.

MAK-Wert	Legierungsbestandteil							
	Fe	C[1]	Si	Mn	P	S	Ni	Cu	Mg[2]
alveolengängige Fraktion	1,5	1,5[3]	1,5	-	1,5	1,5	-	0,1	1,5
einatembare Fraktion	4	4	4	0,5	4	4	0,5	1	4

alle Zahlenangaben in mg/m³   Ergänzungen: [1] in Form von Graphit
[2] als phlegmatisiertes Pulver oder Späne
[3] 6 mg/m³ zulässig nach TRGS900

Abbildung 6.2: MAK-Werte der Legierungsbestandteile von GG25 und GGG40

Da der Ort der Ablagerung sowie die Intensität und Geschwindigkeit der Wirkung eingeatmeter Partikel von ihrer Größe abhängig ist, wird zwischen MAK-Werten bezogen auf die Massenkonzentration einatembarer bzw. alveolengängiger Partikel differenziert. Die Höhe des Grenzwertes richtet sich nach den derzeitigen Erkenntnissen bzgl. der Gefährlichkeit des jeweiligen, als Staub vorliegenden Einzelstoffs. Spezifische Grenzwerte gelten aufgrund eines bekannten gesundheitsschädigenden Potentials für Stäube aus den Stoffen Mangan, Nickel und Kupfer. Die Bestandteile Eisen, Graphit, Silizium, Phosphor, Schwefel und Magnesium gelten dagegen als schwer- oder unlöslich. Dies gilt auch für Eisenoxidhydrat, dessen Entstehung auf eine schnelle oberflächliche Oxidation generierter Eisenpartikel zurückzuführen ist. Für inerte Stäube aus diesen Stoffen bestehen keine spezifischen Grenzwerte, jedoch kann von Ihnen, bedingt durch Größe und Form der Staubpartikel, eine unspezifische Wirkung auf die Atmungsorgane ausgehen. So kann die Exposition von Schleimhäuten gegenüber Eisenstaub Reizungen zur Folge haben, langzeitige inhalative Exposition führt zu Staubeinlagerungen in der Lunge (Siderose) und somit teilweise zu Lungenfunktionsveränderungen. Aus den genannten Gründen unterliegen derartige Stäube einem allgemeinen Staubgrenzwert mit einer zulässigen Höchstkonzentration des alveolengängigen Anteils von 1,5 mg/m³ bzw. des einatembaren Anteils von 4 mg/m³ /MAK98, GES99, EN481/.

Die bisher diskutierten MAK-Werte beziehen sich auf einzelne Stoffe, zu denen ausreichende arbeitsmedizinische bzw. industriehygienische Erfahrungen vorliegen. Die Wirkung von Arbeits- oder Werkstoffen, die ein Gemisch aus mehreren Einzelstoffen darstellen, auf den menschlichen Organismus können jedoch größer sein als die Summe der Einzeleffekte (Koergismus). Vor diesem Hintergrund erfolgte eine eingehende arbeitsmedizinische Beurteilung der Gußeisenwerkstoffe GG25 und GGG40 in Kooperation des Fraunhofer IPT mit dem Institut für Hygiene und Arbeitsmedizin IHA der Universität Essen /BAN95, BRU98, MAK98/.

Die Abschätzung des Risikopotentials erfolgte durch Anwendung eines zellbiologischen Verfahrens (in vitro-Verfahren), das auf dem Wissen um die primären Reaktionen von Alveolarmakrophagen (Freßzellen in der Lunge) auf eingeatmete Staubteilchen beruht. Aufgabe dieser Freßzellen ist das Freihalten der inneren Lungenoberfläche von belebten (z.B. Bakterien, Viren, Fungi) und unbelebten Teilchen (z.B. Staubpartikel). Nach Aufnahme von Staubpartikeln durch die Alveolarmakrophagen (Phagozytose) wandern die staubbeladenen Zellen zunächst bis in das Bronchialsystem. Von hier aus werden die abgeschiedenen Partikel über einen weiteren Reinigungsmechanismus, das Flimmerepithel, aus den Atemwegen entfernt und schließlich ausgeworfen bzw. zum Teil verschluckt. Der Prozeß der Phagozytose kann jedoch bestimmte Reaktionen in den Alveolarmakrophagen anstoßen, deren Art und Intensität von den chemischen und physikalischen Eigenschaften der aufgenommenen Partikel abhängig ist. Als Folge dieser Reaktionen können Substanzen in den Alveolen freigesetzt werden, welche einen Ausgangspunkt für Lungenerkrankungen darstellen. Vor diesem Hintergrund wurden im Rahmen des angewendeten Testverfahrens ausgespülte tierische Alveolarmakrophagen mit unterschiedlichen Stäuben inkubiert und die resultierende Wirkung auf vier Einzelreaktionen (Vektoren) analysiert. Zu den betrachteten Vektoren zählten die Zytotoxizität, gemessen über die Freisetzung von Glucoronidase, die Zellschädigung (Änderung der bakteriellen Abwehrkräfte), die Freisetzung von TNF-alpha (Tumornekrosefaktor alpha) sowie die spontane Bildung von reaktiven Sauerstoffspezies (ROS). Die letztgenannten Sauerstoffradikale gelten als DNS-schädigend und stehen in dringendem Verdacht, an der Bildung von Lungentumoren beteiligt zu sein. Die vier genannten Vektoren lassen insgesamt eine mehrdimensionale Bewertung von Stäuben im Hinblick auf ihr gesundheitsschädigendes Potential zu. Eine Beurteilung der interessierenden Prozeßemissionen bei der Gußeisenzerspanung wird hierbei durch einen Vergleich der entsprechenden Wirkungsmuster im Vektorenmodell mit den Mustern von Referenzstäuben möglich, deren Wirkung aus tierexperimentellen und epidemiologischen Untersuchungen bekannt ist. Zusammenfassend sind in **Abbildung 6.3** die spezifischen Wirkungsmuster der untersuchten Stäube graphisch dargestellt /LIP80, HOE82, STU84, BRU98/.

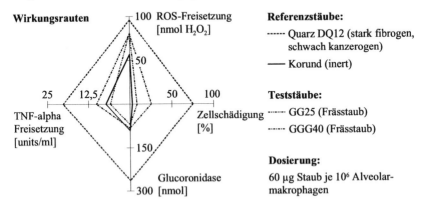

Abbildung 6.3: Darstellung der Wirkungspotentiale von GG25- und GGG40-Stäuben

Die eingesetzten Referenzstäube bestanden aus Korund, das als inert zu bezeichnen ist, sowie aus Quarz, dessen Staub stark fibrogenen Charakter sowie eine schwache kanzerogene Wirkung besitzt. Den genannten Referenzmaterialien wurden Frässtäube aus der trockenen Bearbeitung von GG25 und GGG40 gegenübergestellt. Wie aus Abbildung 6.3 hervorgeht, sind deutliche Unterschiede bezüglich des Schädigungspotential der betrachteten Stäube zu erkennen. Als bekannter Inertstaub weist Korund in allen vier betrachteten Vektoren verhältnismäßig niedrige Werte auf. Die Wirkungsraute des Quarzstaubs ist demgegenüber insbesondere in Richtung TNF-alpha, Zytotoxizität (gemessen über die Glucoronidase) sowie Zellschädigung deutlich vergößert; dieser Umstand läßt auf eine stark fibrogene Wirkung auf den menschlichen Organismus schließen. Die ROS-Freisetzung ist dagegen nur wenig höher als bei Korund, was der nur schwach kanzerogenen Wirkung des Quarzstaubs entspricht. Die untersuchten Emissionen aus der Fräsbearbeitung tendieren im Vergleich - abgesehen von einer erhöhten Zellschädigung sowie einer leicht erhöhten ROS-Freisetzung, eher in Richtung des Korund als Inertstaub. Aufgrund der Erkenntnisse der zellbiologischen Testreihen, der prozentualen Anteile der einzelnen Legierungselemente sowie unter der Annahme, daß die Zerspanung im Bereich konventioneller Bearbeitungsparameter keine Veränderung der stofflichen Eigenschaften nach sich zieht (vgl. Kapitel 5.6), kann insgesamt davon ausgegangen werden, daß bei der Gußeisenzerspanung ein Mischstaub entsteht, auf welchen der allgemeine Staubgrenzwert anzuwenden ist /BRU98, MAK98/.

Die Grenzwerte der MAK-Liste sind aus mittleren Langzeitexpositionswerten abgeleitet, die keine erkennbare Wirkung zur Folge hatten. Folglich sind den MAK-Werten die im Rahmen der vorliegenden Arbeit meßtechnisch bestimmten mittleren Massenkonzentrationen gegenüberzustellen (vgl. Kapitel 5.4.3, Abbildung 5.26 bzw. 5.27). Bei der Bearbeitung von GG25 lagen die mittleren Massenkonzentrationen der alveolaren Fraktion im Bereich von 0,5 und 25,86 mg/m^3 (durchschnittlicher Wert über alle Messungen: 8,89 mg/m^3), bezogen auf die einatembare Fraktion zwischen 20,25 und 77,17 mg/m^3 (durchschnittlicher Wert über alle Messungen: 42,62 mg/m^3). Die Konzentrationsmittelwerte betrugen bei der Zerspanung von GGG40 zwischen 0,37 und 8,40 mg/m^3 bezogen auf die alveolare Fraktion (durchschnittlicher Wert über alle Messungen: 3,15 mg/m^3) und zwischen 19,10 und 41,04 mg/m^3 bezogen auf die einatembare Fraktion (durchschnittlicher Wert über alle Messungen: 29,25 mg/m^3). Die Zahlenwerte belegen, daß grundsätzlich von einer Staubmassenkonzentration in unmittelbarer Nähe der Zerspanstelle auszugehen ist, welche die zulässigen MAK-Werte – insbesondere im Hinblick auf die einatembaren Staubmassenkonzentrationen - um ein Vielfaches übersteigen. Hieraus läßt sich insgesamt ableiten, daß Maßnahmen zu ergreifen sind, um die Freisetzung von Staubemissionen bei der Trockenbearbeitung von Gußeisen zu vermindern oder eine ausreichende Erfassung und Abscheidung zu gewährleisten.

Neben einer möglichen direkten Einwirkung von Stäuben kann darüber hinaus durch Staubbrände und –explosionen eine mittelbare, jedoch kurzfristige, Gefährdung des Menschen in der Maschinenumgebung gegeben sein. Für das Zustandekommen einer Zündung und fortschreitende Verbrennung eines Staubs müssen die folgenden Voraussetzungen gleichzeitig und an einem Ort erfüllt sein: Existenz eines exotherm oxidierbaren Stoffs in fein verteilter Form, ausreichend Sauerstoff sowie eine wirksame Zündquelle. Das Eintreten einer Staubexplosion erfordert zusätzlich eine ausreichende Feinheit des brennbaren Stoffs und eine Staubkonzentration innerhalb der stoffspezifischen Explosionsgrenzen. Die Wahrscheinlichkeit einer Zündung von Stäuben aus der Gußeisenzerspanung wird im folgenden anhand der genannten Kriterien diskutiert /ORD58, AUG97, VDI2263/.

Die interessierenden Werkstoffe bestehen zu 90 % aus Eisen, welches in Pulverform und somit ausreichender Feinheit als leicht entzündlich eingestuft ist. Ebenfalls als leicht entzündlich in Pulverform werden die Legierungselemente Magnesium, Mangan sowie Phosphor bezeichnet. Somit ist grundsätzlich ein brennbarer Stoff vorhanden. Eine Gefahr durch Staubexplosionen während der Bearbeitung ist jedoch nur dann gegeben, wenn ein Feststoffanteil im Staub von mindestens 20 g/m^3 vorliegt; als Staub werden hierbei Partikel mit einer Korngröße unter 500 µm bezeichnet. Bezogen auf die einatembare Fraktion wurde die höchste massenbezogene Konzentration für die Zerspanung von GG25 zu 213 mg/m^3 bestimmt. Unter Berücksichtigung der ermittelten Durchgangswerte Q3(x) (vgl. Kapitel 5.3.2, Abbildung 5.11) wird eine Abschätzung der maximalen Staubkonzentration bezogen auf die Partikelfraktion mit einer Korngröße von weniger als 500 µm möglich. Folglich beträgt der zu erwartende Höchstwert etwa ein Zehntel des Minimalwertes für die untere Explosionsgrenze. Hierfür spricht zudem, daß während der Bearbeitung im Arbeitsraum nur in unmittelbarer Nähe der Zerspanstelle eine leichte Staubwolke zu erkennen war. Staubkonzentrationen von 1 g/m^3 fallen dagegen bereits als optisch dichter Staub auf. Unter der Voraussetzung, daß sich nicht größere Mengen von Staub im Arbeitsraum ablagern können und durch Aufwirbeln desselben eine Überschreitung der unteren Explosionsgrenze erreicht wird, sind Staubexplosionen bei den untersuchten Prozessen somit auszuschließen. Untermauert wird diese Einschätzung durch die Tatsache, daß bisher keine Staubexplosionen bei den Berufsgenossenschaften dokumentiert sind, die auf Stäube aus einer Fräsbearbeitung von Gußeisenwerkstoffen zurückzuführen sind /ORD58, BIA82, BIA87, BIA96, GES99, VDI2263/.

Zu prüfen ist schließlich die Gefahr einer langsamen Verbrennung von abgelagertem Gußstaub. Im folgenden wird eine Risikoabschätzung anhand vorliegender Brandkenngrößen durchgeführt, die für ausgewählte Einzelstoffe ermittelt wurden. Zuverlässige Aussagen können jedoch im Einzelfall nur durch die experimentelle Bestimmung der entsprechenden Kenngrößen unter Berücksichtigung der konkreten werkstoff- sowie prozeßspezifischen Gegebenheiten gewonnen werden. Bereits der Sauerstoffgehalt der Umgebungsluft ist mit 21 Vol.-% als ausreichend für eine Brandreaktion zu betrachten. Zusätzlich muß jedoch eine wirksame Zündquelle, beispielsweise in Form einer heißen Oberfläche oder mechanisch bzw. elektrisch erzeugter Funken, vorhanden sein. Zündquellen ergeben sich bei spanenden Werkzeugmaschinen unter anderem durch Werkzeugbruch oder Einsatz eines abgenutzten Werkzeugs, im Falle eines Werkzeugcrashs, Kurzschluß oder auch Heißlaufen einer Spindel. Eine detaillierte Analyse prozeßspezifischer Zündquellen konnte im Rahmen der vorliegenden Arbeit nicht durchgeführt werden, jedoch wurden die maximal auftretenden Temperaturen bei der Bearbeitung aus der Literatur sowie eigenen Messungen zu etwa 420 bis 500 °C bestimmt (vgl. Kapitel 5.6). Zwar beträgt die niedrigste dokumentierte Zündtemperatur für ein spezielles Eisenpulver 310 °C sowie die niedrigste Glimmtemperatur 300 °C, jedoch wies das hierbei zugrunde liegende Testpulver einen vergleichsweise geringen Medianwert von weniger als 10 µm auf. Sinnvoller erscheint im vorliegenden Fall deshalb ein Vergleich mit den Brandkenngrößen von Eisenpulver, das einem Filter entstammt. Hierbei konnte bis zu einer Temperatur von 520 °C keine Zündung sowie bis zu 450 °C kein Glimmen festgestellt werden. Allerdings lag auch der Medianwert dieses Pulvers mit 32 µm deutlich unter den Medianwerten, die für die Frässtäube im Rahmen der Korngrößenanalyse ermittelt werden konnten (vgl. Kapitel 5.3.2). Zu berücksichtigen ist darüber hinaus, daß bei einer Fräsbearbeitung unter der Voraussetzung eines normalen Prozeßverlaufs von einer bestimmten räumlichen Distanz zwischen der primären Zündquelle (Ort des Schneideneingriffs) und gegebenenfalls vorhandenem, im Arbeitsraum abgelagerten brennbaren Staub auszugehen ist. Zur Überwindung dieser Distanz und Zündung ist demzufolge beispielsweise ein gerichteter Funkenflug erforderlich. Bei einer Vermeidung von Staubablagerungen im Arbeitsraum durch konstruktive Maßnahmen sowie eine ausreichende Reinigung bzw. Absaugung ist das Auftreten von Staubbränden bei einer Fräsbearbeitung von GG25 und GGG40 somit insgesamt als unwahrscheinlich zu bezeichnen, aber nicht grundsätzlich auszuschließen /BIA96, ZIM98, VDI2263-1/.

6.2 Wirkungen auf Sachgüter

Neben den erläuterten Effekten auf die Arbeitssicherheit besteht grundsätzlich die Möglichkeit einer Schädigung von Sachgütern durch freiwerdende Stäube bei der Metallzerspanung ohne Kühlschmierstoff (vgl. Abbildung 6.1). Als wesentliche, für Sachgüter spezifische, Auswirkungen sind eine Verschlechterung der elektrischen Isolation durch leitfähige Stäube, die zu Kurzschlüssen führen kann, die Minderung der Wärmeleitfähigkeit oder Beeinträchtigung von Lüftung und Kühlung durch abgelagerte Stäube sowie der Verschleiß beweglicher Teile durch Staubeinwirkung zu nennen. Art und Umfang einer Schädigung sind hierbei direkt von dem exponierten Sachgut, das heißt im vorliegenden Fall insbesondere der eingesetzten Werkzeugmaschine, abhängig. In Anbetracht der Vielfalt an Zerspanmaschinen sowie Betriebsbedingungen ist es nicht möglich, eine quantitative und allgemeingültige Bewertung des Schädigungspotentials der festgestellten Partikelemissionen durchzuführen. Vielmehr wird im folgenden eine Eingrenzung möglicher Effekte unter Berücksichtigung vorhandener allgemeingültiger Randbedingungen vorgenommen, welche im Einzelfall als Basis für eine detaillierte Analyse herangezogen werden kann.

Sowohl die metallischen Legierungsbestandteile der beiden untersuchten Gußeisenwerkstoffe als auch Graphit sind elektrisch leitend. Durch die Ablagerung von Staub aus der Gußeisenzerspanung können sich somit leitende Brücken bilden, die zu Kurzschlüssen führen. Hieraus können zum einen direkte Schäden an Antriebsaggregaten und Schaltschränken resultieren; darüber hinaus kann die Gefahr einer Brandentstehung gegeben sein. Zusätzlich verschlechtern Staubschichten in elektrischen Maschinen die Wärmeabfuhr, so daß Schäden oder Maschinenausfälle durch eine übermäßige Erwärmung hervorgerufen werden können. In beiden Fällen ist somit ein Eindringen von Staub in gefährdete Anlagen zu verhindern. Wirkungsvoll ist dies durch den Einsatz von Filtern möglich, die jedoch ihrerseits gereinigt werden müssen, um thermisch bedingte Schäden zu verhindern. Während zur Vermeidung von Kurzschlüssen und übermäßiger Erwärmung Abhilfe durch eine konsequente Abschottung potentiell gefährdeter Bereiche von der Emissionsquelle möglich ist, kann nicht vermieden werden, daß bestimmte Maschinenelemente im Arbeitsraum auftretenden Prozeßemissionen direkt ausgesetzt sind. Betroffen sind insbesondere bewegliche Teile. Zum einen können sich Störungen beim Werkzeug- oder Werkstückwechsel durch Staubablagerungen ergeben, insbesondere ist jedoch ein durch Staubeinwirkung hervorgerufener erhöhter Verschleiß bewegter Teile zu berücksichtigen /ORD58, NEG74, CAM91, JOH99, EN60068/.

Betroffen sind von derartigen Effekten speziell Führungen zur Bewegung von Supporten und Arbeitstischen, welchen eine wesentliche Bedeutung im Kraftfluß von Werkzeugmaschinen zukommt. Im Hinblick auf eine geforderte hohe Maschinengenauigkeit, ein großes Leistungsvermögen sowie eine hohe Verfügbarkeit und niedrige Betriebskosten werden an diese Elemente zudem besondere Anforderungen gestellt. Verwendung finden deshalb insbesondere Gleit-, Wälz- oder kombinierte Gleit-Wälzführungen. Der Anteil der ehemals dominierenden Gleitführungen beträgt bei Dreh- und Fräsmaschinen 35 % sowie 22 % bei Schleifmaschinen. Mit Anteilen von zur Zeit 73 % bei Drehmaschinen und 57 % bezogen auf Fräs- bzw. Schleifmaschinen finden dagegen Wälzführungen in zunehmendem Maße Anwendung. Die unmittelbaren Folgen des Verschleiß von Bewegungsführungen sind steigende Reibung, übermäßige Erwärmung und erhöhter Energiebedarf. Mittel- bis langfristig entsteht im allgemeinen eine Schädigung der Oberfläche oder oberflächennaher Bereiche. Als Folge ist mit verstärkten Betriebsgeräuschen, einer Beeinträchtigung der Bearbeitungsgenauigkeit, einem erhöhtem Wartungs- und Unterhaltsbedarf sowie im Extremfall Maschinenausfällen zu rechnen. Statistisch gesehen sind 23 % aller Ausfälle von Werkzeugmaschinen auf Schmierungsversagen, mechanische Überlastung oder Verschleiß von Führungen zurückzuführen. In 42 % aller Fälle sind Verunreinigungen, wie Späne oder Partikel, die Ursache. Auch Gußeisenspäne werden in der Literatur als abrasiv wirkend bezeichnet. Vor diesem Hintergrund kommt der Verschleißminimierung eine besondere Bedeutung zu /RIN88, KWA96, WEC97, TÖN98/.

Dem Reibungs- und Verschleißverhalten von Maschinenführungen liegen komplexe technische Abläufe zugrunde, die durch eine Vielzahl von Einflußgrößen geprägt werden. Diese Einflüsse sind nicht allein als stoffbezogene Kenngrößen aufzufassen. Erforderlich ist vielmehr die Betrachtung eines tribologischen Systems als Gesamtheit einzelner, sich gegenseitig beeinflussender Elemente. Schematisch ist eine derartige Systembetrachtung für Bewegungsführungen in Maschinen zur Trockenbearbeitung in **Abbildung 6.4** wiedergegeben. Berücksichtigt werden hierbei das Beanspruchungskollektiv, die Struktur des tribologischen Systems sowie die resultierende Reibung und der Verschleiß /CZI82, RIN88/.

	Bewegungsführungen von Werkzeugmaschinen	
	Gleitführungen	Wälzführungen
	Beanspruchungskollektiv	
Bewegungsart	Gleiten	Wälzen
Bewegungsablauf	intermittierend, oszillierend	
Beanspruchungsdauer	15.000 - 80.000 h	
	Tribologisches System	
Paarung Grund-/ Gegenkörper	Grauguß / Kunststoff (33%) Stahl / Kunststoff (29%) Stahl / Grauguß, Stahl, Bronze (hydrodynamische Lager)	Stahl / Stahl Keramik / Stahl Keramik / Keramik
Zwischenstoff	Schmiermedium, GG25- bzw. GGG40-Partikel	
Umgebungsmedium	Luft im Maschinenarbeitsraum	
	Reibung	
Reibungsart	Gleitreibung	Wälzreibung
Reibungszustand	Mischreibung (überwiegend)	
	Verschleiß	
Verschleißart	Korngleitverschleiß	Kornwälzverschleiß
Prinzipskizze	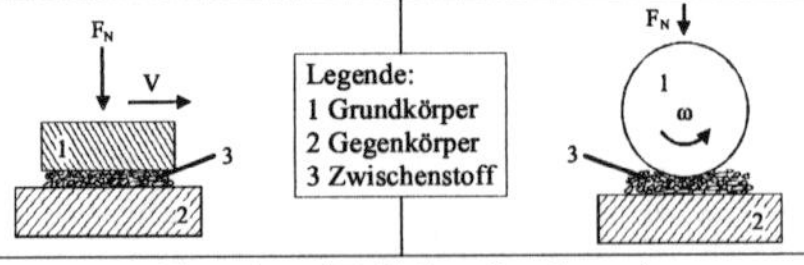 F_N ↓ v Legende: 1 Grundkörper 2 Gegenkörper 3 Zwischenstoff	F_N ↓ ω
Verschleißmechanismus	Abrasion (Teilchenfurchung)	
Verschleißteilvorgänge	Kornzerkleinerung, Einbettung, Ritzen	
Erscheinungsformen	Oberflächenveränderung (Kratzer, Riefen, Mulden, Wellen), Materialverlust durch Teilchenfurchung	

Abbildung 6.4: Tribologischer Einfluß von Zerspanpartikeln auf Bewegungsführungen

Hinsichtlich des Beanspruchungskollektivs ist, abhängig von der Art der Führung, zwischen den Bewegungsarten Gleiten und Wälzen, als Rollbewegung mit überlagerter Gleitkomponente, zu unterscheiden. Der Bewegungsablauf ist mehrheitlich intermittierend oder oszillierend, die Dauer der Beanspruchung kann mit einer Maschinenlebensdauer von 15.000 bis 80.000 Stunden gleichgesetzt werden. Als Elemente des tribologischen Systems sind einerseits Grund- und Gegenkörper zu nennen, die in unterschiedlichen Paarungen eingesetzt werden. Der Zwischenstoff setzt sich, im Falle eines Eindringens von Partikeln in die Führung, aus einem Schmierstoff und Gußeisenpartikeln zusammen. Analog zu den Bewegungsarten ist zwischen den Reibungsarten Gleitreibung und Wälzreibung zu differenzieren, wobei in beiden Fällen aufgrund der vorhandenen Gußeisenpartikel von einer Mischreibung auszugehen ist. Infolge der Beanspruchung des jeweiligen Systems ist mittel- bis langfristig von einem Drei-Körper-Abrasivverschleiß auszugehen, der durch die Hauptverschleißmechanismen Oberflächenzerrüttung sowie Abrasion gekennzeichnet ist. Ursächlich für eine Oberflächenzerrüttung und die sich ergebende charakteristische Pittingbildung ist eine dynamische Überlastung von Wälz- und Gleitlagern. Eine Ritzung und Mikrozerspanung von Grund- bzw. Gegenkörper (Abrasion) ist dagegen direkt auf eine Gleitbewegung harter Partikel des Zwischenstoffes zurückzuführen. Zerspanpartikel, die bei der Trockenbearbeitung in Bewegungsführungen eindringen, sind mehr oder weniger frei beweglich, weshalb dieser spezielle Mechanismus ebenfalls als Teilchenfurchung bezeichnet wird. Der Mechanismus der Teilchenfurchung basiert auf den sich überlagernden Teilvorgängen der Kornzerkleinerung, Einbettung und Ritzung /WAH69, HAB80, LEM81, KUN82, UET86, DUB99/.

Insgesamt ist festzuhalten, daß Art und Umfang des auftretenden Verschleißes an Bewegungsführungen infolge eindringender Zerspanpartikel von den Einflußgrößen Grund- und Gegenkörper, Bewegung, Belastung sowie insbesondere Zwischenstoff abhängig ist; hierbei können sich einzelne Größen gegenseitig beeinflussen. Aufbauend auf den im Rahmen dieser Arbeit gewonnenen Erkenntnissen beschränken sich die folgenden Betrachtungen auf die Wirkung von Gußeisenpartikeln als Zwischenstoff.

Wesentlich im Zusammenhang mit einem Verschleiß von Führungen ist die Härte des Zwischenstoffes. Wie eine Analyse der Gestalt von Gußeisenpartikeln ergab, weisen diese grundsätzlich den gleichen stofflichen Aufbau und folglich identische Werkstoffkenngrößen auf, wie der jeweilige kompakte metallische Werkstoff (vgl. Kapitel 5.5). Die Brinellhärte der Gußeisenpartikel beträgt demnach zwischen 140 bis 220 HB30 (vgl. Kapitel 4.3, Abbildung 4.5). Im Hinblick auf die überwiegend eingesetzten Werkstoffe bei Gleitlagern besitzt der Zwischenstoff somit eine im allgemeinen niedrigere Härte als der Grundkörper (z.B. Ck45 (vergütet), 16MnCr5 (einsatzgehärtet)), jedoch eine höhere als der Gegenkörper (z.B. PTFE, Bronze). Wahrscheinlich ist deshalb im betrachteten Fall eine Einbettung von Gußeisenpartikeln in den verhältnismäßig weichen Gegenkörper und ein anschließendes Ritzen des Grundkörpers. Ein wesentlicher Verschleiß des Grundkörpers ist jedoch nur dann zu erwarten, wenn die Härte der Gußeisenpartikel diejenige des geritzten Stoffes erreicht oder übersteigt (z.B. Paarung Grauguß/Kunststoff). Zu berücksichtigen ist, daß die Härte alleine kein sicheres Maß für den Verschleißbetrag darstellt /WAH69/.

Die im Rahmen der vorliegenden Arbeit durchgeführten Untersuchungen ergaben ein weites Korngrößenspektrum der erzeugten Partikelkollektive (vgl. Kapitel 5.3). Insbesondere im Hinblick auf die nachgewiesenen kleinsten Partikel im Subspanbereich ist davon auszugehen, daß ein Teil vorhandene Schutzvorrichtungen, wie z.B. Abstreifer oder Teleskopabdeckungen, überwinden kann. Durch einen Verschleiß der Schutzvorrichtungen können zudem mit der Zeit in zunehmendem Maße auch größere Partikel bis in die Führungen gelangen. Von den

Teilchen, die in den inneren Bereich einer Führung eingedrungen sind, können grundsätzlich nur solche, die gleich groß oder kleiner als der Spalt des zwischen Grund- und Gegenkörper sind, in diesen eintreten. Aus Untersuchungen an Mischerschaufeln geht hervor, daß der Verschleiß einen Extremwert annimmt, wenn das Korn die Größe des Spaltes erreicht. Bei diesen gefährlichen Körnungen treten die größten Reibungskräfte auf, aus denen entsprechend der höchste Verschleiß resultiert. Unmittelbar nach dem Eintritt zwischen die Gleitflächen wird der kornförmige Zwischenstoff im allgemeinen zermahlen. Mit Hinblick auf eindringende Gußeisenpartikel ist durch diesen Effekt ebenfalls eine Auflösung der zweiphasigen Partikelstruktur wahrscheinlich, so daß einphasige metallische Teilchen bzw. Partikel aus reinem Graphit entstehen. Durch die erzeugten Metallpartikel ist eine Förderung der Abrasion zu erwarten. In Abhängigkeit der Randbedinungen können reine Graphitpartikel einerseits eine Schmierwirkung ausüben und Adhäsionseffekte reduzieren; unter Einwirkung von Schmieröl ist jedoch andererseits eine Bildung zementitartig aushärtender und somit verschleißfördernder Pasten möglich /WAH69, UET86, CAM91, DUB99/.

Wie Untersuchungen mit Quarz als Zwischenstoff ergaben, stellen sich bei niedriger Beanspruchung mit kantigem Korn höhere Verschleißwerte ein, als mit gerundetem Quarz. Analoge Ergebnisse konnten auch bei weiteren Werkstoffen beobachtet werden. Zudem ist bei einem kantigem Korn die Wahrscheinlichkeit größer, daß es im Eingriffsbereich eines Spaltes erfaßt wird. Insgesamt verursachen große scharfkantige Körner einen höheren Verschleiß als kleine und rundliche. Die Gestalt der entstehenden Zerspanteilchen bei der Gußeisenbearbeitung wurde im Rahmen eigener Untersuchungen mit Hilfe eines Rasterelektronenmikroskops analysiert (vgl. Kapitel 5.5). Hierbei konnten, insbesondere bezogen auf kleinere Partikelfraktionen, mehrheitlich nadelige, tafelige sowie isometrische Teilchen im Subspanbereich festgestellt werden, die im Hinblick auf die obigen Feststellungen als verschleißfördernd anzusehen sind /UET86/.

Der Verschleißbetrag ist ferner abhängig von der Menge des eindringenden Zwischenstoffs. Die Menge des angebotenen Abrasivstoffes wird, bedingt durch die Menge produzierter Zerspanpartikel, die Effizienz vorhandener Erfassungs- bzw. Absaugeinrichtungen, sowie die Wirksamkeit von Abstreif- und Dichtungseinheiten der Bewegungsführungen. Aufgrund des großen Einflusses prozeß- und insbesondere maschinenspezifischer Randbedingungen wird an dieser Stelle von einer weiteren Betrachtung der Abrasivstoffmenge als verschleißbeeinflussende Größe abgesehen.

6.3 Resultierender Handlungsbedarf

Im Rahmen des vorliegenden Kapitels wurden die Partikelemissionen, welche bei der Trokkenbearbeitung von Gußeisen auftreten, hinsichtlich ihrer Wirkungen auf die Arbeitssicherheit sowie Sachgüter beurteilt. Bezogen auf Sachgüter ist zunächst zu berücksichtigen, daß Gußeisenstäube sich in der Maschine bzw. elektrischen Anlagen ablagern können und dort aufgrund ihrer elektrischen Leitfähigkeit sowie Wärmeisolation zu Schäden führen können. Darüber hinaus muß davon ausgegangen werden, daß die nachgewiesenen Zerspanpartikel verschleißfördernd auf Bewegungsführungen von Werkzeugmaschinen wirken. Während das Korn-größenspektrum der auftretenden Teilchen sowie ihre Gestalt ausgehend von eigenen Untersuchungen spezifiziert werden konnten, sind weitere verschleißrelevante Einflußgrößen maschinenabhängig, wie z.B. die Werkstoffpaarung von Grund- und Gegenkörper oder die Menge des angebotenen abrasiven Zwischenstoffes. Insgesamt ist deshalb von der latenten Gefahr eines gesteigerten Führungsverschleißes auszugehen. Die Gefahr einer mittelbaren, jedoch kurzfristigen Gefährdung durch Staubexplosionen ist ausgehend von den meßtechnisch bestimmten maximalen Massenkonzentrationen bei der Fräsbearbeitung auszuschließen. Unter der Voraussetzung, daß sich keine großen Staubablagerungen kritischer Korngrößenverteilung im Arbeitsraum bilden können, ist die Entstehung von Staubbränden ebenfalls als unwahrscheinlich zu bezeichnen. Wie arbeitshygienische Untersuchungen zeigen, ist bei direkter Einwirkung der betrachteten Gußeisenstäube auf den menschlichen Organismus von keinem spezifischen Gefährdungspotential auszugehen. In unmittelbarer Nähe der Zerspanstelle wurden jedoch Staubmassenkonzentrationen ermittelt, welche die gesetzlich zulässigen MAK-Werte - vor allem hinsichtlich des einatembaren Anteils - um ein Vielfaches übersteigen. Hieraus ist abzuleiten, daß Maßnahmen zu ergreifen sind, die eine Einhaltung der relevanten MAK-Werte ermöglichen. Aus einer Berücksichtigung dieser vergleichsweise niedrigen Konzentrationsgrenzwerte ergibt sich gleichzeitig eine Reduzierung der anderen genannten, teilweise latenten Gefährdungspotentiale.

7 Emissionskontrolle

Unkontrollierte makroskopische Späne können sich bei der Metallbearbeitung ungünstig auf Zerspankräfte und -temperaturen, Oberflächengüte des Werkstücks, Spanabtransport sowie die Arbeitssicherheit auswirken. Eine Spankontrolle, die durch unterschiedliche Maßnahmen verwirklicht werden kann, ist deshalb in vielen Fällen angebracht. Wie die Ergebnisse aus Kapitel 5 und Kapitel 6 belegen, ergeben sich bei der Gußeisenbearbeitung aus freiwerdenden Staubteilchen zusätzliche Herausforderungen. In Analogie zu einer Spankontrolle ist hier somit insbesondere auch eine Emissionskontrolle erforderlich. Maßnahmen zur Kontrolle von Emissionen zeichnen sich entweder durch eine präventiven oder einen nachsorgenden Charakter aus. Dementsprechend wird üblicherweise unterschieden zwischen den Kategorien Primärmaßnahmen, Sekundärmaßnahmen sowie ergänzenden Maßnahmen. Unter Berücksichtigung der Einzelansätze innerhalb der drei genannten Kategorien ergibt sich der in **Abbildung 7.1** dargestellte Zirkel grundsätzlicher Maßnahmen zur Emissionskontrolle /SHA84, VDI2262-1/.

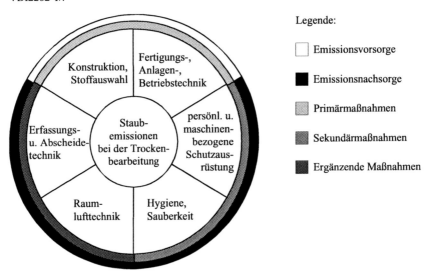

Abbildung 7.1: Maßnahmenzirkel der Emissionskontrolle

Die aufgeführten Maßnahmen beinhalten sowohl technische als auch organisatorische Aspekte. Im Sinne eines produktionsintegrierten Umweltschutzes ist präventiven Ansätzen grundsätzlich ein Vorrang vor nachsorgenden einzuräumen. Entsprechend dieser Rangfolge werden im folgenden unterschiedliche Maßnahmen zur Kontrolle von Staubemissionen bei der Trockenbearbeitung von Gußeisen analysiert und einander gegenübergestellt.

7.1 Vorsorgende Maßnahmen

Eine erste und mächtige Einflußmöglichkeit zur Emissionsprävention besteht in der Substitution kritischer Werkstoffe sowie einer Veränderung der Werkstoffkonstruktion. So kann aus den durchgeführten Meßreihen beispielsweise geschlossen werden, daß die Bearbeitung von

Kugelgraphitguß zu deutlich geringeren Staubemissionen führt, als die Zerspanung des Gußeisens mit Lamellengraphit. Häufig ist eine Variation dieser Ausgangsbedingungen für eine spanende Bearbeitung jedoch nicht zulässig, so daß lediglich Eingriffe in die Fertigungs-, Anlagen- und Betriebstechnik als Ansatzpunkte verbleiben. Vor diesem Hintergrund werden nachfolgend einerseits eine Reduzierung der Quellstärke durch eine Parameteroptimierung sowie andererseits der gezielte Einsatz von Kühlschmierstoffen zur Unterdrückung freiwerdender Stäube einer näheren Betrachtung unterzogen.

7.1.1 Emissionsvermeidung

Handlungsbedarf besteht gemäß Kapitel 6 insbesondere im Hinblick auf eine Einhaltung geltender MAK-Werte bei der Gußzerspanung. Verglichen mit den Massenkonzentrationen der alveolaren Fraktion ist die Höhe der Überschreitung bezogen auf den Anteil einatembarer Partikel hierbei wesentlich größer (vgl. Kapitel 5.4.3, Abbildungen 5.26 bzw. 5.27). Eine angestrebte Absenkung der Konzentrationsmittelwerte bis unter die zulässigen Grenzen erfordert eine Verringerung der Gesamtmenge der erzeugten staubförmigen Partikel bei der Bearbeitung, repräsentiert durch das Integral über den zeitlichen Konzentrationsverlauf. Da dieser Verlauf auf eine charakteristische Grundform zurückzuführen ist (vgl. Kapitel 5.4.4), kann das Kurvenmaximum, die meßtechnisch einfach zu erfassende einatembare Spitzenkonzentration $c_{max,ein}$, als geeigneter Indikator für die Gesamtmenge des freiwerdenden einatembaren Staubs aufgefaßt werden. Wie die statistische Auswertung der Konzentrationsmessungen zeigt, besteht ein eindeutiger Zusammenhang zwischen den Prozeßparametern Schnittgeschwindigkeit v_c und Vorschub pro Zahn f_z sowie den gemessenen Spitzenwerten der einatembaren Fraktion. Die Effekte beider Parameter erwiesen sich als hochsignifikant bei positiver Wirkrichtung. In Form von angenäherten Antwortflächen konnten diese Zusammenhänge für die Bearbeitung von GG25 sowie GGG40 abgebildet werden (vgl. Kapitel 5.4.5, Abbildung 5.37). Zu berücksichtigen ist, daß sich Ungenauigkeiten der Antwortflächen bei vollfaktoriellen Versuchsdesigns insbesondere aus der begrenzten, meist niedrig gewählten Zahl von Faktorstufen ergeben. Eine Konkretisierung von Antwortflächen bzw. eine Bestimmung optimaler Parametereinstellungen erfordert deshalb den Einsatz gesonderter statistischer Methoden. Im Rahmen der vorliegenden Arbeit erfolgte eine Optimumsuche innerhalb des definierten Parameterbereichs mit Hilfe der Methode des steilsten Anstiegs. Als Optimum wurde diejenige Kombination der Parameter v_c und f_z gesucht, die zur geringsten Spitzenkonzentration bezogen auf die einatembare Fraktion führt. Die Untersuchungen beschränkten sich auf den Werkstoff GG25, welcher sich grundsätzlich durch eine emissionsintensivere Bearbeitung auszeichnet als GGG40.

Die von *Box* und *Wilson* entwickelte Methode des steilsten Anstiegs ist ein Gradientenverfahren, das eine iterative Annäherung an einen Optimalwert einer Antwortfläche erlaubt. Diese Fläche beschreibt im vorliegenden Fall die maximale Massenkonzentration der einatembaren Fraktion in Abhängigkeit von den Einflußgrößen v_c und f_z. Bei Anwendung der Methode werden zunächst vier Punkte der Antwortfläche bestimmt (2^2-Versuchsplan), welche, unter Berücksichtigung eines linearen Modells, eine sekantielle Ebene als Näherung an die real gekrümmte Fläche definieren. Die ermittelte Ebene beschreibt gemäß der linearen Modellvorstellung eine Schar paralleler Geraden gleicher Antwortwerte. Senkrecht zu diesen Geraden wird ein Vektor im Zentralpunkt des 2^2-Versuchsplans errichtet, der in Richtung des Maximums der Antwortfläche zeigt. Dieser Vektor läßt die Richtung, jedoch nicht die Entfernung zum Maximum bzw. Minimum erkennen. Folglich werden einige Versuche entlang dem steilsten Anstieg ausgeführt, bis die Antwortwerte nicht mehr zunehmen sondern kleiner werden.

Diese Stelle wird als Zentralpunkt für einen weiteren 2^2-Plan genutzt und das beschriebene Vorgehen von neuem begonnen, bis das absolute Maximum der untersuchten Antwortfläche ausreichend genau bestimmt ist. Bei der Suche nach einem Minimum der Antwortfläche wird in analoger Weise verfahren. Die Methode besitzt insgesamt gewisse Ähnlichkeiten mit der menschlichen Verhaltensweise bei der Besteigung einer Bergkuppe auf kürzestem Weg, bei der ein Weg zu wählen ist, der die topographischen Höhenlinien im rechten Winkel schneidet /SCH84, WEN96, MON91/.

Gemäß der beschriebenen Methode wurde die Antwortfläche $c_{max,ein} = f(v_c, f_z)$ untersucht. Die Versuchsrahmenbedingungen wie auch die eingesetzte Meßtechnik entsprachen hierbei denen der bereits im Zusammenhang mit der Emissioncharakterisierung erläuterten Meßreihen (vgl. Kapitel 5.1 bzw. Kapitel 5.4). Variiert wurden die signifikanten Parameter v_c in den Bereichen 400 bis 700 m/min sowie f_z von 0,1 bis 0,25 mm. Konstant gehalten wurden die bezogen auf die Zielgröße vergleichsweise unbedeutenden Einflußgrößen a_p mit 0,5 mm sowie κ_r mit 75°. Die Ergebnisse der Versuchsreihen sind in **Abbildung 7.2** zusammenfassend dargestellt.

Als Startpunkt für die Versuchsreihe wurde der Zentralpunkt des durch v_c und f_z aufgespannten Parameterbereichs gewählt. Ausgehend von den statistischen Auswertungen im Rahmen der Emissionscharakterisierung konnte ein Vektor bestimmt werden, durch den die dargestellte Gerade A definiert wird. Sowohl in Richtung zunehmender als auch abnehmender Antwortwerte wurden Versuche ausgeführt, bis ein relativ niedrigster Antwortwert zu 41 mg/m³ bestimmt werden konnte. Dieser Versuchspunkt wurde als neuer Zentralpunkt genutzt, so daß ein zweiter Richtungsvektor ermittelt werden konnte. Entlang der durch den neuen Vektor definierten Gerade B wurden weitere Versuche ausgeführt. Wie Abbildung 7.2 verdeutlicht, ergaben die ermittelten Antwortwerte entlang dieser zweiten Geraden jedoch ein uneinheitliches Bild, so daß von einer weiteren Annäherung des Optimums abgesehen wurde.

Wie die Ergebnisse der Versuchsreihe insgesamt zeigen, besteht eine weitgehende Übereinstimmung zwischen dem zunächst aufgestellten linearen Modell sowie der realen Abhängigkeit der Antwortgröße $c_{max,ein}$ von den beiden Einflußgrößen v_c und f_z. Hierfür spricht zum einen die erkennbare positive Steigung der Trendlinie, die aus den Antwortwerten entlang der Geraden A bei steigenden Schnittgeschwindigkeits- und Vorschubwerten abgeleitet werden kann. Mit abnehmenden Werten von v_c und f_z entlang dieser Geraden ist eine Senkung der resultierenden maximalen einatembaren Konzentration von über 75 % möglich. Andererseits ist der flache Verlauf der Trendlinie basierend auf den Antworten entlang der Geraden B, welche mit Gerade A einen Winkel von nahezu 90° umschließt, ein Beleg dafür, daß die wirkliche Antwortfläche der Modellvorstellung einer sekantiellen Ebene weitgehend entspricht. Diese Erkenntnisse stimmen mit den Ergebnissen der Meßreihen zur Emissionscharakterisierung überein (vgl. Kapitel 5.4).

Im Hinblick auf die Bedeutung der einatembaren Spitzenkonzentration als Indikator für die Gesamtmenge freiwerdenden Staubs bei der Bearbeitung wird jedoch auch deutlich, daß eine Einhaltung der relevanten MAK-Werte durch eine Parameteroptimierung im untersuchten Bereich nicht möglich ist. Denkbar wäre grundsätzlich eine Erweiterung des untersuchten Parameterbereichs insbesondere in Richtung niedrigerer Schnittgeschwindigkeiten und Vorschübe, die nach den bisherigen Erkenntnissen zu einem weiteren Absinken der Spitzenkonzentrationen führen müßte. Zu berücksichtigen ist hierbei jedoch, daß eine Optimierung des Zerspanprozesses alleine unter emissionsbezogenen Kriterien in der Regel nicht möglich ist, vielmehr sind darüber hinaus technisch und wirtschaftlich motivierte Zielsetzungen zu beachten.

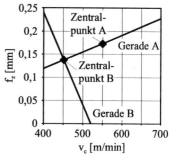
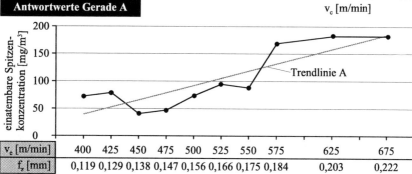
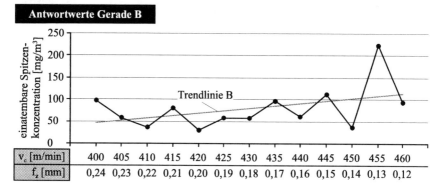

Abbildung 7.2: Optimumsuche mit Hilfe der Methode des steilsten Anstiegs

Eine Gegenüberstellung von emissionsbezogenen sowie technisch-ökonomischen Zielgrößen zeigt **Abbildung 7.3**. Zu den wesentlichen emissionsbezogenen Zielgrößen sind neben der bereits diskutierten maximalen einatembaren Massenkonzentration $c_{max,ein}$ insbesondere die maximale alveolare Massenkonzentration $c_{max,alv}$ sowie der mediane Massendurchmesser $d_{m,50}$ zu rechnen. Ausgehend von den ermittelten wirkrichtungsbehafteten Effekten auf diese Emissionskennwerte können zielgrößenspezifische Optimierungsrichtungen bezogen auf die Einflußgrößen Schnittgeschwindigkeit, Vorschub pro Zahn, Schnittiefe und Eingriffswinkel abgeleitet werden. Als technisch-ökonomische Ziele sind eine Minimierung von Schnitt-, Vorschub- und Passivkraft (F_c, F_f, F_p), eine hohe Qualität der Werkstückoberfläche (repräsentiert durch R_t) sowie in wirtschaftlicher Hinsicht ein großes Zeitspanvolumen (V_z) zu nennen. Von Interesse sind hohe Zeitspanvolumina bei der Gußeisenzerspanung insbesondere im Werkzeug- und Formenbau. Analog zu den emissionsbezogenen Zielgrößen können auch für die letztgenannten Größen jeweils Optimierungsrichtungen bezogen auf v_c, f_z, a_p und κ_r bestimmt werden. Zwischen den unterschiedlichen Zielsetzungen können hierbei sowohl positive als auch negative Beeinflussungen bestehen. Diese werden in der Abbildung mit Hilfe von Korrelationspyramiden erfaßt. Deutlich ist zu erkennen, daß sich die größten Zielkonflikte im Zusammenhang mit einer Optimierung der Schnittgeschwindigkeit ergeben. Während unter emissionsbezogenen Gesichtspunkten eine Reduzierung von v_c zu favorisieren ist, erfordert eine leistungsfähige und wirtschaftlich sinnvolle Zerspanung hohe Schnittgeschwindigkeiten. Unterschiedliche Anforderungen ergeben sich auch im Hinblick auf die Höhe der Vorschubwerte. Vergleichsweise unkritisch stellt sich die Situation dagegen bei den Einflußgrößen a_p und κ_r dar, bedingt durch deren geringere Bedeutung insbesondere im Hinblick auf emissionsbezogene Zielgrößen /SCH96/.

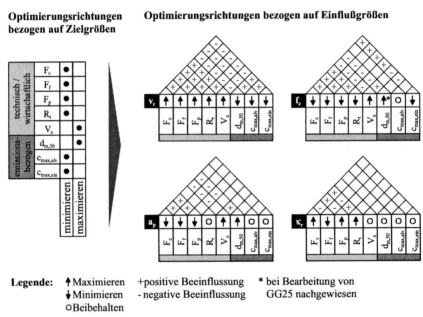

Legende: ↑ Maximieren   +positive Beeinflussung   * bei Bearbeitung von
          ↓ Minimieren   − negative Beeinflussung   GG25 nachgewiesen
          ○ Beibehalten

Abbildung 7.3: Korrelationen zwischen emissionsbezogenen und technisch-ökonomischen Zielsetzungen bei einer Prozeßoptimierung

Insgesamt ist somit festzustellen, daß die Möglichkeiten einer Beeinflussung von emissionsbezogenen Zielgrößen durch eine Anpassung der Bearbeitungsparameter eindeutig gegeben sind. So sind innerhalb des untersuchten Parameterbereichs durch Herabsetzen der Schnittgeschwindigkeit sowie des Vorschubs pro Zahn Reduzierungen der einatembaren Spitzenkonzentration von über 75 % zu erzielen (vgl. Verlauf der Antwortwerte entlang der Geraden A in Abbildung 7.2). Im Hinblick auf eine Emissionskontrolle sind jedoch zusätzliche Maßnahmen erforderlich. Einerseits ist eine nennenswerte Reduzierung der Menge freiwerdender Staubteilchen nur durch eine erhebliche Variation der Bearbeitungsparameter möglich. Andererseits sind die Optimierungsrichtungen, die sich im Hinblick auf eine Emissionsminimierung für die wesentlichen Prozeßeinflüsse Schnittgeschwindigkeit und Vorschub pro Zahn ableiten lassen, nicht vereinbar mit grundsätzlichen technischen und ökonomischen Anforderungen an den Bearbeitungsprozeß.

7.1.2 Emissionsunterdrückung

Aufgrund ihrer allgemein guten Zerspanbarkeit werden Gußeisenwerkstoffe üblicherweise trocken bearbeitet. Dies gilt insbesondere für die Fräsbearbeitung, bei welcher sich im Falle einer Überflutungskühlschmierung sogar kürzere Werkzeugstandzeiten ergeben können, bedingt durch eine thermischen Wechselbeanspruchung der Schneiden. Der Einsatz einer Kühlschmierung kann jedoch trotz der damit verbundenen Nachteile sinnvoll sein, zum Beispiel bei besonderen Anforderungen an die zu erzeugende Werkstückoberfläche oder insbesondere auch zur Unterbindung einer Ausbreitung von Staubemissionen. In Einzelfällen erfolgt deshalb auch die Bearbeitung von Gußeisen mit einer Überflutungskühlschmierung. Parallel hierzu ist aus anderen staubtechnischen Anwendungen bekannt, daß eine Niederschlagung staubförmiger Emissionen ebenfalls mit deutlich geringeren Flüssigkeitsmengen zu erreichen ist, sofern die flüssigen Medien in Form eines Sprays zum Einsatz gelangen. Vor diesem Hintergrund wurde im Rahmen der vorliegenden Arbeit untersucht, inwieweit eine Minimalmengenkühlschmierung (MMKS) im Hinblick auf eine Emissionskontrolle - bei gleichzeitiger Ausschöpfung wirtschaftlicher Potentiale - im Rahmen der Gußeisenbearbeitung sinnvoll einzusetzen ist /SMA84, KÖN85, SAN95, CHR96, KEN96, VDI2262-2/.

Wirtschaftliche Vorteile ergeben sich bei der MMKS insbesondere aus den geringen eingesetzten Schmierstoffmengen. Mit Zuführraten unter 50 ml/h ist eine deutliche Mengenreduzierung gegenüber einer konventionellen Überflutungskühlschmierung sowie auch Mindermengenschmierung, mit einer Schmierstoffrate von kleiner 2 l/h, gegeben. Der Schmierstoff wird bei der MMKS als Aerosol direkt an die Zerspanstelle gebracht. Die geringen Zuführraten lassen den wirtschaftlichen Einsatz hochwertiger Grundstoffe zu, wobei Schmiermedien auf Basis nativer sowie synthetischer Öle die größte Bedeutung beizumessen ist /MEN94, NGS96, HÖR97, KLO97, WEI98/.

Der Ansatz einer Niederschlagung von Staub mit Hilfe feiner flüssiger Partikel beruht auf einer erzwungenen Koagulation der festen Staubteilchen. Zum einen ist hierdurch eine Reduzierung des Anteils einatembarer Partikel möglich, andererseits bereitet auch die Abscheidung grober Partikel technisch weniger Schwierigkeiten. Eine Bildung von Mehrfachteilchen ist bereits zu beobachten, wenn in einem Staubsystem ausschließlich feste Partikel vorliegen. Ursächlich für die Bildung von Mehrfachteilchen und schließlich Staubflocken ist hierbei die unterschiedliche elektrische Ladung kleinster Partikel. Die Halbwertszeit für diese allein durch die Teilchenbewegung bzw. Kollision bewirkte Reduzierung der Teilchenanzahl ist jedoch als verhältnismäßig lang zu bezeichnen. Eine wesentliche Beschleunigung dieses Prozesses ist durch das Einbringen eines Aerosols aus flüssigen Teilchen in ein Staubsystem möglich. Bei einer Kollision fester und flüssiger Partikel bilden sich größere Teilchenaggregate, welche aufgrund ihrer Größe schneller sedimentieren oder einfacher zu erfassen und abzuführen sind. Grundsätzlich nimmt die Benetzbarkeit von Staubteilchen - und somit die Neigung zur Koagulation bei Vorhandensein einer flüssigen Phase - mit sinkender Größe ab. Auch die Größe der eingebrachten flüssigen Partikel ist von besonderer Bedeutung im Hinblick auf die Effizienz der Emissionsunterdrückung. Eine Agglomeration einatembarer Partikel kann hierbei insbesondere durch kleine und schnelle Tröpfchen erreicht werden. Konventionelle Wassersprays sind durch Tröpfchengrößen von über 20 µm gekennzeichnet, so daß kleinste Partikel nicht mit diesen großen Tröpfchen zusammenstoßen sondern sie umströmen. Bei einer Zerstäubung von Flüssigkeiten mit Druckluft können wesentlich kleinere Tröpfchen erzeugt werden, die Erfassungsgrenze konventioneller Systeme, die meist mit Wassersprays arbeiten, liegt jedoch bei einer Größe der Staubteilchen von etwa 5 µm. Eine Erfassung noch kleinerer Teilchen ist durch eine elektrostatische Aufladung der Spraypartikel zu erreichen, die jedoch als aufwendig und kostenintensiv zu bezeichnen ist. Verschiedenen Quellen ist zu entnehmen, daß die Schmierstoffpartikel bei einer MMKS überwiegend eine Teilchengröße von weniger als 30 µm aufweisen, wobei - je nach eingesetztem System - ein hoher Anteil sehr kleiner Tröpfchen (<10 µm) vorliegen kann. Die Voraussetzungen für eine Erfassung und Bindung der relevanten eintambaren Staubpartikel bei der Gußeisenzerspanung sind somit grundsätzlich gegeben /ORD58, SMA84, BRA96b, KLO98, WEI98, EYE99/.

Den wirtschaftlichen Vorteilen, die eine Minimalmengenkühlschmierung im Vergleich zu einer Überflutungsschmierung besitzt, sind jedoch mögliche negative Auswirkungen des KSS-Aerosols selbst gegenüberzustellen. Bei einer Überflutungsschmierung können durch Dispersion sowie Verdampfen und Kondensation von Kühlschmierstoffen (KSS) Nebel und Dämpfe entstehen. Die Wirkungen derartiger KSS-Emissionen auf den menschlichen Organismus war Gegenstand zahlreicher Untersuchungen mit teilweise widersprüchlichen Ergebnissen (vgl. Kapitel 2.4). Eine ähnliche oder sogar verschärfte Situation stellt sich bei Einsatz einer MMKS dar. Zum einen werden bei dieser Verlustschmierung bewußt KSS-Aerosole mit Tröpfchengrößen im einatembaren und zum Teil lungengängigen Bereich erzeugt und in den Maschinenarbeitsraum abgegeben. Andererseits treten bei der MMKS-Bearbeitung höhere Prozeßtemperaturen als bei einer Überflutungskühlschmierung auf, die, insbesondere im Hinblick auf die große spezifische Oberfläche der flüssigen Aerosolphase, zu Reaktionsprodukten führen können. Im Rahmen der vorliegenden Arbeit konnten für bestimmte Parameterkombinationen sogar thermische Beeinflussungen emittierter fester Gußeisenpartikel nachgewiesen werden (vgl. Kapitel 5.6). Arbeitsmedizinische Untersuchungen zu den Folgen einer mittel- bis langfristigen Exposition gegenüber MMKS-Aerosolen liegen bisher nur in geringem Umfang vor, speziell im Vergleich zu entsprechenden Untersuchungen bei einem konventionellen KSS-Einsatz. Als Luftgrenzwert ist vor diesem Hintergrund ein Summenwert für Dampf- und Aerosolkonzentrationen von 10 mg/m^3 bezogen auf die einatembare Fraktion nicht zu überschreiten, im Ausland existieren zum Teil noch schärfere Grenzwerte. Neben den genannten arbeitsmedizinischen Gesichtspunkten gilt es, spezifische maschinenbezogene Auswirkungen zu berücksichtigen. Staubpartikel und Schmieraerosol können - beispielsweise bei der Bearbeitung von Aluminiumgußwerkstoffen unter MMKS-Einsatz - Verschmutzungen bilden, die sich an Vorrichtungen und Abdeckblechen im Arbeitsraum anlagern und über einen längeren Zeitraum zu starkem Verschleiß an bewegten Teilen sowie Störungen bei Werkzeug- und Werkstückwechsel führen. Zu prüfen ist im Einzelfall weiterhin, inwieweit durch ein im Arbeitsraum vorliegendes hybrides Gemisch aus Staubteilchen und MMKS-Partikeln eine Brand- oder Explosionsgefahr ausgeht /HÖR97, MAK98, MÜL98, OPH98, BLA99, JOH99/.

Um zu ermitteln, inwieweit der Einsatz einer Minimalmengenkühlschmierung bei der Gußeisenzerspanung als eine prozeßintegrierte Maßnahme zur Emissionskontrolle geeignet ist, wurden im Rahmen der vorliegenden Arbeit Konzentrationsmessungen bei einer Bearbeitung ohne sowie mit MMKS durchgeführt. Hierzu wurde der bereits erläuterte Versuchsaufbau zur Bestimmung der Massenkonzentrationen der Fraktionen gemäß EN481 um ein MMKS-System ergänzt. Mit Hilfe des eingesetzten Niederdrucksystems wurde eine Außenschmierung des Zerspanprozesses realisiert. Das MMKS-Gerät verfügt über einen separaten Behälter, in welchem nach dem Injektor-Prinzip mit einem Luftdruck von 0,6 bar ein Schmiermittel fein zerstäubt wird. Im Vergleich zu Überdrucksystemen, bei denen eine Zerstäubung des Schmiermediums direkt an der Austrittsdüse erfolgt, führt eine Aerosolerzeugung nach dem Niederdrucksystem zu einer deutlich homogeneren und reproduzierbaren Teilchengrößenverteilung und damit zu einer gleichmäßigeren Benetzung des Werkstücks. Hierdurch sind nur vergleichsweise geringe Schmierstoffraten erforderlich. Mit Hilfe von Druckluft kann eine Zuleitung des Aerosols an die Zerspanstelle auch über mehrere Meter ohne bemerkbare Verluste der Aerosolqualität erfolgen. Die maximale Schmiermittelrate des eingesetzten Geräts beträgt 35 ml/h; eingestellt wurde für die Versuche eine Rate von 20 % des möglichen Maximums. Die Zuführung erfolgte über zwei Aerosolabgänge, so daß ein direktes Aufbringen des Aerosols unabhängig von der Vorschubrichtung gewährleistet werden konnte. Als Schmiermittel wurde ein Produkt auf der Basis von pflanzlichen Fettstoffen eingesetzt. Das Öl, das eine gute Aerosolstabilität bietet, besitzt eine kinematische Viskosität von $32\ mm^2/s$ bei 40 °C, einen Flammpunkt bei 190 °C, sowie eine Dichte von $922\ kg/m^3$ bei 20 °C /SPI98, SHE98/.

Bearbeitet wurden Gußblöcke aus GG25. Bezüglich der Bearbeitungsparameter wurde auf eine Kombination zurückgegriffen, die nach Erkenntnissen aus der Emissionscharakterisierung zu besonders hohen Konzentrationswerten führt (vgl. Kapitel 5.4). Die Schnittgeschwindigkeit betrug demnach v_c=700 m/min, der Vorschub f_z=0,1 mm, die Schnittiefe a_p=1 mm und der Einstellwinkel κ_r=75°. Das zerspante Volumen betrug bei acht Überläufen insgesamt 0,276 dm^3, wobei die Schnittaufteilung den bereits beschriebenen Versuchen entsprach. Die eingesetzten Filter wurden sowohl vor als auch nach den Messungen jeweils 24 Stunden unter definierten klimatischen Bedingungen ausgelagert. Eine Kompensation des Einflusses der Luftfeuchtigkeit auf die gravimetrischen Meßergebnisse konnte durch den Einsatz von Referenzfiltern sichergestellt werden.

Es wurden Konzentrationsmessungen mit sowie zum Vergleich auch ohne Einsatz einer MMKS durchgeführt. Darüber hinaus wurde bei weiteren Messungen mit eingeschalteter Schmiermittelzufuhr die Bearbeitung lediglich simuliert, das heißt die laufende Spindel entsprechend der Schnittaufteilung verfahren, ohne daß die Schneiden jedoch zum Eingriff kamen. Somit konnte eine Quantifizierung der allein durch die MMKS verursachten Emissionen erreicht werden. Analog zu den bereits erläuterten Versuchen erfolgte zunächst eine gravimetrische Ermittlung der Filterbelegungen. Hierbei war festzustellen, daß die Belegungen mit alveolaren sowie extrathorakalen einatembaren Partikeln bei einer Bearbeitung unter MMKS im Vergleich deutlich höher lagen. Die Masse der abgeschiedenen alveolaren Partikel lag hierbei um bis zu 7-fach höher, die Masse der einatembaren Teilchen lag im Schnitt um das 2,5-fache über den Werten bei einer vollständig trockenen Prozeßführung. Nahezu keine Veränderungen ergaben sich im Hinblick auf die thorakale Fraktion. Ähnlich stellte sich die Situation bezogen auf die Konzentrationswerte bzw. -verläufe dar. Zur Verdeutlichung sind die Ergebnisse von drei Einzelmessungen in **Abbildung 7.4** einander gegenübergestellt. Bei der vollständigen Trockenbearbeitung konnten einatembare Spitzenkonzentrationen zwischen 130 und 150 mg/m^3 ermittelt werden. Die entsprechenden Werte lagen bei den Versuchen, die unter Einsatz einer MMKS durchgeführt wurden, mit mindestens 200 mg/m^3 deutlich höher. Ein analoges Verhältnis ergibt sich für die Mittelwerte der einatembaren Konzentration bei einer Bearbeitung mit bzw. ohne Schmierstoffeinsatz. Um zu ermitteln, welchen Anteil das MMKS-Aerosol an den Gesamtemissionen bei einer Zerspanung unter Schmiermittelzugabe hat, wurde eine simulierte Bearbeitung durchgeführt. Die gemessenen maximalen sowie mittleren Konzentrationswerte entsprechen recht genau jeweils der Differenz zwischen den entsprechenden Werten bei der vollständigen Trockenbearbeitung bzw. Bearbeitung unter

MMKS. Der geltende Grenzwerte für KSS-Aerosole wird ausgehend von den gemessenen Werten in unmittelbarer Nähe der Zerspanstelle deutlich überschritten.

Im Gegensatz zu einem gezielten KSS-Einsatz bei einer Vollstrahlschmierung oder auch Mindermengenschmierung ergibt sich somit insgesamt keine Reduzierung der Massenkonzentrationen bezogen auf die arbeitsmedizinisch relevanten Fraktionen. Das bedeutet wiederum, daß eine Agglomeration von festen und flüssigen Aerosolpartikeln und somit die Bildung größerer Mehrfachteilchen weitgehend ausbleibt. Eine angemessene Emissionsreduzierung im Hinblick auf die Einhaltung gesetzlich vorgegebener Grenzwerte allein durch vorsorgende Maßnahmen ist vor diesem Hintergrund - insbesondere auch im Hinblick auf eine Wahrung technischer und wirtschaftlicher Interessen bei einer spanenden Bearbeitung - nicht zu erreichen. Vielmehr ist eine sinnvolle Kombination von vorsorgenden Ansätzen und nachgeschalteten Maßnahmen anzustreben.

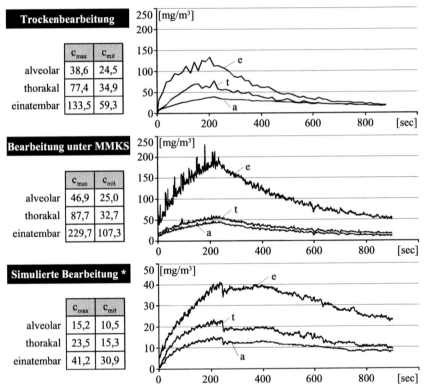

* Vorschubbewegung in x- und y-Achse, Spindel und MMKS-Zufuhr eingeschaltet, kein Schneideneingriff

Legende: a: alveolare Fraktion, t: thorakale Fraktion, e: einatembare Fraktion

Abbildung 7.4: Massenbezogene Konzentrationen bei der Bearbeitung ohne und mit Einsatz einer Minimalmengenkühlschmierung

7.2 Nachsorgende Maßnahmen

Sekundärmaßnahmen zur Emissionskontrolle gliedern sich in die Raumlufttechnik sowie die Erfassungs- und Abscheidetechnik. Das Einsatzgebiet der Raumlufttechnik beschränkt sich hierbei auf Anwendungen, bei denen eine niedrige Konzentration von luftfremden Stoffen gleichmäßig verteilt in einem Raum auftritt. Derartige Maßnahmen erweisen sich jedoch häufig als technisch nicht durchführbar oder wirtschaftlich nicht sinnvoll, sobald überdurchschnittliche Luftraten erforderlich werden. In diesen Fällen kommen Techniken zum Einsatz, deren Grundprinzip darin besteht, Staubemissionen unmittelbar an ihrer Entstehungsstelle zu erfassen, unter Kontrolle zu bringen und anschließend abzuscheiden. Aufgrund der im Rahmen der vorliegenden Arbeit ermittelten teilweise hohen einatembaren Konzentrationen fokussieren die folgenden Betrachtungen auf Möglichkeiten, die sich im Sinne einer Emissionsnachsorge aus der Erfassung und Abscheidung von Gußstäuben ergeben. Darüber hinaus wird im Anschluß auf ergänzende Maßnahmen zur Emissionskontrolle eingegangen /HOE82, SMA84, PFE91, VDI2262-1, VDI2262-3/.

7.2.1 Erfassungs- und Abscheidetechnik

Luftfremde Stoffe, die bei technischen Prozessen wie der Trockenzerspanung freigesetzt werden, breiten sich zunächst in der näheren Umgebung der Zerspanstelle aus. Ursache hierfür sind äußere Kräfte, die insbesondere durch die Werkzeugbewegung gegeben sind, temperaturbedingte Dichteunterschiede sowie Druckunterschiede. Durch erzwungene Luftbewegung können Prozeßemissionen mit der Trägerluft umgelenkt und durch eine geeignete Einrichtung erfaßt werden. Nach einem Abscheiden der luftfremden Anteile wird die gereinigte Luft in die Atmosphäre geleitet. Eine Absauganlage für staubhaltige Luft besteht entsprechend aus einer Erfassungseinrichtung, Absaugrohren, einem Staubabscheider sowie einem Ventilator zur Bereitstellung der erforderlichen Luftströme. Für die Trockenbearbeitung von Gußeisenwerkstoffen lassen sich hierbei ausgehend von den Erkenntnissen aus der vorliegenden Arbeit konkrete Hinweise für die Gestaltung einzelner Anlagenkomponenten ableiten /ORD58, SMA84, DET95, VDI2262-2/.

Die wichtigste Komponente einer Absauganlage stellt die Erfassungseinrichtung dar. Die Effektivität der Erfassungseinrichtung ist hierbei in erster Linie von ihrer Geometrie, der eingestellten Luftströme bzw. -geschwindigkeit sowie dem Abstand zur Emissionsquelle abhängig. Grundsätzlich sollte sich die Erfassungseinrichtung möglichst nahe an der Quelle befinden. Bei Einsatz eines Saugrohres ist die Luftgeschwindigkeit in einer Entfernung vom Rohraustritt, die dem Rohrdurchmesser entspricht, bereits auf etwa 7,5 % der Luftgeschwindigkeit im Rohr abgesunken. Nach ihrer jeweiligen Bauart werden Erfassungseinrichtungen in drei Gruppen eingeteilt. Bei einer offenen Bauart, die durch eine räumliche Trennung von Emissionsquelle und Erfassungseinrichtung gekennzeichnet ist, lassen sich angemessene Wirkungsgrade lediglich durch große Luftströme bei gleichzeitig möglichst kleinen Abstände zur Zerspanstelle erreichen. Die Emissionsquelle befindet sich bei einer halboffenen Bauart innerhalb der Erfassungseinrichtung; eine gute Wirkung kann durch eine Einkleidung oder Teileinkleidung des Werkzeugs erreicht werden. Als Beispiel sei an dieser Stelle auf die Anwendung von Spanhauben verwiesen, die eine Span- und Stauberfassung in unmittelbarer Werkzeugnähe erlauben. Die Effektivität einer solchen Konstruktion konnte im Rahmen der durchgeführten Korngrößenanalyse nachgewiesen werden (vgl. Kapitel 5.3). In vielen Fällen ist eine Werkzeugeinkleidung bedingt durch die Werkstückgeometrie nicht möglich. Die höchsten Wirkungsgrade werden mit einer geschlossenen Bauart, wie zum Beispiel mit einer Einhausung oder Kapselung erzielt. Diese empfiehlt sich insbesondere für den hier betrachteten Bearbeitungsprozeß, da in einem definierten Raum ortsveränderliche Emissionen mit unterschiedlichen Ausbreitungsrichtungen auftreten. Bei der konstruktiven Auslegung von Erfassungseinrichtungen wird bislang weitgehend auf empirisches Wissen zurückgegriffen. Erst in jüngerer Vergangenheit wurden auch numerische Strömungssimulationen durchgeführt, die jedoch als sehr aufwendig zu bezeichnen sind. In jedem Fall erfordert eine bestmögliche Auslegung die genaue Kenntnis maschinenspezifischer Randbedingungen. In der Literatur finden sich zahlreiche Konzepte für Absauganlagen, die an bestimmte Anwendungsfälle angepaßt sind /ORD58, HOE82, SMA84, DIT87, MÜR91, BUO92, WES91, DET95, BIA96, VDI2262-3/.

Die erfaßte und mit Fremdstoffen beladene Luft wird in der Regel nicht ungefiltert an die Umwelt abgegeben, sondern gelangt zunächst über Rohrleitungen zu einem Staubabscheider. Die in der industriellen Praxis eingesetzten Abscheider basieren grundsätzlich auf dem Querstromprinzip; hierbei wird eine Trennung von Staub und Luft dadurch erreicht, daß die Staubpartikel durch eine Krafteinwirkung quer zur Hauptströmungsrichtung des zu reinigenden Luftstroms zu geeigneten Abscheideflächen bewegt werden. Je nach Art der einwirkenden Kraft wird zwischen Massenkraftabscheidern, Naßabscheidern, filternden sowie elektrischen Abscheidern differenziert. Als wesentliche Kriterien für die Auswahl einer Staubabscheidetechnik sind die physikalischen und chemischen Eigenschaften der Partikel, Konzentration und insbesondere die Korngrößenverteilung des Staubs sowie das Bearbeitungsverfahren und die räumlichen Gegebenheiten zu berücksichtigen. Im Rahmen der vorliegenden Arbeit erfolgte eine umfassende Charakterisierung der Partikelkollektive, die bei einer Trockenzerspanung von lamellarem und globularem Gußeisen freigesetzt werden (vgl. Kapitel 5). Ausgehend von diesen Erkenntnissen kann eine prozeßorientierte Vorauswahl geeigneter Abscheidetechniken durchgeführt werden. Der Einsatz einzelner Techniken ist auf bestimmte Korngrößenbereiche beschränkt. In **Abbildung 7.5** sind den durchschnittlichen Verteilungsdichten der untersuchten Partikelkollektive die Hauptanwendungsbereiche von Staubabscheidern gegenübergestellt /BAN95, BOE91, BRA96b, VDI2262-1, VDI2262-2/.

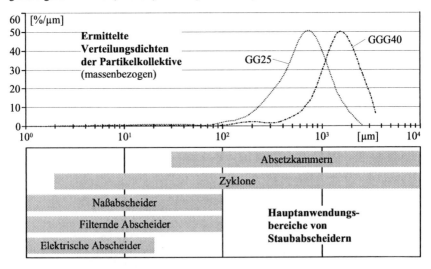

Abbildung 7.5: Gegenüberstellung der ermittelten Verteilungsdichten und geeigneter Abscheidetechniken

Die Abscheidung des größten Massenanteils anfallender Teilchen, welche eine Korngröße von mehr als 10 µm besitzen, ist technisch ohne Probleme mit Hilfe von Absetzkammern oder Zyklonen (Massenkraftabscheidern) möglich. Wie die arbeitsmedizinische Beurteilung der Prozeßemissionen ergab, ist jedoch insbesondere den Fraktionen unterhalb dieser Grenze Beachtung zu schenken, obwohl diesen im Hinblick auf ihren Massenanteil lediglich eine untergeordnete Bedeutung beizumessen ist. Die Abscheidung dieser feinen und feinsten Partikel bedingt einen bedeutend höheren technischen und finanziellen Aufwand. Im Bereich von 100 µm bis unter 1 µm können Naßabscheider eingesetzt werden. Eine spezielle Abscheidung kleinster Teilchen ist schließlich nur mit filternden oder elektrischen Abscheidern zu erreichen. Eine Abdeckung des gesamten Korngrößenspektrums kann nicht durch Einsatz einer einzigen Abscheidetechnik sichergestellt werden /ORD58, BAN95, BRA96b, VDI2262-3/.

Wie bereits erläutert wurde, sind die physikalischen und chemischen Eigenschaften ebenfalls von Bedeutung im Hinblick auf die Auswahl eines Abscheideverfahrens. Eine Analyse der Eigenschaften von freiwerdenden Staubpartikeln bei der Gußeisenzerspanung wurde bereits in Kapitel 5.5 und Kapitel 5.6 durchgeführt. Keine Einschränkungen resultieren aus den maximal zulässigen Rohgaskonzentrationen der einzelnen Techniken, die mindestens bei 50 g/Nm^3 liegen. Im Vergleich dazu fallen die massenbezogenen Spitzenkonzentrationen wesentlich niedriger aus (vgl. Kapitel 5.4) /BAN95/.

Eine weitere Eingrenzung der grundsätzlich anwendbaren Abscheidetechniken bedarf somit einer Betrachtung der verfahrensspezifischen Vor- und Nachteile. Absetzkammern eignen sich primär zur Abscheidung größerer Partikel und weisen bei feineren Stäuben lediglich eine geringe Abscheideleistung auf. Bedingt durch ihre einfache und somit kostengünstige Bauweise sowie einen geringen Wartungsaufwand werden derartige Einrichtungen häufig als Vorabscheider eingesetzt. Bei trockenen, feineren Stäuben werden ebenfalls Zyklone als Vorabscheider eingesetzt, wobei die Fliehkraft zur Abscheidung luftfremder Teilchen genutzt wird. Zyklone weisen einen hohen Trenneffekt auch bei kleineren Teilchen, eine vergleichsweise höhere Abscheideleistung sowie einen geringeren Platzbedarf als Absetzkammern auf. Als nachteilig ist jedoch ein hoher Verschleiß bei abrasiven Stäuben zu nennen. Eine Einhaltung von Emissionsgrenzwerten ist mit Massenkraftabscheidern insgesamt kaum zu erreichen. Liegen klebrige, leicht entzündliche oder wasserlösliche Stäube vor, so kann eine Reinigung der staubbeladenen Luft mit Naßabscheidern erfolgen. Hierbei wird ein bestehendes Abluftproblem jedoch verlagert, da anfallendes belastetes Abwasser einer zusätzlichen Behandlung zu unterziehen ist. Darüber hinaus ist ein erhöhter Energiebedarf charakteristisch für diese Technik. Mit einem Anteil am Entstaubungsmarkt von etwa 60 % haben die filternden Abscheider die mit Abstand größte Verbreitung erfahren. Ursachen hierfür sind die guten Abscheideleistungen auch bei trockenen Stäuben sowie die Möglichkeit eines Einsatzes angepaßter Filtereinrichtungen auch in Problembereichen, wie zum Beispiel der Reinigung heißer Gase, sehr feinen Stäuben (Korngröße < 1 µm) oder der Abscheidung abrasiver Partikel. Die Filterwirkung beruht sowohl auf einer Siebung der Teilchen, als auch einer Tiefenfiltration, bedingt durch die Bildung einer Staubschicht bzw. eines Filterkuchens. Erforderlich ist bei den häufig eingesetzten Abreinigungsfiltern eine intermittierende Regeneration der Filterelemente. Aufgrund schärferer Emissionsgrenzwerte ist eine zunehmende Verdrängung von Zyklonen und elektrischen Abscheidern durch filternde festzustellen. Elektrische Abscheider, die bevorzugt in Kraftwerken und Feuerungsanlagen Verwendung finden, weisen zwar ein ähnliches Abscheideverhalten wie filternde auf. Den Vorteilen eines geringen Druckverlustes und Verschleißes sowie niedriger Instandhaltungs- und Reparaturkosten stehen jedoch hohe erforderliche Investitionen gegenüber /BRA96b, WAL97, VDI2262-3/.

Vor diesem Hintergrund ist eine Abscheidung der bei der Gußeisenzerspanung erfaßten Partikel in zwei Stufen zu empfehlen. Eingesetzt werden kann hierbei insbesondere eine Absetzkammer als Vorabscheider in Kombination mit einem filternden Abscheider zur Trennung kleinerer Gußeisenpartikel vom Trägerluftstrom. Aufgrund ihrer Vorteile werden filternde Abscheider in Metallgießereien vorzugsweise eingesetzt /BOE91/.

7.2.2 Ergänzende Maßnahmen

Bei angemessener Auslegung einer Absauganlage und Kapselung des Maschinenarbeitsraums ist davon auszugehen, daß im normalen Betrieb kein Staub unkontrolliert austritt und die geltenden maximalen Arbeitsplatzkonzentrationen eingehalten werden können. Ein Gefährdungspotential in arbeitsmedizinischer Hinsicht kann somit minimiert werden. Mit Hinblick auf die durch Spindel- bzw. Werkzeugrotation, Vorschubbewegungen und geometrische Gegebenheiten ungerichteten und ausgeprägten Luftströmungen im Arbeitsraum ist jedoch nicht auszuschließen, daß freiwerdende Staubpartikel nicht sofort erfaßt werden, sondern sich an Elementen der Maschine, die sich im Arbeitsraum befinden, ablagern. Hierdurch kann an beweglichen Teilen ein nennenswerter Verschleiß hervorgerufen werden (vgl. Kapitel 6.2). Um diese negativen Auswirkungen zu verringern, gibt es zahlreiche Maßnahmen, die darauf abzielen, die Menge des zwischen zwei Bewegungspartner bzw. Gleitflächen eindringenden Fremdstoffs zu minimieren. Neben einer Absaugung kann dies mit Hilfe einer trockenbearbeitungsgerechten Gestaltung des Arbeitsraum geschehen, welche einen freien Spänefall und eine schnelle und einfache Erfassung von Spänen und Emissionen zuläßt. Weiterhin ist die Fernhaltung staubhaltiger Strömungen von Spalten zwischen bewegten Körpern sowie der Einsatz unterschiedlichster Abdichtungssysteme zu nennen. Darüber hinaus kann insbesondere durch die Wahl eines geeigneten Schmiermittels ein verbesserter Schutz erzielt werden. Im Hinblick auf eine Vermeidung des Anhaftens von Zerspanpartikeln an Maschinenteilen ist bei der Trockenbearbeitung grundsätzlich darauf zu achten, daß die mit Staub in Kontakt kommenden Maschinenteile möglichst trocken sind. Dies läßt sich durch eine Fettschmierung beweglicher Komponenten weitgehend realisieren. Zudem kann hierdurch vermieden werden, daß Schmieröl, welches - wenn auch nur in einem begrenzten Bereich - stets durch eine gewisse Zirkulation gekennzeichnet ist, den Eintrag bzw. die Verteilung von verschleißfördernden Fremdstoffen zwischen beweglichen Teile fördert /ORD58, CAM91, HOR98, WEI98/.

8 Zusammenfassung und Ausblick

Der Einsatz von Kühlschmierstoffen bei der Metallzerspanung wird in den letzten Jahren kontrovers diskutiert. Übereinstimmung besteht darin, daß möglichen technischen Vorteilen einer Naßbearbeitung nennenswerte technische und wirtschaftliche Aufwendungen gegenüberstehen. Eindeutig zuzuordnen und monetär zu bewerten sind hierbei Aufwendungen für die Beschaffung der Kühlschmierstoffe selbst sowie die Kosten für Anlagen, Personal und Energie im Hinblick auf Einsatz, Pflege und Entsorgung der Medien. Wie empirische Untersuchungen belegen, sind bei einer Naßzerspanung zudem Aspekte der Arbeitssicherheit zu berücksichtigen. Aktuelle Prognosen gehen vor diesem Hintergrund davon aus, daß mittel- bis langfristig zwanzig bis sechzig Prozent aller Zerspanoperationen trocken durchgeführt werden.

Im Vergleich zu den kalkulierbaren wirtschaftlichen Vorteilen einer Trockenzerspanung gestaltet sich eine Quantifizierung von Umweltauswirkungen dieser Technik ungleich schwieriger. Als negative Erscheinung bei Einsatz der Trockenbearbeitung ist insbesondere die Entstehung kleinster Zerspanpartikel zu sehen, die nicht länger bei der Bearbeitung durch eine flüssiges Medium erfaßt und mit diesem abgeführt werden. Speziell bei der Zerspanung von Werkstoffen, die ein sprödes Verhalten aufweisen, ist die Freisetzung von Staubemissionen zu beobachten. Über die Entstehungsmechanismen und Eigenschaften dieser Prozeßemissionen lagen bisher nur wenige Untersuchungen vor. Auch konnte auf keine empirischen Daten aus einer umfassenden industriellen Umsetzung der Trockenzerspanung zurückgegriffen werden.

Vor diesem Hintergrund war es das Ziel der vorliegenden Arbeit, stellvertretend für die trokkene Bearbeitung spröder metallischer Werkstoffe die Partikelemissionen, die bei der Fräsbearbeitung von Gußeisenwerkstoffen entstehen, zu charakterisieren und relevante Wirkzusammenhänge zwischen Prozeßstellgrößen und Emissionskenngrößen zu identifizieren. Aufbauend hierauf wurden eine Bewertung des Schädigungspotentials der ermittelten Emissionen durchgeführt und unterschiedliche Ansätze einer Emissionskontrolle diskutiert.

Eingeleitet wurden die Untersuchungen durch eine systematische Eingrenzung der Einflußfaktoren, welche die Entstehung partikelförmiger Emissionen bedingen. Ausgehend von einer Analyse der diskontinuierlichen Spanbildung bei der Bearbeitung von Gußeisen mit definierter Schneide wurde im Detail auf die Einflußkategorien Werkstoff, Werkzeug sowie Schnittdaten eingegangen. Im Hinblick auf den Werkstoff beeinflußt insbesondere die Bruchdehnung die entstehende Spanart. Bezogen auf das Zerspanwerkzeug ist dem Einstell- sowie dem Spanwinkel eine besondere Bedeutung beizumessen. Zu berücksichtigen sind darüber hinaus die Schnittdaten Vorschub pro Zahn, Schnittiefe sowie –geschwindigkeit. Die Erkenntnisse aus der durchgeführten Analyse wurden in einem Regelkreismodell zusammengefaßt, welches die wesentlichen Einflußgrößen sowie Wirkzusammenhänge qualitativ abbildet.

Auf der Basis der qualitativen Analyse erfolgte eine umfassende Charakterisierung freiwerdender Partikelkollektive bei der Fräsbearbeitung der Gußeisenwerkstoffe GG25 und GGG40. Zu diesem Zweck wurden entsprechend eines vollfaktoriellen Versuchsplans Zerspanversuche durchgeführt. Untersucht wurden hierbei sowohl der zeitliche Verlauf der Massenkonzentrationen und die Korngrößenverteilung der erzeugten Partikelkollektive als auch Gestalt und stoffliche Zusammensetzung der Einzelpartikel.

Die durchgeführte Korngrößenanalyse ergab, daß es sich bei den anfallenden Partikelkollektiven durchweg um polydisperse Syteme mit einer einfach-modalen massenbezogenen Verteilungsdichte handelt. Die Bearbeitung des Gußeisens mit lamellarem Graphit führte hierbei im

Vergleich zum Kugelgraphitguß grundsätzlich zu einem höheren Anteil staubförmiger Partikel. Während bei der Bearbeitung von GG25 etwa ein Drittel der Gesamtpartikelmasse auf Staubteilchen entfällt, beträgt der entsprechende Anteil bei der Zerspanung von GGG40 nur etwa ein Zehntel dieses Wertes. Analog zur Korngrößenanalyse zeigte sich auch im Hinblick auf die ermittelten einatembaren, thorakalen und alveolaren Massenkonzentrationen ein deutlicher Werkstoffeinfluß. Die gemessenen Spitzenwerte lagen auch hier bei der Bearbeitung von GG25 deutlich höher. Wie Messungen innerhalb der Untersuchungen ergaben, treten bei einer Bearbeitung der Werkstückrandzone höheren Konzentrationswerte auf als bei einer Zerspanung des Kernmaterials. Nachgewiesen werden konnte zudem bei der Fräsbearbeitung beider Werkstoffe ein charakteristischer zeitlicher Konzentrationsverlauf. In Abhängigkeit von der Partikelgröße waren bei beiden Werkstoffen unterschiedliche Teilchengeometrien festzustellen. Grobe Partikel entsprachen in ihrer Gestalt den jeweiligen charakteristischen Spanformen. Unterhalb einer bestimmten Korngröße liegen jedoch ausschließlich einzelne Teilchen vor. Die größeren dieser Teilchen sind einzelne Spansegmente, daneben traten jedoch deutlich kleinere Partikel auf (Subspanbereich). Die Formen der Spansegmente sind als nadelig oder tafelig zu bezeichnen, mit abnehmender Korngröße steigt der Anteil isometrischer Teilchen. Eine Analyse des Aufbaus der Staubpartikel ergab zudem, daß die für Gußeisen charakteristische zweiphasige Gefügestruktur grundsätzlich über den Zerspanprozeß erhalten bleibt. Eine Veränderung der stofflichen Eigenschaften durch diese überwiegend mechanische Beanspruchung ist folglich nicht gegeben. Bei einer übermäßigen Steigerung des Energieeintrags in ausreichend kleine Partikel, begünstigt durch hohe Schnittgeschwindigkeiten und große Vorschübe, war dagegen das Auftreten sphärischer Partikel zu beobachten, die auf ein Schmelzen und Wiedererstarren von Werkstoff zurückzuführen sind.

Die Meßergebnisse aus der Korngrößenanalyse sowie den Konzentrationsmessungen wurden mit Hilfe statistischer Methoden ausgewertet. Hierbei konnte festgestellt werden, daß eine Beeinflussung der Massenanteile der betrachteten Siebfraktionen vor allem durch die Parameter Vorschub pro Zahn und Schnittiefe gegeben ist; für beide wurden hochsignifikante Effekte bei negativer Wirkrichtung ermittelt. Die Menge anfallender größerer Partikel wird zudem maßgeblich von der Schnittgeschwindigkeit beeinflußt. Ebenfalls konnte ein eindeutiger Zusammenhang zwischen den drei genannten Faktoren und dem medianen Massendurchmesser der untersuchten Partikelkollektive nachgewiesen werden. Bezogen auf die mittleren wie auch maximalen Massenkonzentrationen ist eine eindeutige Abhängigkeit der gemessenen Werte von der Schnittgeschwindigkeit zu erkennen. Die Einflüsse des Vorschubs pro Zahn sowie der Schnittiefe auf die Massenkonzentrationen können dagegen vernachlässigt werden. Die Bedeutung des Einstellwinkels im Hinblick auf Art und Menge freiwerdender Emissionen ist grundsätzlich gering. Insgesamt kann somit gefolgert werden, daß mit abnehmenden Vorschubwerten und Schnittiefen die Menge entstehender Staubpartikel ansteigt; höhere Schnittgeschwindigkeiten führen ebenfalls zu einer Zunahme des Staubanteils sowie einer Erhöhung der mittleren wie auch maximalen Massenkonzentrationen. Letztgenannter Zusammenhang ist insbesondere im Hinblick auf eine Zunahme der Hochgeschwindigkeitszerspanung als kritisch anzusehen.

Im Anschluß an die Charakterisierung der Emissionen erfolgte eine Bewertung ihrer Auswirkungen. Bezogen auf Sachgüter ist zu berücksichtigen, daß Gußeisenstäube sich in Maschinen und elektrischen Anlagen ablagern und dort aufgrund ihrer elektrischen Leitfähigkeit sowie wärmeisolierenden Eigenschaften zu Schäden führen können. Darüber hinaus ist von der latenten Gefahr eines gesteigerten Führungsbahnverschleißes, hervorgerufen durch die abrasiven Gußpartikel, auszugehen. Ausgehend von den meßtechnisch bestimmten maximalen Massenkonzentrationen bei der Fräsbearbeitung ist dagegen das Risiko einer mittelbaren, jedoch

Kapitel 8: Zusammenfassung und Ausblick

kurzfristigen Gefährdung durch Staubexplosionen auszuschließen; die Entstehung von Staubbränden ist bei angemessener Sauberkeit der Maschine unwahrscheinlich. Wie arbeitshygienische Untersuchungen zeigen, ist bei direkter Einwirkung der betrachteten Gußeisenstäube lediglich von einem geringen spezifischen Gefährdungspotential auszugehen. In der näheren Umgebung der Zerspanstelle wurden jedoch durchgehend Staubmassenkonzentrationen ermittelt, welche die gesetzlich zulässigen MAK-Werte um ein Vielfaches übersteigen; dies gilt insbesondere für die einatembare Fraktion. Hieraus folgt, daß Maßnahmen zu ergreifen sind, die eine Einhaltung der relevanten arbeitsmedizinischen Grenzwerte ermöglichen. Im Falle einer Unterschreitung dieser vergleichsweise niedrigen Konzentrationsgrenzwerte ist gleichzeitig mit einer Reduzierung staubbedingter Sachschäden zu rechnen.

Ausgehend von den ermittelten negativen Effekten, die aus einer Freisetzung von Gußstäuben resultieren, wurden abschließend unterschiedliche Ansätze für eine Emissionskontrolle untersucht. Im Hinblick auf eine Minimierung der Massenkonzentrationen wurde zunächst eine Parameteroptimierung unter Anwendung der Methode des steilsten Anstiegs durchgeführt. Allein durch eine Variation der zwei mächtigsten Faktoren konnte hierbei eine Senkung der Spitzenkonzentration auf ein Viertel des maximalen Wertes innerhalb des untersuchten Parameterbereichs erzielt werden. Wie die Versuche zeigten, erfordert eine erkennbare Reduzierung der Konzentrationswerte jedoch drastische Schnittdatenvariationen, die nicht in Einklang mit technischen und wirtschaftlichen Anforderungen an den Zerspanprozeß zu bringen sind. Die Möglichkeiten einer emissionsorientierten Parameteroptimierung sind somit gegeben sowie gleichzeitig begrenzt anzusehen. In Analogie zu anderen Industriebereichen, in denen erfolgreich flüssige Medien zur Emissionsunterdrückung eingesetzt werden, wurde untersucht, inwieweit eine Staubmengenreduzierung bei der Gußzerspanung durch Einsatz einer Minimalmengenkühlschmierung möglich ist. Hierbei mußte jedoch festgestellt werden, daß das Einbringen eines Ölaerosols in ein Staubsystem aus Gußeisenpartikeln nicht zur Agglomeration fester und flüssiger Partikel führt, sondern vielmehr eine Anhebung des Niveaus der einatembaren Konzentration zu beobachten ist. Eine Einhaltung geltender arbeitsmedizinischer Grenzwerte ist demnach nur durch zusätzliche nachgeschaltete Maßnahmen zu erreichen. Aus dem Spektrum derzeit eingesetzter Absaug- und Filtereinrichtungen empfiehlt sich für den betrachteten Bearbeitungsprozeß sowie die erzeugten Partikelkollektive eine vollständige Kapselung des Arbeitsraums und eine zweistufige Abscheidung der luftfremden Stoffe mittels Absetzkammer bzw. filternder Abscheider.

Insgesamt konnten im Rahmen der vorliegenden Arbeit eine umfassende Charakterisierung auftretender Partikelemissionen beim Trockenfräsen am Beispiel von Gußeisenwerkstoffen durchgeführt und relevante Einflußgrößen bestimmt werden. Die zugrunde liegenden meßtechnischen und methodischen Ansätze können als Anhaltspunkte für analoge Untersuchungen weiterer Zerspanverfahren bzw. Werkstoffe herangezogen werden. In Anbetracht der absehbaren weiten Verbreitung, welche die Trockenbearbeitung in Zukunft erfahren wird, leisten die dargelegten Ergebnisse somit einen Beitrag zu einer ganzheitlichen Entwicklung dieser Technik unter Berücksichtigung technischer, wirtschaftlicher und umweltrelevanter Wirkungen.

9 Anhang

9.1 Begriffe und Definitionen

Nachfolgend sind die wichtigsten in dieser Arbeit verwendeten Begriffe definiert. Im Interesse der Vereinheitlichgung von Begriffen wurde zweckmäßigerweise Definitionen aus der jeweils angegebenen Literatur übernommen. Die in der Schriftart KAPITÄLCHEN formatierten Worte verweisen auf Begriffsdefinitionen an anderer Stelle.

Aerosol
DISPERSES SYSTEM, dessen disperse Phase fest oder flüssig und dessen umgebendes Medium gasförmig ist /VDI3929/

Alveolengängige Fraktion
Massenanteil der eingeatmeten Partikel, der bis in die nichtcilliierten Luftwege vordringt /EN481/

Antwortgröße
siehe ZIELGRÖßE

Disperses System
Anordnung von Materie, die aus wenigstens einer dispersen Phase und einem umgebenden Medium besteht. Eine Materie wird dispers genannt, wenn sie nicht ein einheitliches Ganzes bildet, sondern in voneinander abgrenzende Elemente zerteilt ist /VDI3929/

Dispersionsgrad
Kenngröße zur Beschreibung der Breite einer Partikelgrößenverteilung /VDI3491/

Effekt
Vorzeichenbehafteter Betrag als Maß für die Größe und Richtung der Wirkung eines FAKTORS; unterschieden wird zwischen HAUPTEFFEKTEN und WECHSELWIRKUNGEN /SCH84, PFE96/

Einatembare Fraktion
Massenanteil aller SCHWEBSTOFFE, der durch Mund und Nase eingeatmet wird /EN481/

Einflußgröße
Größe, welche die REGELGRÖßE über die REGELSTRECKE beeinflußt /SCH65b/

Einfußfaktor
siehe FAKTOR

Emissionen
LUFTVERUNREINIGUNGEN, Geräusche, Strahlen, Wärme, Erschütterungen oder ähnliche Erscheinungen, welche von einer Anlage oder Prozessen an die Umwelt abgegeben werden /BRA96a/

Exposition (durch Inhalation)
Vorhandensein eines chemischen Arbeitsstoffes in der Luft, die von einer Person eingeatmet wird /EN482/

Extrathorakale Fraktion
Massenanteil der eingeatmeten Partikel, der nicht über den Kehlkopf hinaus eindringt /EN481/

Faktor
Kontrollierte und variable EINFLUßGRÖßE /SCH84/

Fibrogener Staub
STAUB, der mit Bindegewebsbildung einhergehende Staublungerkrankungen (z.B. Silikose) verursachen kann /MAK98/

Führungsgröße
Sollwert der Regelgröße bzw. die entsprechende Einstellung des Sollwertgebers /SCH65b/

F-Wert
Kennwert für das Übersteigen der Versuchsstreuung durch den EFFEKT eines FAKTORS /PFE96/

Haupteffekt
Mittlere Änderung der ZIELGRÖßE bei einem Wechsel der Einstellung eines FAKTORS /PFE96/

Inerter Staub
STAUB, der nach heutigen Kenntnissen weder TOXISCH noch FIBROGEN wirkt und keine spezifischen Krankheitserscheinungen hervorruft /VDI2265/

Isometrische Partikel
Partikel, deren Abmessungen in allen drei Dimensionen etwa gleich sind /VDI3491/

Luftfremde Stoffe
Alle in der Luft enthaltenen Stoffe, die nicht zu der normalen Luftzusammensetzung der Umgebung gehören; hierzu zählen Gase, Dämpfe, Nebel, Rauche und STÄUBE /VDI2262-1/

MAK-Wert (Maximale Arbeitslatz-Konzentration)
Konzentration eines Stoffes in der Luft am Arbeitsplatz, bei der im allgemeinen die Gesundheit der Arbeitnehmer nicht beeinträchtigt wird /MAK98/

Medianer Massendurchmesser
Durchmesser eines Partikelkollektivs, bei dem die massenbezogene VERTEILUNGSSUMME 50 % beträgt /VDI3491/

Methode des steilsten Anstiegs
Statistische Methode zur Suche des optimalen Werts einer ANTWORTGRÖßE innerhalb eines durch zwei FAKTOREN aufgespannten Raums /SCH84/

Partikel
Kleine zusammenhängende Masse aus fester oder flüssiger Materie mit definiertem Volumen und einer Grenzfläche /VDI3929/

Regelgröße
Diejenige Veränderliche, welche für den ordnungsgemäßen Betrieb der REGELSTRECKE auf einem bestimmten Betrag oder Niveau gehalten werden soll /SCH65b/; vgl. ZIELGRÖßE

Regelstrecke
Gerät, Anlage usw., dessen Ausgangsgröße (REGELGRÖßE) geregelt wird, indem eine oder mehrere Eingangsgrößen verändert werden /RAK92/

Regressionsanalyse
Statistisches Verfahren zur Auswertung faktorieller Versuchspläne, das den Aufbau eines Modells für das Verhalten der untersuchten FAKTOREN innerhalb des untersuchten Raums ermöglicht /PFE96/

Schwebstoffe
Alle von der Luft umgebenen Partikel innerhalb eines bestimmten Luftvolumens /EN481/

Siebdurchgang
Das bei einer Siebung durch den Siebboden hindurchgehende Gut /DIN66160/

Siebrückstand
Das bei einer Siebung auf und in dem Siebboden zurückbleibende Gut /DIN66160/

Staub
Disperser Feststoff in Form eines AEROSOLS oder eines aus einem Aerosol entstandenen trockenen Haufwerks /VDI3929/

Stellgröße
Größe, durch deren Änderung die REGELGRÖßE über die REGELSTRECKE beeinflußt werden kann /RAK92/

Störgröße
Jede EINFLUßGRÖßE, von der die REGELGRÖßE in irgendeiner Weise abhängt, mit Ausnahme der STELLGRÖßE /SCH65b/

Thorakale Fraktion
Massenanteil der eingeatmeten Partikel, der über den Kehlkopf hinaus vordringt /EN481/

Toxischer Staub
STAUB, der nach Aufnahme in den menschlichen Körper zu Vergiftungserscheinungen führt /VDI2265/

Tracheobronchiale Fraktion
Massenanteil der eingeatmeten Partikel, der über den Kehlkopf hinaus vordringt, aber nicht bis in die nichtcilliierten Luftwege gelangt /EN481/

TRK-Wert (Technische Richt-Konzentration)
Konzentration eines Stoffes in der Luft am Arbeitsplatz, die nach dem Stand der Technik erreicht werden kann /MAK98/

Varianzanalyse
Statistisches Verfahren zur Auswertung faktorieller Versuchspläne, das einen Vergleich zwischen der durch den Wechsel der Faktorstufen erzielten Streuung und der Versuchsstreuung ermöglicht /PFE96/

Verteilungsdichte
Verhältnis der relativen Menge von PARTIKELN, deren Größe in einem gegebenen Intervall liegt, zur Breite dieses Intervalls /VDI3491/

Verteilungssumme
Normierter, d.h. auf die Gesamtmenge bezogener Mengenanteil von PARTIKELN, die kleiner als die betrachtete Partikelgröße sind /VDI3491/

Wechselwirkung (auch Wechselwirkungseffekt)
Abhängigkeit des Einflusses eines FAKTORS von der bzw. den Einstellungen eines anderen bzw. mehrerer anderer Faktoren /PFE96/

Zielgröße
Größe, durch die das Ergebnis eines Versuchs charakterisiert wird /SCH84/; vgl. REGELGRÖßE

9.2 Erläuterungen zur statistischen Versuchsauswertung

Im Rahmen der Korngrößenanalyse sowie der Konzentrationsmessungen erfolgte eine Auswertung der Versuchsergebnisse mit Methoden der statistischen Versuchsmethodik. Betrachtet wurden hierbei die folgenden Zielgrößen:

- Normierte Siebrückstände der betrachteten Siebfraktionen
- Durchgangswerte der betrachteten Siebfraktionen
- Medianer Massendurchmesser der betrachteten Partikelkollektive
- Mittlere Massenkonzentrationen der alveolaren, thorakalen und einatembaren Fraktion
- Maximale Massenkonzentrationen der alveolaren, thorakalen und einatembaren Fraktion

Zu den genannten Zielgrößen wurden zunächst die Effekte der Hauptfaktoren bzw. Faktorkombinationen und ihre Wirkrichtungen bestimmt. Ebenfalls wurde eine Varianzanalyse durchgeführt. In der Literatur werden unterschiedliche Vorgehensweisen zur Durchführung einer Varianzanalyse beschrieben, die sich jedoch mathematisch ineinander überführen lassen. Im folgenden wird auf die grundlegenden mathematischen Zusammenhänge eingegangen, die von *Pfeifer* speziell auf die Auswertung faktorieller Versuchspläne zugeschnitten wurden. Analoge Vorgehensweisen werden beispielsweise von *Scheffler* oder *Montgomery* beschrieben /SCH84, MON91, PFE96/.

Bezogen auf jede zu betrachtende Zielgröße wird zunächst der Mittelwert $\bar{y}_i$ über alle Versuchsergebnisse der einzelnen Einstellungen gebildet:

$$\bar{y}_i = \frac{1}{n} \cdot \sum_{i=1}^{n} y_i \qquad (9.1)$$

mit   n: Anzahl der Versuchswiederholungen

Anschließend erfolgt die Berechnung des sogenannten Kontrasts C aus den Mittelwerten. Dieser ergibt sich, wenn für jeden Faktor die Summe aus dem Produkt der Kontrastkoeffizienten (entsprechend der Faktorstufe des jeweiligen Versuchspunkts entweder -1 oder $+1$) mit dem entsprechenden Mittelwert $\bar{y}_i$ gebildet wird:

$$C = \sum (c_i \cdot \bar{y}_i) \qquad (9.2)$$

mit c_i: Kontrastkoeffizienten (-1 bzw. +1)

Der Effekt eines Faktors stellt die mittlere Änderung der Zielgröße bei einem Wechsel der Einstellungen des Faktors von der unteren Faktorstufe (-1) auf die obere Faktorstufe (+1) dar. Seine Berechnung erfolgt mittels Division des Kontrasts C durch die Anzahl der positiven Kontrastkoeffizienten:

$$e = \frac{C}{positive\ c_i} \qquad (9.3)$$

Aufbauend hierauf wird die Summe der Quadrate des Kontrasts (Sum of Squares (C)) berechnet; diese stellt eine Kenngröße für die durch den Wechsel der Faktoreinstellung hervorgerufene Varianz dar und ist definiert zu:

$$SS(C) = \frac{C^2}{\frac{1}{n} c_i^2} \qquad (9.4)$$

Als Freiheitsgrad f eines Faktors wird die um 1 verminderte Anzahl der möglichen Einstellungen (Faktorstufen) bezeichnet. Mit Hilfe des Freiheitsgrads ist die Ermittlung der durch den Kontrast hervorgerufenen mittleren quadratischen Abweichung (Mean Square (C)) möglich:

$$MS(C) = \frac{SS(C)}{f(C)} \qquad (9.5)$$

Bei Versuchsplänen mit zwei Faktorstufen hat der Freiheitsgrad f stets den Wert 1, weshalb die Berechnung von MS(C) in diesen Fällen nur formalen Charakter besitzt. Im Anschluß hieran ist die Zufallsstreuung des betrachteten Prozesses zu bestimmen, wobei in der Regel eine Abschätzung der Streuung aus den Versuchsdaten durchgeführt wird. Hierzu wird zunächst die Varianz s^2 auf der Basis der Versuchswiederholungen je Versuchspunkt bestimmt:

$$s^2 = \frac{1}{n-1} \cdot \sum_{j=1}^{n} (y_{ji} - \bar{y}_i)^2 \qquad (9.6)$$

Mit Hinblick auf die Plan- sowie Ergebnismatrix erfolgt die Berechnung der Varianz zeilenweise (vgl. Abbildung 5.3) für k Versuchspunkte. Aufbauend hierauf wird die Summe der Quadrate innerhalb der Wiederholungen (Sum of Squares Within) errechnet gemäß:

$$SSW = (n-1) \cdot \sum_{i=1}^{k} s_i^2 \qquad (9.7)$$

Bei Kenntnis der Realisierungen je Versuchspunkt (n Wiederholungen) sowie der Anzahl der Versuchspunkte k ergibt sich der Freiheitsgrad der Versuchswiederholungen zu:

$$f_w = (n-1) \cdot k \qquad (9.8)$$

Somit kann die mittlere quadratische Abweichung innerhalb der Wiederholungen (Mean Square Within) bestimmt werden zu:

$$MSW = \frac{SSW}{f_w} \qquad (9.9)$$

Aufbauend hierauf wird für jeden einzelnen Faktor der sogenannte F-Wert gebildet. Dieser stellt ein Maß dafür dar, inwieweit der Effekt eines Faktors die Versuchsstreuung übersteigt. Der F-Wert ist folgendermaßen definiert:

$$F = \frac{MS(C)}{MSW} \qquad (9.10)$$

Anhand der F-Werte der einzelnen Faktoren ist eine Aussage darüber möglich, ob diese einen signifikanten oder sogar hochsignifikanten Einfluß auf die betrachtete Zielgröße ausüben. Hierzu werden die errechneten F-Werte mit kritischen Werten der F-Verteilung verglichen, die in Tabellenwerken zusammengefaßt sind (siehe z.B. /DRE98/). Bei Kenntnis der Freiheitsgrade des Faktors und des Freiheitsgrads der Versuchswiederholungen können die kritischen F-Werte für ein Niveau von 95% und von 99% ermittelt werden. Überschreitet der F-Wert eines Faktors den Wert des 95%-Niveaus, so handelt es sich um einen signifikanten Einfluß, bei einer Überschreitung des F-Wertes des 99%-Niveaus sogar um einen hochsignifikanten Einfluß.

Da die einzelnen Schritte der beschriebenen statistischen Auswertung teilweise umfangreiche und komplexe Rechenoperationen erfordern, wurde im Hinblick auf eine Fehlervermeidung bei der Bestimmung der statistischen Kenngrößen ein EDV-Tool eingesetzt. Im Sinne einer besseren Übersichtlichkeit erfolgte die Darstellung der Ergebnisse der statistischen Versuchsauswertungen jeweils in einer einheitlichen Form für alle betrachteten Zielgrößen (siehe Abbildung 9.1).

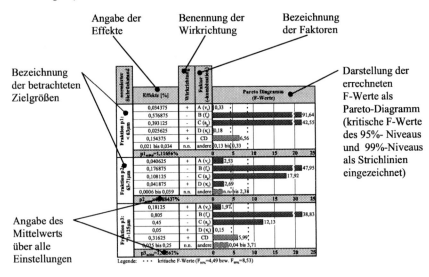

Abbildung 9.1: Darstellung der Ergebnisse der statistischen Versuchsauswertung

10 Literaturverzeichnis

/ABE90/	Abel, R.	Hochleistungszerspanen von Gußeisenwerkstoffen mit modernen Schneidstoffen, in: konstruieren+gießen, 15. Jahrgang (1990), Nr.3
/ACGIH92/	N.N.	Threshold limit values for chemical substances and physical agents and biological exposure indices, ed.: American Conference of Governemental Industrial Hygienists, Cincinnati/Ohio, 1992
/AMB84/	Ambos, E., Beier, H.-M.	Nachbehandlung von Gußstücken, VEB Deutscher Verlag für Grundstoffindustrie, Leipzig, 1984
/ARN84/	Arndt, R. Fröhlich, N. Lehman, E.	Nickelbelastung beim Schleifen nickelhaltiger Legierungen, in: Zbl. Arbeitsmedizin, Jahrg. 34 (1984) Nr. 5
/ASG96/	N.N.	Gesetz über die Durchführung von Maßnahmen des Arbeitsschutzes zur Verbesserung der Sicherheit und des Gesundheitsschutzes der Beschäftigten bei der Arbeit (Arbeitsschutzgesetz - ArbSchG) vom 7. August 1996, Bundesgesetzblatt I (1996), S.1246
/AUG97/	N.N.	Arbeit und Gesundheit, Hauptverband der gewerblichen Berufsgenossenschaften, Sankt Augustin, Ausgabe 1/1997
/AWK96/	Autorenkollektiv	Saubere Fertigungstechnologien - Ein Wettbewerbsvorteil von morgen?, in: Wettbewerbsfaktor Produktionstechnik: Aachener Perspektiven, VDI Verlag, Düsseldorf, 1996
/BAA93/	N.N.	Kühlschmierstoffe - Zusätzliche Belastungen durch Metallionen?, Amtliche Mitteilungen der Bundesanstalt für Arbeitsschutz, Nr. 1, 1993
/BAN95/	Bank, M.	Basiswissen Umwelttechnik: Wasser, Luft, Abfall, Lärm, Umweltrecht, Vogel Buchverlag, Würzburg, 1995
/BAR79/	Barrow, G. Muraka, P.D. Hindeija, S.	Influence of the progress variables on the temperature distribution in orthogonal machining using FEM, Int. J. Mech. (1979), Nr. 21
/BET86/	Betz, B. König, R.	Gefährdung durch Phosphorwasserstoff bei der Bearbeitung von Grauguß, in: Zbl. Arbeitsmed. 36 (1986)
/BFW96/	N.N.	Mineralöldaten für die Bundesrepublik Deutschland, Bundesamt für Wirtschaft, 1996

/BG92/	N.N.	Gefahrstoffe im Betrieb, Sonderausgabe des Mitteilungsblattes „sicher arbeiten" der Maschinenbau- und Metall-Berufsgenossenschaft, Düsseldorf, 1992
/BG93/	N.N.	Kühlschmierstoffe, 3. Auflage, Hrsg.: Maschinenbau- und Kleineisenindustrie Berufsgenossenschaft, Düsseldorf, 1993
/BIA82/	N.N.	Dokumentation Staubexplosionen, Einzelfalldarstellungen, BIA-Report 4/82, Sankt Augustin, 1982
/BIA85/	N.N.	Messen gesundheitsgefährlicher Stoffe in der Luft am Arbeitsplatz, BIA-Report 1/85, Sankt Augustin, 1985
/BIA87/	N.N.	Dokumentation Staubexplosionen, Analyse und Einzelfalldarstellung, BIA-Report 2/87, Sankt Augustin, 1987
/BIA96/	N.N.	BIA-Handbuch Sicherheit und Gesundheitsschutz am Arbeitsplatz, Erich Schmidt Verlag, 1996
/BIG86/	N.N.	Bundes-Immissionsschutzgesetz, Gesetz zum Schutz vor schädlichen Umwelteinflüssen durch Luftverunreinigungen, Geräusche, Erschütterungen und ähnliche Vorgänge, 1986
/BLA99/	Blaskewicz, M. et al.	Methoden zur Erfassung der Expositionsituation von Menschen beim Umgang mit verschiedenen Kühlschmierstoff-Systemen, VDI Berichte 1458, VDI Verlag, Düsseldorf, 1999
/BLU96/	Blum, A.	Analysis of Dust Particles generated during Milling of Fibre Reinforced Plastics, Department of Special Environmental Engineering, Brunel University, London, 1996
/BMWI97/	N.N.	Neue Technologien - Basis für Wohlstand und Beschäftigung, Informationsbroschüre des BMWI, 1997
/BOE91/	Boels, L.	Absaugung und Abluftreinigung in der Gußputzerei, VDI Berichte 799, VDI Verlag, Düsseldorf, 1991
/BOL95/	Bolm-Audorff, U.	Das Lungenkrebsrisiko von Beschäftigten in der spanenden Metallbearbeitung, Habilitationsschrift, Justus-Liebig-Universität Giessen, 1995
/BRA96a/	Brauer, H. (Hrsg.)	Handbuch des Umweltschutzes und der Umweltschutztechnik, Band 1: Emissionen und ihre Wirkungen, Springer Verlag, Berlin, Heidelberg, New York, 1996

/BRA96b/	Brauer, H. (Hrsg.)	Handbuch des Umweltschutzes und der Umweltschutztechnik, Band 3: Additiver Umweltschutz: Behandlung von Abluft und Abgasen, Springer Verlag, Berlin, Heidelberg, New York, 1996
/BRU78/	Brunhuber, E. (Hrsg.)	Giesserei Lexikon, Ausgabe 1978, 10. Auflage, Fachverlag Schiele & Schön GmbH, Berlin, 1978
/BRU98/	Bruch, J., Rehn, B.	Biologisches Screening und Monitoring der potentiellen Lungengefährlichkeit von Aerosolen; Etablierung und Standardisierung von in vitro-Zelltestverfahren, Dokumentation zur Abschlußpräsentation des Projektes (BMBF-Förderkennzeichen: 01HK613/8), IHA, Universität Essen, 1998
/BUO92/	Buonicore, A.J., Davis, W.T.	Air Pollution Engineering Manual, Van Nostrand Reinhold, New York, 1992
/CAE98/	N.N.	Statistische Angaben des CAEF (Comité des Associations Européenes de Fonderie), 1998
/CAM91/	Camacho, H. J.	Frästechnologie für Funktionsflächen im Formenbau, Dissertation, Universität Hannover, 1991
/CAS93/	N.N.	Gefährdung durch Phosphin? - Eine bisher wenig beachtete Gefahr!, Firmeninformation, Deutsche Castrol Indutrieöl GmbH, 1993
/CHR96/	Christoffel, K.	Trockenbearbeitung beim Drehen und Fräsen, in: Neue Möglichkeiten umweltgerechter Fertigung, Tagungsband zum Seminar, Universität Hannover, 1996
/COP63/	Coppetti, P.	Zerspanbarkeit von Grauguß, Dissertation, RWTH-Aachen, 1963
/CZI82/	Czichos, H.	Reibung und Verschleiß von Werkstoffen, Bauteilen und Konstruktionen, Kontakt und Studium, Band 90, Expert Verlag, 1982
/DEI97/	Deike, R., Röhrig, K.	Moderne Gußwerkstoffe für den Kfz-Motorenbau, in: konstruieren + gießen 22, 1997, Nr. 3
/DEL92/	Delhaes, C.	Staubentstehungsmechanismen bei der Herstellung rostfreier Stähle, Dissertation, RWTH Aachen, 1992
/DEL98/	N.N.	Delphi'98-Umfrage - Studie zur globalen Entwicklung von Wissenschaft und Technik, Zusammenfassung der Ergebnisse, durchgeführt vom Fraunhofer ISI im Auftrag des BMBF, 1998

/DET95/	Detzer, R.	Neuartige Konzepte für Erfassungseinrichtungen, VDI Berichte 1209, VDI Verlag, Düsseldorf, 1995
/DGV98/	N.N.	Statistische Angaben des Deutschen Gießereiverbands (DGV), 1998
/DIE96/	Dierken, R.	Untersuchungen zur Entstehung von Emissionen bei der Laserstrahlmaterialbearbeitung und deren Entfernung bei abtragenden Verfahren, Dissertation, Universität Erlangen, 1996
/DIN1127/	N.N.	DIN EN 1127, Explosionsschutz, Teil 1: Grundlagen und Methodik, Oktober 1997
/DIN3310/	N.N.	DIN ISO 3310, Teil 1: Analysensiebe; Anforderungen und Prüfungen, Februar 1992
/DIN6581/	N.N.	DIN 6581, Begriffe der Zerspantechnik – Bezugssysteme und Winkel am Schneidteil des Werkzeugs, Oktober 1985
/DIN66141/	N.N.	DIN 66141, Darstellung von Korn-(Teilchen-)größenverteilungen, Februar 1974
/DIN66160/	N.N.	DIN 66160, Messen disperser Systeme – Begriffe, September 1992
/DIN66165/	N.N.	DIN 66165, Teil 1: Siebanalyse, April 1987
/DIT87/	Dittes, W. Goeting, D. Wolf, H.	Arbeitsplatzluftreinhaltung, Fb438, Bundesanstalt für Arbeitsschutz, Wirtschaftsverlag NW, Verlag für neue Wissenschaft, Bremerhaven, 1987
/DLS99/	N.N.	Information der Deutschen Lungenstiftung e.V., 1999
/DOM64/	Domke, W.	Werkstoffkunde und Werkstoffprüfung, Verlag W. Girardet, Essen, 1964
/DRE98/	Dreyer, H.	Den Aufwand begrenzen – Erforderliche Stichprobenumfänge in faktoriellen Versuchsplänen, in: QM-Methoden, Carl Hanser Verlag, München, Wien, 1998
/DUB99/	Beitz, W., Grote, K.-H. (Hrsg.)	Dubbel - Taschenbuch für den Maschinenbau, Springer Verlag, Berlin, Heidelberg, 1999
/EN481/	N.N.	EN 481: Arbeitsplatzatmosphäre – Festlegung der Teilchengrößenverteilung zur Messung luftgetragener Partikel, September 1993

/EN482/	N.N.	EN482: Arbeitsplatzatmosphäre – Allgemeine Anforderungen an Verfahren für Mesung von chemischen Arbeitsstoffen, September 1994
/EN1561/	N.N.	EN 1561: Gießereiwesen – Gußeisen mit Lamellengraphit, 1997
/EN1563/	N.N.	EN 1563: Gießereiwesen – Gußeisen mit Kugelgraphit, 1997
/EN10083/	N.N	EN 10083: Vergütungsstähle – Teil 2: Lieferbedingugen für unlegierte Qualitätsstähle, 1996
/EN60068/	N.N.	Umweltprüfungen, Teil 2: Prüfungen – Prüfung L: Staub und Sand, Februar 1997
/ENG95/	Engel, K. D.	Partikel- und gasförmige Emissionen bei der Materialbearbeitung mit gepulsten Nd-YAG-Lasern, Dissertation, Universität Hannover, 1995
/EVE90/	Eversheim, W.	Organisation in der Produktionstechnik, 2. Auflage, VDI Verlag, Düsseldorf, 1990
/EVE96/	Eversheim, W., Albrecht, T.	Erstellung von Substitutionskriterien für Verfahren und Werkstoffe, in: Energie- und Rohstoffeinsparung, Methoden für ausgewählte Fertigungsprozesse, VDI Verlag, Düsseldorf, 1996
/EYE99/	Eyerer, P., et al.	Minimalschmiersysteme für die Zerspantechnik, VDI Berichte 1458, VDI Verlag, Düsseldorf, 1999
/FIS35/	Fisher, R.	The Design of Experiments, Oliver and Boyd, Edinburgh, 1935
/FRI85/	Fritz, A.	Fertigungstechnik, VDI Verlag, Düsseldorf, 1985
/FRI97/	Fritsch, K., Glatthor, N.	HSC-Fräsen im Formenbau, Bibliothek der Technik; Band 149, Verlag Moderne Industrie, Landsberg/Lech, 1997
/FUC93/	Fuchs, R.	Beim Sprühkompaktieren entstehende Metallstäube: Auswirkungen auf Anlagenauslegung und sicheren Betrieb, Dissertation, RWTH Aachen, 1993
/GÄR88/	Gärtner, W.	Wirtschaftliche Aspekte bei der Verbesserung der Arbeitsbedingungen in der Putzerei, in: Die Giesserei, Band 75 (1988), Heft 19

/GER87/	Geretzki, P.	Verbesserungen an Naß-Schleifarbeitsplätzen, in: Ergo-Med, 11. Jahrgang (1987), Nr.4
/GES99/	N.N.	Gefahrstoff-Informationssystem der gewerblichen Berufsgenossenschaften (GESTIS), 1999
/GHK94/	N.N.	Holzstaub – Nein Danke! Mit Holz arbeiten und gesund bleiben, Hrsg.: Gewerkschaft Holz und Kunststoff, Bund-Verlag GmbH, Köln, 1994
/GÖT98/	Götz, W.	Nur in Teilbereichen ist ein Verzicht auf Kühlschmierstoffe möglich, in: Industrieanzeiger Nr.9, 1998
/GRA91/	Gräfen, H. (Hrsg.)	Lexikon Werkstofftechnik, VDI Verlag, Düsseldorf, 1991
/GRO91/	Gross, D.	Bruchmechanik 1, Springer Verlag, Heidelberg, 1991
/GSV93/	N.N.	Verordnung über gefährliche Stoffe (Gefahrstoffverordnung – GefStoffV), Carl Heymanns Verlag, Köln, 1993
/HAB80/	Habig, K.-H.	Verschleiß und Härte von Werkstoffen, Carl Hanser Verlag, München, 1980
/HAM97/	Hampe, A.	Filtration von Emissionen bei der Laserstrahlbearbeitung, Dissertation, Univerität Hannover, 1997
/HAR81/	Hartung, M. et al.	Untersuchungen zur Cobaltbelastung von Hartmetallschleifern, 21. Jahrestagung der Deutschen Gesellschaft für Arbeitsmedizin e.V., Berlin, 1981
/HAR83/	Hartung, M.	Deutsche Erfahrungen im Umgang mit Kühl- und Schmiermitteln, The Swedish-German seminar on metalworking fluids in work environment, Stockholm, 1983
/HAS96/	Hasse, S.	Duktiles Gußeisen: Handbuch für Gusserzeuger und Gussverwender, Verlag Schiele und Schön, Berlin, 1996
/HBG94/	N.N.	HBG-Mitteilungen 79, Holz-Berufsgenossenschaft, München, 1994
/HOE82/	N.N.	Staub am Arbeitsplatz, Informationsschrift der Hoesch Werke AG, Bereich Sozialwirtschaft / Stabsstelle Ergonomie, Dortmund, 1982

/HOL91/	Holländer, W. et al.	Messung der Schadstoffbelastung bei der Bearbeitung von faservertsärkten Kunststoffen (FVK) und Entwicklung von Maßnahmen zur Minderung der Schadstoffemission, Forschungsbericht, FKZ: 01HK097/3, Fraunhofer ITA, Fraunhofer IPT, Aachen/Hannover, 1991
/HÖR88/	Hörner, D., Beiß, W.	Viele Ursachen – Nebel und Dampf aus Kühlschmierstoffen in der spanenden Fertigung, in: Maschinenmarkt, 94 (1988) Nr.4
/HÖR97/	Hörner, D.	Kühlschmierstoffe für die Minimalmengenschmierung, VDI Berichte 1339, VDI Verlag, Düsseldorf, 1997
/HOR98/	Horn, W.	Teilprojekt: Entwicklung von Maschinen für Bohren und Gewinden mit innerer Minimalmengenschmierung, VDI Berichte 1375, VDI Verlag, Düsseldorf, 1998
/IGM90/	N.N.	Giftcocktail – Kühlschmierstoffe, Hrsg: IG Metall Bezirksleitung Baden-Württemberg, Stuttgart, 1990
/IPT99a/	Eversheim, W., Klocke, F. et al.	Produktionsintegrierter Umweltschutz in NRW – Die Sicht produzierender Unternehmen, in: Umwelt, Bd. 29 (1999), Nr. 7/8
/IPT99b/	Eversheim, W., Klocke, F. et al.	Produktionsintegrierter Umweltschutz in NRW – Entwicklungen und Dienstleistungen im Überblick, in: Umwelt, Bd. 29 (1999), Nr. 9
/ISC98/	N.N.	Produktkatalog, ISCAR Werkzeuge, Ettlingen, 1998
/ISO7708/	N.N.	Air quality – Particle size fraction definitions for health-related sampling, International Standardization Organization, Genf, 1983
/JÄC74/	Jäckel, P., et al.	Mineralölnebel – Entstehungsursachen, physikalische Eigenschaften, toxikologische Wirkungen, Beseitigungsmöglichkeiten und meßtechnische Erfassung in der metallverarbeitenden Industrie (Teil II), in: Fertigungstechnik und Betrieb, Bd. 24 (1974) H. 9
/JOH99/	Johannsen, P., Schirsch, R., Hertel, A.	Die Werkzeugmaschine für die Trockenbearbeitung, in: VDI Berichte 1458, VDI Verlag, Düsseldorf, 1999
/JÖC95/	Jöckel, K.-H., et al.	Untersuchungen zu Lungenkrebs und Risiken am Arbeitsplatz, Schriftenreihe der Bundesanstalt für Arbeitsmedizin, Berlin, 1995
/KEN96/	N.N.	Milling Handbook, Firmenbroschüre, Kennametal, 1996

/KEN97/	N.N.	Produktkatalog „Fräsen", Kennametal Hertel AG, Fürth, 1997
/KEN99/	N.N.	Firmeninformationen der Kennametal Hertel AG (Kundenbefragung), Fürth, 1999
/KET97/	Ketscher, N., Herfurth, K.	Formgebung durch Gießen – eine energiesparende und ökologische Teilefertigung, in: konstruieren+gießen, 22. Jahrgang (1997) Nr.1
/KIE97/	N.N.	Produktkatalog „Fräswerkzeuge", Kieninger, Lahr-Mietersheim, 1997
/KLE98/	Kleppmann, W.	Taschenbuch Versuchsplanung – Produkte und Prozesse optimieren, Hrsg.: F.J. Brunner, Carl Hanser Verlag, München, Wien, 1998
/KLO93/	Klose, H.-J.	Einfluß der Werkstoffmorphologie auf die Zerspanbarkeit niedriglegierter Gußeisen, Dissertation, Universität Hannover, VDI Verlag, Düsseldorf, 1993
/KLO96a/	Klocke, F., Döpper, F., Rummenhöller, S., Würtz, C.	Geschickte Planung hilft Entsorgungskosten sparen, in: Handelsblatt, Nr 136, 17.7.1996
/KLO96b/	Klocke, F., Döpper, F., Würtz, C.	Feinstaub belastet die Trockenbearbeitung, in: VDI-Nachrichten Nr. 36, 1996
/KLO97/	Klocke, F., Gerschwiler, K.	Trockenbearbeitung: Grundlagen, Grenzen, Perspektiven, VDI Bericht 1339, VDI Verlag, Düsseldorf, 1997
/KLO98/	Klocke, F. et al.	Minimalmengenkühlschmierung – Systeme, Medien, Einsatzmöglichkeiten, VDI Berichte 1375, VDI Verlag, Düsseldorf, 1998
/KMH98/	N.N.	Gußbearbeitung: Planfräser, Eckfräser, Firmenprospekt, Kennametal Hertel, 1998
/KNO80/	Knopsch, H., Wedepohl, E.	Untersuchungen zum Verdampfungsverhalten von Schmierölen, in: Schmiertechnik + Tribologie, Bd. 27 (1980) H. 5
/KNO90/	Knotek, O.	Werkstoffkunde III, Vorlesungsumdruck, Lehrstuhl für Werkstoffkunde B und Institut für Werkstoffkunde, RWTH Aachen, 1990

/KOB67/	Kobayashi, A	Machining of Plastics, McGraw-Hill Book Comp., New York, 1967
/KOC88/	Koch, W. et al.	A measuring system with somdined size and time resolution capability for the characterisation of dust in workplace environment - development of a prototype instrument, Aerosol Science Nr.19, 1988
/KOC97/	Koch, W.	Respicon TM-3F: Ein neues personengetragenes Meßsystem zur Staubmessung am Arbeitsplatz, in: News Report, Fraunhofer ITA, Hannover, 1997
/KÖN85/	König, W. et al.	Schadstoffe beim Schleifvorgang, FB427, Bundesanstalt für Arbeitsschutz, Wirtschaftsverlag NW, Bremerhaven, 1985
/KÖN88/	König, W., Stöber, W.	Untersuchung der spanenden Bearbeitung nickelhaltiger Werkstoffe hinsichtlich möglicher Luftschadstoffbildung und deren Auswirkung auf den Organismus, Abschlußbericht des gleichnamigen DFG-Vorhabens des Fraunhofer IPT und Fraunhofer ITA, Aachen und Hannover, 1998
/KÖN90/	König, W.	Fertigungsverfahren Band 1: Drehen, Fräsen, Bohren, VDI Verlag, Düsseldorf, 1990
/KÖN92a/	König, W.	Fertigungsverfahren Band 4: Massivumformung, VDI Verlag, Düsseldorf, 1992
/KÖN95/	König, W., Levsen, K., Einbrodt, H.J.	Analyse und Reduzierung des Gefährdungspotentials bei der Lasermaterialbearbeitung neuer Werkstoffe, Abschlußbericht zum EUREKA-Verbundprojekt 13 EU 0119, Fraunhofer IPT, Aachen, 1995
/KÖN96/	König, M.	Fräsbearbeitung von Graphitelektroden, Dissertation, RWTH Aachen, 1996
/KÜM90/	Kümmel, D.	Mechanismen beim Hochgeschwindigkeitsfräsen von Gußeisen, Dissertation, Technische Hochschule Darmstadt, 1990, Hanser Verlag, München, Wien, 1991
/KUN82/	Kunst, H.	Verschleiß metallischer Werkstoffe und seine Verminderung durch Oberflächenschichten, Kontakt und Studium, Band 99, Expert Verlag, 1982
/KWA96/	Kwanka, W.	Trockenbearbeitung – Erfahrungen aus der Praxis, in: Kühlschmierstoffe – Geht's auch ohne? (Tagungsunterlagen), NGS mbH, Hannover, 1996

/KWA97/	Kwanka, W.	Wirtschaftliche Betrachtung der Trockenzerspanung, in: VDI-Z 139 (1997), Nr. 11/12
/LEM81/	Lembke, D., Wartenberger, D.	Ergebnisse der Untersuchungen zur Einwirkung von bei der Bearbeitung von Glaskeramiken entstehenden Staubes auf Werkzeugmaschinen, Wiss. Ztschr. Friedrich-Schiller-Univ. Jena, Math.-Naturwiss. R., 30. Jg. (1981), H.6
/LIP80/	Lippmann, M.	Deposition, retention and clearance of inhaled particles, Brit. J. industr. Med. Nr. 37, 1980
/LÖF96/	Löffler, R.	Belastungs- und Beanspruchungsanalyse bei der Fräsbearbeitung von legiertem Grauguß mit Toruswerkzeugen, Dissertation, RWTH-Aachen, 1996
/MAK98/	N.N.	MAK- und BAT-Werte-Liste, VCH Verlagsgesellschaft, Weinheim, 1998
/MAN98/	Mang, T., Freiler, C.	Anwendung moderner Kühlschmierstoffe, in: Ophey, L. (Hrsg.), Trockenbearbeitung – Bearbeitung metallischer Werkstoffe ohne Kühlschmierstoffe, Expert Verlag, 1998
/MAS89/	Mason, R.L.	Statistical Design and Analysis of Experiments (with Applications to Engineering and Science), John Wiley & Sons Inc., New York, 1989
/MAY96/	Mayers, B.	Prozeß- und Produktoptimierung mit Hilfe der Statistischen Versuchsmethodik; Eine Strategie zur Beschreibung komplexer Systeme, Dissertation, RWTH Aachen, 1996
/MEL99/	N.N.	Produktinformationen der Melitta Haushaltsprodukte GmbH & Co. KG, Minden, 1999
/MEN94/	Menzel, O.G.	Einsatzbereiche für Hochleistungsöle in innovativen Technologien, Workshop Minimalmengenschmiertechnik, NGS mbH, Hannover, 1994
/MIN83/	Minkwitz, R. Fröhlich, N. Lehmann, E.	Untersuchungen von Schadstoffbelastungen an Arbeitsplätzen bei der Herstellung und Verarbeitungen von Metallen – Beryllium, Cobalt und deren Legierungen, Fb367, Bundesanstalt für Arbeitsschutz, Dortmund, 1983
/MON91/	Montgomery, D.C.	Design and Analysis of Experients, John Wiley & Sons Inc., New York, 1991
/MÜL98/	Müller-Hummel, P. et al.	Trockenzerspanung von Alu-Knetlegierungen, VDI Berichte 1375, VDI Verlag, Düsseldorf, 1998

/MÜR81/	Mürmann, H.	Absaugen von quarzhaltigem Staub in Gießereibetrieben, in: Maschinenmarkt, Band 87 (1981), Heft 65
/MUR84/	Murthy, V.S.R., Seshan, S.	Characteristics of Compacted Graphite Cast Iron, Transactions of the American Foundrymen's Society (AFS) 92 (1984)
/NCF90/	N.N.	„Bedienerschonende" Kühlschmierstoffe, in: NC-Fertigung Nr. 8, 1990
/NEG74/	Negretti, W.	Staub - eine Untersuchung über Vorkommen und Verhalten von Staub in einem Betrieb des Stahl- und Maschinenbaus, in: Schweizerische Technische Zeitschrift, Nr.49, Dez. 1974
/NET83/	Neter, J., Wasserman, W., Kutner, M.C.	Applied Linear Regression Models, Richard D. Irwin Inc., Homewood, Illinois, 1983
/NGS96/	N.N.	Einsatz der Minimalmengenschmierung in der Zerspanung, NGS mbH (Projektbericht erarbeitet vom IFQ der Universität Magdeburg), 1996
/NIE98/	Niesing, B.	Dem Staub auf der Spur, in: Fraunhofer Magazin 2/1998
/NOR91/	N.N.	Auftreten von Phosphorwasserstoff bei spanender Bearbeitung von Sphäroguß, in: Die Nordwestliche, Heft 10, 1991
/OBE94/	Obenaus, P.	Bewertung von Schleifstäuben und Suspensionen aus der mechanischen Bearbeitung whiskerverstärkter Keramiken, Zusammenfassung des BMFT-Projektes, Hrsg. Vom Projektträger Material- und Rohstofforschung, Jülich, 1994
/OPH98/	Ophey, L.	Trockenbearbeitung – Bearbeitung metallischer Werkstoffe ohne Kühlschmierstoffe, Kontakt und Studium Band 548, Expert Verlag, 1998
/ORD58/	Ordinanz, W.	Staub im Betrieb, Hanser Verlag, München, Wien, 1958
/PAR37/	Paracelsus	7 Defensiones, 3. Defension, 1537/1538
/PFE91/	Pfeiffer, W., Willert, G.	Putzereien in der Gießereiindustrie – Technische Maßnahmen zur Staubminderung, BIA-Report 2/91, BIA, Sankt Augustin, 1991
/PFE96/	Pfeifer, T.	Qualitätsmanagement: Strategien, Methoden, Techniken, Carl Hanser Verlag, München, Wien, 1996

/PRE97/	Preuß, T.	Gefährdungsanalyse zahlt sich aus, in: Industrieanzeiger 43-44, 1997
/PRI97/	Priesmeyer, U.	Thermische Schneidverfahren und Werkstoffreaktionen im Hinblick auf die Entstehung von Staub und Aerosolen, Fortschritt-Berichte VDI Nr. 450, VDI Verlag Düsseldorf, 1997
/RAK92/	Rake, H.	Regelungstechnik A und Ergänzungen, Vorlesungsumdruck, IRT der RWTH Aachen, Aachen, 1992
/RAU93/	Rautenbach, R.	Mechanische Verfahrenstechnik, Partikel- und Separationstechnologie, Vorlesungsumdruck, IVT, RWTH Aachen, 1993
/REI67/	Reiter, R., Pötzel, K.	Aufbau und Anwendungsmöglichkeiten eines Atemtraktmodells, in: Staub, Reinhaltung der Luft 27 (1967), Nr.6
/RET98/	N.N.	Schriftliche Produktinformation zur Analysensiebmaschine Typ AS 200 control „g", F. Kurt Retsch GmbH & Co. KG, Haan, 1998
/RIC96/	Richter, M., Bley, W., Grimm, H.	Harmonisierung von Staubmessung in Europa, in: Österreichische Chemiezeitschrift, Ausgabe 1, 1996
/RIN88/	Rinker, U.	Werkzeugmaschinen-Führungen, Ziele künftiger Entwicklungen, VDI-Zeitschrift 130 (1988), Nr.3
/RÖH91/	Röhrig, K.	Gußeisen mit Vermiculargraphit – Herstellung, Eigenschaften, Anwendung, in: konstruieren+gießen, 16. Jahrgang (1991), Nr.1
/RÖM95/	Römer, M., Bergmann, H.W., Dierken, R.	Schadstoffmessungen beim Trennen und Abtragen von anorganischen Werkstoffen mittels Laserstrahung, in: Sicherheitstechnische und medizinische Aspekte bei der Laserstrahlmaterialbearbeitung, VDI Technologiezentrum Physikalische Technologien, Düsseldorf, 1995
/RUM96/	Rummenhöller, S.	Werkstofforientierte Prozeßauslegung für das Fräsen kohlenstoffaserverstärkter Kunststoffe, Dissertation, RWTH-Aachen, 1996
/SAF95/	N.N.	Analyse und Reduzierung des Gefährdungspotentials bei der Lasermaterialbearbeitung neuer Werkstoffe, Abschlußbericht des Forschungsvorhabens im Rahmen des EUREKA-Verbundprojektes „Safety in the Industrial Applications of Lasers", 1995

/SAN95/	N.N.	Handbuch der Zerspanung, Sandvik Coromant, 1995
/SBA98/	N.N.	Statistisches Jahrbuch der Bundesrepublik Deutschland, Hrsg.: Statistisches Bundesamt, Wiesbaden, 1996
/SCH65/	Schmidt, H.G.	Gefahren beim Be- und Verarbeiten von Kunststoffen, in: ZwF 60 (1965) Nr. 6
/SCH65b/	Schäfer, O.	Grundlagen der selbsttätigen Regelung, Technischer Verlag Heinz Resch GmbH, Gräfelfing, 1965
/SCH78/	Scholz, J.F.	Der Gußputzer, in: Arbeitsmedizin, Sozialmedizin, Präventivmedizin, Heft 7 (1978) (Sonderbeilage)
/SCH84/	Scheffler, E.	Einführung in die Praxis der statistischen Versuchsplanung, VEB Deutscher Verlag für Grundstoffindustrie, Leipzig, 1984
/SCH96/	Schulz, H. (Hrsg.)	Hochgeschwindigkeitsbearbeitung, Carl Hanser Verlag, München, Wien, 1996
/SCH96b/	Schulz, H., Kalhöfer, E.	Umweltfreundliches Produzieren durch Trockenbearbeitung möglich?, in: thema Forschung (1996) Nr.2, Technische Hochschule Darmstadt
/SHA84/	Shaw, M.C.	Metal Cutting Principles, Oxford University Press, New York, 1984
/SHE98/	N.N.	Shell Drawina 004, Sicherheitsdatenblatt gemäß 93/112/EG, Shell Macron GmbH, 1998
/SMA84/	Smandych, S., Goodfellow, H., Thomson, M.	Dust Controll for Material Handling Operations: A Systematic Approach, AIHA Journal, Vol. 59, No. 2, 1998
/SIE94/	Siekmann, H., Blome, H.	Auswirkungen der Europäischen Norm EN481 auf die Probenahme von Partikel in der Luft am Arbeitsbereich, in: Staub – Reinhaltung der Luft, 54 (1994)
/SIE96/	Siefer, W.	Grauguß – die graue Maus unter den (gegossenen) Werkstoffen?, in: konstruieren+gießen, 21. Jahrgang (1996) Nr.4,
/SIP99/	Schippers, C.	Grünbearbeitung von Oxidkeramik mit definierter Schneide, Dissertation, RWTH Aachen, 1999
/SPI98/	N.N.	Minimalschmiersystem Lubrilean, Bedienungsanleitung, Spider Products AG, Tägerwilen, 1998

/SPU80/	Spur, G., Stöferle, Th.	Handbuch der Fertigungstechnik, Band 3/2: Spanen, Carl Hanser Verlag, München, Wien, 1980
/SPU81/	Spur, G.	Handbuch der Fertigungstechnik, Band 1: Urformen, Carl Hanser Verlag, München, Wien, 1981
/SPU94/	Spur, G., Stöferle, Th.	Handbuch der Fertigungstechnik, Band 3/1, Spanen, Carl Hanser Verlag, München, Wien, 1994
/STA91/	Stachowiak, H.	Allgemeine Modelltheorie, Springer Verlag, Wien, New York, 1991
/STU84/	Stuart, B.O.	Deposition and clearance of inhaled particles, Environ. Health Perspect Nr. 55, 1984
/TDA77/	N.N.	Taschenbuch der Arbeitsgestaltung, Verlag J.P. Bachem, Köln, 1977
/TIK93/	Tikal, F. Kammermeier, D.	Vollhartmetallbohrer und –fräser: Qualität und Leistungsfähigkeit moderner Schneidstoffe, Bibliothek der Technik, Bd. 86, Verlag Moderne Industrie, Landsberg/Lech, 1993
/TÖN96/	Tönshoff, H.K. (Hrsg.)	Neue Möglichkeiten umweltgerechter Fertigung, Tagungsband, Universität Hannover, 1996
/TÖN98/	Tönshoff, H.K.	Vorbeugen oder heilen?, in: Schweizer Maschinenmarkt (1998) Heft 21
/TRGS553/	N.N.	Holzstaub, Carl Heymanns Verlag KG, Köln, 1995
/TRGS900/	N.N.	Grenzwerte in der Luft am Arbeitsplatz – MAK- und TRK-Werte, BarbBl. Heft 10/1996 mit Änderungen und Ergänzungen: BarbBl. Heft 5/1998
/UBA92/	N.N.	Was sie schon immer über Luftreinhaltung wissen wollten, Wörterbuchausgabe, Hrsg.: Umweltbundesamt, Verlag W. Kohlhammer, Stuttgart, Berlin, Köln, 1992
/UET86/	Uetz, H.	Abrasion und Erosion – Grundlagen, Betriebliche Erfahrungen, Verminderung, Carl Hanser Verlag, München, 1986
/UHL92/	Uhlenwinkel, V.	Zum Ausbreitungsverhalten der Partikeln bei der Sprühkompaktierung von Metallschmelzen, Dissertation, Universität Bremen, 1992

/ULL80/	N.N.	Ullmanns Encyklopädie der technischen Chemie, Band 5, Analyse und Meßverfahren, Verlag Chemie, Weinheim, 1980
/ULL91/	Ullmann, T., Spur, G.	Ermittlung der Temperaturen auf der Werkzeugfläche beim Drehen, VDI-Zeitung 133 (1991), Nr. 4
/VDI2031/	N.N.	Feinheitsbestimmungen an technischen Stäuben, VDI Richtlinie 2031, 1962
/VDI2262-1/	N.N.	Luftbeschaffenheit am Arbeitsplatz, Minderung der Exposition durch luftfremde Stoffe, VDI Richtlinie 2262, Blatt 1: Allgemeine Anforderungen (Entwurf), 1990
/VDI2262-2/	N.N.	Luftbeschaffenheit am Arbeitsplatz, Minderung der Exposition durch luftfremde Stoffe, VDI Richtlinie 2262, Blatt 2: Minderung der Exposition durch luftfremde Stoffe, Verfahrenstechnische und organisatorische Maßnahmen, 1998
/VDI2262-3/	N.N.	Luftbeschaffenheit am Arbeitsplatz, Minderung der Exposition durch luftfremde Stoffe, VDI Richtlinie 2262, Blatt 3: Minderung der Exposition durch luftfremde Stoffe, Lufttechnische Maßnahmen, 1994
/VDI2263/	N.N.	Staubbrände und Staubexposionen, Gefahren-Beurteilung-Schutzmaßnahmen, VDI Richtlinie 2263, 1992
/VDI2265/	N.N.	Feststellen der Staubsituation am Arbeitsplatz zur gewerbehygienischen Beurteilung, VDI Richtlinie 2265, VDI Kommision Reinhaltung der Luft, 1980
/VDI3491/	N.N.	Messen von Partikeln, Kennzeichnung von Partikeldispersionen in Gasen, Begriffe und Definitionen, VDI Richtlinie 3491, Blatt 1, 1980
/VDI3929/	N.N.	Erfassen luftfremder Stoffe, VDI Richtlinie 3929, 1992
/VDM96/	N.N.	Statistisches Handbuch für den Maschinenbau, Hrsg.: Verband Deutscher Maschinen- und Anlagenbau e.V., Frankfurt am Main, 1996
/VDM98/	N.N.	Informationen des Verband Deutscher Maschinen- und Anlagenbau e.V, Frankfurt am Main, 1998
/VDW95/	N.N.	Altersstruktur des industriellen Werkzeugmaschinenparks in Deutschland 1994/95, Untersuchung des Vereins Deutscher Werkzeugmaschinenfabriken e.V., 1995

/VIE59/	Vieregge, G.	Zerspanung der Eisenwerkstoffe, Verlag Stahleisen m.b.H., Düsseldorf, 1959
/VIN90/	Vinke, T.	Beitrag zum Lasertrennen und dessen Aerosolemissionen bei Eisenwerkstoffen, Fortschritt-Berichte VDI, Nr. 204, VDI Verlag, Düsseldorf, 1990
/WAH69/	Wahl, H.	Verschleiß metallischer Gleitflächenpaarungen unter Mitwirkung fest-körniger Zwischenstoffe, in: Aufbereitungs-Technik, Nr.6, 1969
/WAL96/	N.N.	Produktkatalog „Hartmetall-Werkzeuge", Walter AG, Wetter, 1996
/WAL96b/	Walker, J.M.	Handbook of Manufacturing Engineering, Marcel Dekker Inc., New York, Basel, Hong Kong, 1996
/WAL97/	Waldner-Sander, S., Wiens, H.	Tätigkeitsbezogene Schutzmaßnahmen beim Umgang mit Filterstäuben, Schriftenreihe der Bundesanstalt für Arbeitsschutz, GA49, Dortmund, Berlin, 1997
/WAP97/	N.N.	Handbuch für Sicherheitssaugsysteme, Hrsg.: WAP Reinigungssysteme GmbH, Bellenberg, 1997
/WAR74/	Warnecke, G.	Spanbildung bei metallischen Werkstoffen, Fertigungstechnische Berichte, Band 2, Hrsg: Prof. Dr.-Ing. H.K. Tönshoff, Technischer Verlag Resch KG, Gräfelfing bei München, 1974
/WEC97/	Weck, M.	Werkzeugmaschinen Fertigungssysteme 2, Konstruktion und Berechnung, Springer Verlag, 1997
/WEN96/	Wengler, M.	Methodik für die Qualitätsplanung und -verbesserung in der Keramikindustrie, VDI-Fortschrittsberichte, Reihe2, VDI-Verlag, Düsseldorf, 1996
/WES91/	Westkämper, E., Bertling, L.	Konstruktive Maßnahmen zur Reduzierung der Staubemission an spanenden Holzbearbeitungsmaschinen, Vulkan-Verlag, Essen, 1991
/WIT93/	Wittbecker, J.-S.	Gefahrstoffermittlung bei der CO_2-Laserstrahlbearbeitung, Fortschritt-Berichte VDI, Nr. 298, VDI Verlag, Düsseldorf, 1993
/WOL94/	Wolf, J. Post, G.	Gesundheitsgefahren vermeiden, in: HBG-Mitteilungen Nr. 79, Hrsg.: Holz Berufsgenossenschaft, München, 1994

/WÖH93/	Wöhe, H.	Einführung in die allgemeine Betriebswirtschaftslehre, Verlag Wahlen, München, 1993
/WÜB89/	Wübbenhorst, H.	5000 Jahre Gießen von Metallen, 2. Auflage, Gießerei Verlag GmbH, Düsseldorf, 1989
/WÜR99/	Würtz, C.	Beitrag zur Analyse der Staubemissionen bei der Fräsbearbeitung von Bauteilen aus kohlenstoffaserverstärkten Kunststoffen, Dissertation, RWTH Aachen, 1999
/ZGV88/	N.N.	Gußeisen mit Kugelgraphit, Nachdruck aus: konstruieren+gießen, 13. Jahrgang (1998), Nr.1
/ZH1/10/	N.N.	Richtlinien für die Vermeidung der Gefahren durch explosionsfähige Atmosphäre mit Beispielsammlung, HVBG, Sankt Augustin, 1996
/ZH1/93/	N.N.	Sicherheitslehrbrief Umgang mit Gefahrstoffen, Arbeitsgemeinschaft der Metall-Berufsgenossenschaften
/ZHO96/	Zhou, Z.	Arbeitsmedizinische Untersuchungen zur Aluminiumbelastung und zur Effizienz präventiver Maßnahmen beim Aluminiumschweißen in der Automobilindustrie, Dissertation, Universität Nürnberg, 1996
/ZIM98/	Zimmermann, K.	Maßnahmen zur Begrenzung von Bränden und Explosionen in Werkzeugmaschinen, in: Gefahrstoffe – Reinhaltung der Luft, 58 Nr. 1/2 1998

Studien- und Diplomarbeiten, die im Rahmen dieser Arbeit betreut wurden:

Adams, C.	Umweltrelevante Emissionen in der Produktion, Studienarbeit, RWTH Aachen, 1995
Bommers, R.	Erarbeitung einer Vorgehensweise zur systematischen und effizienten Planung, Durchführung und Auswertung von Emissionsmessungen bei Zerspanungsoperationen, Studienarbeit, RWTH Aachen, 1999
Klinkner, B.	Charakterisierung von Partikelemissionen bei der Trockenzerspanung im Hinblick auf ihre Wirkung auf Sachgüter, Diplomarbeit, RWTH Aachen, 1999
Pesch, A.	Analyse umweltrelevanter Emissionen bei der Trockenzerspanung, Diplomarbeit, RWTH Aachen, 1999
Pesch, S.	Prozeßintegrierte Ansätze zur Reduzierung von Partikelemissionen beim Trockenfräsen von Gußeisen, Studienarbeit, RWTH Aachen, 1999

Lebenslauf

Persönliche Daten

Name, Vorname:	Döpper, Frank
Anschrift:	Hainbuchenstraße 1
	52072 Aachen
Telefonnummer:	0241 / 873213
Geburtsdatum:	5. Februar 1970
Geburtsort:	Aachen
Familienstand:	ledig

Schule

9/80 – 6/89 Celtis-Gymnasium, Schweinfurt
mit Abschluß Abitur

Studium

10/90 – 7/95 Maschinenbau-Studium an der RWTH Aachen,
Vertiefungsrichtung Fertigungstechnik

1/93 – 7/93 Studentischer Mitarbeiter am Lehrstuhl für
Produktionssystematik der RWTH Aachen

10/94 – 7/95 Studentischer Mitarbeiter am Fraunhofer IPT

Instituts- und Berufstätigkeit

seit 8/95 Wissenschaftlicher Mitarbeiter am Fraunhofer IPT,
Abteilung: Prozeßtechnologie
Leiter: Prof. Dr.-Ing. F. Klocke